"十二五"普通高等教育本科国家级规划教材

工程数学

概率统计简明教程

第三版

同济大学数学科学学院　编

中国教育出版传媒集团
高等教育出版社·北京

内容提要

本书第一版是普通高等教育“十五”国家级规划教材，第二版是“十二五”普通高等教育本科国家级规划教材。本书为第三版，保持了前两版的特色，内容简练，直观性和可读性强，且富有思想内涵，特别适合少学时“概率论与数理统计”课程的教学需要。

本书在广泛征求读者意见的基础上对第二版教材做了适当修订，补充了一些生活中与概率统计相关的经典案例、增加了一定数量的习题。本书内容包括随机事件、事件的概率、条件概率与事件的独立性、随机变量及其分布、二维随机变量及其分布、随机变量的函数及其分布、随机变量的数字特征、统计量和抽样分布、点估计、区间估计、假设检验、一元线性回归等。每章末有小结，书末附有辅助材料——统计软件 Excel 简介。

本书可供高等院校工科各专业及其他非数学类专业学生使用，也适用于多层次办学的“概率论与数理统计”课程的教学需要。

图书在版编目(CIP)数据

工程数学. 概率统计简明教程 / 同济大学数学科学学院编. --3 版. --北京:高等教育出版社,2021.5 (2022.11 重印)

ISBN 978-7-04-055395-6

Ⅰ. ①工… Ⅱ. ①同… Ⅲ. ①工程数学-高等学校-教材②概率论-高等学校-教材③数理统计-高等学校-教材 Ⅳ. ①TB11

中国版本图书馆 CIP 数据核字(2021)第 000149 号

Gongcheng Shuxue Gailü Tongji Jianming Jiaocheng

策划编辑 杨 帆 责任编辑 杨 帆 封面设计 王 洋 版式设计 王艳红
插图绘制 于 博 责任校对 高 歌 责任印制 刘思涵

出版发行	高等教育出版社	网 址	http://www.hep.edu.cn
社 址	北京市西城区德外大街 4 号		http://www.hep.com.cn
邮政编码	100120	网上订购	http://www.hepmall.com.cn
印 刷	北京汇林印务有限公司		http://www.hepmall.com
开 本	787mm×1092mm 1/16		http://www.hepmall.cn
印 张	17	版 次	2003 年 7 月第 1 版
字 数	360 千字		2021 年 5 月第 3 版
购书热线	010-58581118	印 次	2022 年 11 月第 3 次印刷
咨询电话	400-810-0598	定 价	39.80 元

物 料 号 55395-00

工程数学
概率统计简明教程
第三版

同济大学数学科学学院　编

1 计算机访问http://abook.hep.com.cn/1257534，或手机扫描二维码、下载并安装Abook应用。
2 注册并登录，进入“我的课程”。
3 输入封底数字课程账号（20位密码，刮开涂层可见），或通过Abook应用扫描封底数字课程账号二维码，完成课程绑定。
4 单击“进入课程”按钮，开始本数字课程的学习。

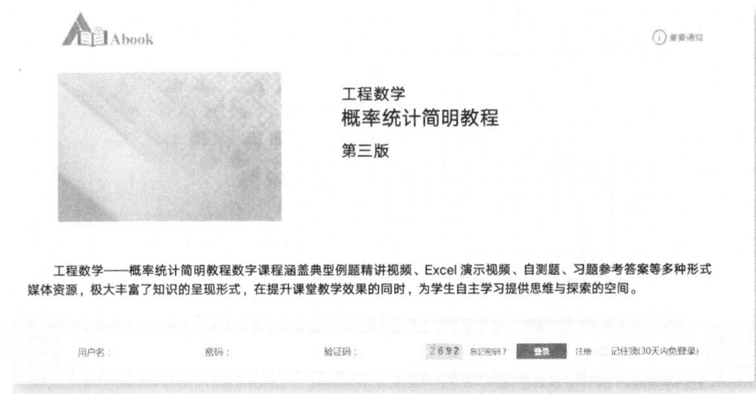

课程绑定后一年为数字课程使用有效期。受硬件限制，部分内容无法在手机端显示，请按提示通过计算机访问学习。

如有使用问题，请发邮件至abook@hep.com.cn。

http://abook.hep.com.cn/1257534

第三版前言

本书第一版于2003年出版，第二版于2012年出版，在其后的8年中，随着教学方式多元化的快速发展，概率论与数理统计的教学模式已然发生巨大的变化。在当前的教学新形势下，我们听取和吸收了广大读者和一线授课教师的宝贵意见与建议，在此基础上对第二版进行了修订。

我们以提高教材质量，方便读者使用，满足不同层次读者的需求为宗旨，除修改了第二版中存在的疏漏和不当之处外，主要作了以下几个方面的修订：

一、增加了一些学习中可能会用到的概念与方法，如离散型随机变量小节中的负二项分布，统计量小节中上、下四分位数的计算方法等；增加了一些生活中与概率统计相关的经典案例和例题，如全概率公式小节中的蒙提霍尔问题、辛普森悖论，数学期望与中位数小节中的期望的尾部求解法，中心极限定理小节中的随机游走、高尔顿钉板实验等；增加了部分例题的图形解释，如全概率公式中的树图解释，部分二维连续型随机变量的边缘密度函数的几何图形解释等。

二、习题改以小节为单位设置，每章结尾再增加一个综合题，包括基本习题、带“*”的有一定提高的习题和带“**”的一些考研类题，供学有余力的读者选做。

三、将统计软件Excel简介中的平台更新为Excel 2016版本。

本次修订，同济大学使用第二版教材的老师们提供了许多宝贵的意见。本书的修订得到了高等教育出版社王强同志和蒋青同志的热诚帮助和大力支持，他们为本书持续不断的进步付出了大量的心血，杨帆同志在本次修订中积极策划，仔细把关，提出许多宝贵的意见和建议，对提高本书质量起了重要作用。我们一并表示衷心的谢意。

参加本次修订的编者与第二版相同，他们是柴根象、蒋凤瑛和杨筱菡。最后由杨筱菡执笔并统稿。

通过本次的修订，期待本书质量会有所提高，但难免还会有一些疏漏和不当之处，敬请各位同行和广大师生批评指正。

编　者

2020年6月

第二版前言

本书第一版于2003年出版。八年的教学实践，使作者团队积累了丰富的教学经验，同时我们听取和吸收广大读者的宝贵意见，在此基础上对第一版进行了修订。

本书的再版以提高教材质量，方便读者使用为宗旨，除修改第一版中存在的疏漏和不当之处外，主要作了以下几个方面的修订：

一、将第八、九章合并为一章；增加了一元线性回归作为新的一章；添加了辅助材料——统计软件Excel简介，使教材更富实用性。

二、充实了不少应用实例，特别是带有实际数据的实例，以增加教材的可读性；习题训练是学习本课程的重要环节，本次修订较大范围地扩充了习题的数量，其中大部分是基本训练题，还有一部分则是正文内容的补充。

三、在各章末添加了小结，以说明该章主要概念的背景和含义、重要方法的概率意义和统计思想，同时也指明需要掌握的重点，起到提纲挈领的作用。

四、增加了部分加“*”的内容，例如少数章节添加了附录，对正文中涉及的少数几个理论结果给出了证明。加“*”的内容不作为对学生的基本要求，而是供对此有兴趣或有志于进一步深造的读者参考。

五、书后为读者提供了一个光盘，内容有课堂教学的辅助PPT课件、使用Excel软件求解的应用实例演示等。

在本书的修订过程中，同济大学使用过第一版教材的老师、上海财经大学的孙燕老师和扬州大学的高峻老师提供了许多宝贵的意见；本书的修订得到了高等教育出版社的王强和蒋青两位编辑的热诚帮助和大力支持，他们为本书的顺利出版付出了大量心血，他们的工作细致周到、精益求精，对提高本书质量起了重要作用。我们一并表示衷心的谢意。

通过本次修订，期待本书质量有所提高，但难免还会有不少错漏和不妥之处，敬请各位同行和广大师生批评指正。

同济大学 柴根象、蒋凤瑛、杨筱菡

2011年12月

第一版前言

概率论与数理统计，在我国高校的绝大部分工科、理科专业及管理类专业，都是一门重要的基础课程。这不仅是因为它在各个领域中的应用广泛性，而且从人才素质的全面培养来说，这门课程也是不可或缺的。例如，进入21世纪之后，人们可以通过各种媒体获得越来越多的统计信息，它们传递着政府部门的重要政策取向，没有良好的数理统计知识就不可能很好地把握这些统计信息的特性，并善加运用。

本书着眼于介绍概率论和数理统计中的基本概念、基本原理和基本方法，它们都是初步的，但又是基本的。强调直观性和应用背景，注重可读性，突出基本思想是本书的特点。期望能对后续课程的学习以及进一步深造有所裨益，能对随机思维能力的增强和统计素质的培养有所裨益。

本书的概率论部分是根据同济大学数学教研室主编的《高等数学》(1978年版)的第十四章改编的，数理统计部分则完全是新编的。这里顺便提及的是，早在1982年我系叶润修同志已做过改编的尝试，并由高等教育出版社出版了《概率论》一书。该书在使用中很受读者欢迎，但出版近20年来，一直未做修改，由于叶润修同志已故世，无法对该书进行修订，这不能不说是一种遗憾。本书的出版在某种意义上也可以说是弥补这一不足。

本书的部分内容打上*号，一般可以不读。作为一本教材，本书在选材及编排上，充分考虑到能适应不同层次的需要，有较大的灵活性。我们建议：若只选概率论部分，大约需36学时，而欲使用全部内容，需54学时；打*号的内容可供工科研究生和攻读MBA的读者参考。

本书的编写分工如下：第1—3章、第8—12章由柴根象同志执笔，第4—6章由蒋凤瑛同志执笔，第7章由梁汉营同志执笔，习题及解答由蒋凤瑛和杨筱菡同志执笔，最后由柴根象同志统稿、定稿。

本书的出版得到高等教育出版社徐刚、张忠月两位同志的大力支持；天津大学齐植兰同志仔细地审阅了本书的初稿，提出了许多宝贵的意见，这对提高本书质量起了重要作用；在本书的酝酿过程中，我系的郭镜明、徐建平同志做了大量的协调工作，推动了本书的写作。此外，我们的研究生孙燕、吴月琴为本书手稿的打印付出了辛勤的劳动，特在此一并表示由衷的谢意。

由于作者学识和阅历所限，书中不当和疏漏之处在所难免，敬请各位同行和读者不吝赐教。

编　者

2003年1月

目　　录

第一章 随机事件

第一节 样本空间和随机事件

在科学研究和社会生活中,常常要在一组给定的条件下进行实验或观察,例如在一定的大气压下观察对水加热,随着温度升高会发生什么现象;又如在闹市区的某个街口,在一个给定的时间段内观察交通堵塞现象;等等.统称实验和观察为试验.在各种试验中,就试验相伴的现象的特点,又区别出一种称作随机试验的试验,如前面所举的交通堵塞试验,事先无法预知是否堵塞以及堵塞次数是多少.也就是说试验将要出现什么结果是随机的.而对于水加热这一例来说,如观察在一个标准大气压下水加热到 100 ℃会发生什么结果,其答案是预先就可以说出来的,因此没有什么随机性可言.

一般地,称具有以下两个特点的试验为随机试验:(1) 试验的所有可能结果是已知的或者是可以确定的;(2) 每次试验究竟将会发生什么结果是事先无法预知的.依此定义,上面提到的“水加热”不是随机试验,而“堵车”是随机试验.再来看一些例子:

例 1 投掷一枚均匀骰子,观察朝上面的点数,则可能结果可以是出现 1 点,2 点……6 点中的一个.

例 2 在一批量很大的同型号产品中,混有比例为 p 的次品.从中一件接一件地随机抽取 n 次,每次抽后不放回(简称不放回抽取),观察抽到的 n 件产品中的次品数,则可能结果可以是次品数为 0 件,1 件……n 件中的一个.

例 3 对每天前往上海迪士尼主题乐园游玩的人数进行观察,则可能的人数是 0,1,2,……

我们注意到,这三个例子都有上面提到的特点(1)、(2),因此都是随机试验,而且此外还有第三个特点,即试验可在相同条件下重复.应该说对大多数随机试验都具有第三个特点,然而也有不少例外,如

例 4 观察某地明天的天气是小雨还是晴.

例 5 某人计划去某地旅游,观察在预定的一天能否安全抵达目的地.

很明显,这两例都是随机试验,但除非时间能够倒转,它们都是不可重复的一次性试验.从历史上看,可重复试验已经得到广泛深入的研究,有一套成熟的理论和方法.但随着社会经济的发展,特别是现代经营管理和决策分析的需要,不可重复的随机试验的研究已引起人们的关注.只是因篇幅限制,本书除了个别章节外,只研究可重复的随机

试验.

对于随机试验,我们关心的是相伴的随机现象.为研究方便起见,我们称:在随机试验中,对相伴的某些现象或某种情况定义为随机事件,或简称事件.对于指定的一次试验,一个特定的事件可能发生,也可能不发生,这就是事件的随机性.如在例 1 中,我们关注“出现点数不大于 4”这一事件,当试验出现 3 点时,该事件发生;而当出现 5 点时,该事件不发生.要判定一个事件是否在一次试验中发生,必须当该次试验有了结果以后才能知晓.

称试验的每一个可能结果为样本点,用 ω 表示.它是一个最基本的元素,如例 1 中,有 6 个样本点,它们分别是出现 1 点到 6 点这样六个可能结果;例 2 中有 $n+1$ 个样本点,它们分别是:次品数为 0 件,1 件……n 件,这样 $n+1$ 个可能结果.又称样本点全体为样本空间,记为 Ω.

例 6 试给出下述随机试验的样本空间:

E_1:在某交通路口的某个时段,观察机动车的流量;

E_2:向一个直径为 50 cm 的靶子射击,观察弹着点的位置;

E_3:从含有两件次品 a_1,a_2 和三件正品 b_1,b_2,b_3 的产品中任取两件,观察产品可能出现的情况.

解 试验 E_1 的可能结果为经过该路口的机动车辆数,可以为 $0,1,2,\cdots$.因而

$$\Omega_1=\{0,1,2,\cdots\}.$$

对于 E_2,设弹着点 ω 的坐标为 (x,y),则按题意应满足 $x^2+y^2\leqslant 25^2$,因而 E_2 的样本空间为

$$\Omega_2=\{(x,y)\mid x^2+y^2\leqslant 25^2\}.$$

E_3 的样本空间为

$$\Omega_3=\{(a_1,a_2),(a_1,b_1),(a_1,b_2),(a_1,b_3),(a_2,b_1),(a_2,b_2),(a_2,b_3),(b_1,b_2),(b_1,b_3),(b_2,b_3)\}.$$

显然,每次试验有且只有一个含在样本空间中的试验结果发生,事件是由试验的某些可能结果构成的,因此事件是样本空间的子集,通常用大写字母 $A,B,C,\cdots$ 记之.如例 1 中,记 $\omega_j=$“出现点数 j”,$j=1,2,\cdots,6$ 为 6 个样本点,若事件 $A=\{$出现点数不大于 4$\}$,$B=\{$出现偶数点$\}$,则 $\Omega=\{\omega_1,\omega_2,\cdots,\omega_6\}$,$A=\{\omega_1,\omega_2,\omega_3,\omega_4\}$,$B=\{\omega_2,\omega_4,\omega_6\}$.又在例 2 中,记 $\omega_j=$“抽到的 n 件产品中恰有 j 件次品”,$j=0,1,\cdots,n$,若事件 $C=\{$次品件数不少于 3$\}$,则 $\Omega=\{\omega_0,\omega_1,\cdots,\omega_n\}$,$C=\{\omega_3,\omega_4,\cdots,\omega_n\}$.

依事件的定义,样本空间 Ω 本身也是事件,它包含了所有可能的试验结果,因此不论在哪一次试验它都发生,称之为必然事件.而不含任何样本点的空集(记为$\varnothing$),也是样本空间的子集,它在任何一次试验中都不会发生,称为不可能事件,如例 1 中{掷出点数为 7 点}是不可能事件.

必然事件和不可能事件是随机事件的特例,尽管它们本身已无随机性可言,但在概率论中仍起着重要作用.

习题 1.1

1. 一个盒子里装有 50 张卡片，每张卡片上分别标有数字 1,2,…,50.从中随机地取一张，用集合的形式写出随机试验的样本空间 Ω 与随机事件 A,B,C,D：

（1）事件 $A=\{$卡片上的数字是一位数$\}$；

（2）事件 $B=\{$卡片上的数字是两位数$\}$；

（3）事件 $C=\{$卡片上的数字不超过 20$\}$；

（4）事件 $D=\{$卡片上的数字是 3 的倍数$\}$.

2. 用集合的形式写出下列随机试验的样本空间 Ω 与随机事件 A：

（1）观察一个新生儿的性别，事件 $A=\{$男孩$\}$；

（2）抛掷一枚硬币两次，观察出现的面，事件 $A=\{$两次出现的面相同$\}$；

（3）记录某电话总机一分钟内接到的呼叫次数，事件 $A=\{$一分钟内接到的呼叫次数不超过 3 次$\}$；

（4）从一批灯泡中随机抽取一只，测试其寿命，事件 $A=\{$寿命在 2 000 小时到 2 500 小时之间$\}$.

3. 抛掷三枚大小相同的均匀硬币，观察它们出现的面.

（1）试写出该试验的样本空间 Ω；

（2）试写出下列事件所包含的样本点：$A=\{$至少出现一个正面$\}$，$B=\{$出现一正、二反$\}$，$C=\{$出现不多于一个正面$\}$；

（3）如记 $A_i=\{$第 i 个硬币出现正面$\}$，$i=1,2,3$，试用 A_1,A_2,A_3 表示事件 A,B,C.

4. 一个盒子中有三个形状相同的珠子，颜色分别是红、黑和白.从中随机取出一个，观察其颜色并放回，又从中取出一个观察其颜色.

（1）试写出该试验的样本空间 Ω；

（2）试写出下列事件所包含的样本点：$A=\{$两次观察中有红色珠子$\}$，$B=\{$两次观察中珠子的颜色相同$\}$，$C=\{$两次观察中没有白色珠子$\}$；

（3）若第一次取出后不放回，试写出该试验的样本空间 Ω'.

第二节　事件的关系和运算

实际问题中遇到的随机事件往往是比较复杂的，在求解相关问题时，其关键的一步是将较复杂的事件分解成较简单事件的“组合”.如

例 7　有两门火炮同时向一架飞机射击，考察事件 $A=\{$击落飞机$\}$.依常识，“击落飞机”等价于“击中驾驶员”或者“同时击中两个发动机”，因此 A 是一个较复杂的事件.如记 $B_i=\{$击中第 i 个发动机$\}$，$i=1,2$，$C=\{$击中驾驶员$\}$，相对 A 而言，B_1,B_2 及 C 都较为简单.我们的问题是如何建立 A 与 B_1,B_2,C 之间的联系.

下面先讨论事件之间的关系，如果事件 A 发生必导致事件 B 发生，则称 A 蕴涵了 B，或者说 B 包含了 A，记为 $A\subset B$.

若 A,B 互相蕴涵，即 $A\subset B,B\subset A$ 同时成立，则称 A 与 B 相等，记作 $A=B$.

例 8（例 1 续）　若 $A=\{$出现 2 点$\}$，$B=\{$出现偶数点$\}$，$C=\{$出现 2 或 4 或 6 点$\}$，

则 $A\subset B, B=C$.

若事件 A,B 不能在一次试验中同时发生,则称 A,B 互斥或互不相容.依定义,两个事件互斥,当且仅当它们不含公共的样本点.互斥事件的一个重要特例是互为对立事件或补事件,即对任一事件 A,称 $B=\{A$ 不发生$\}$ 为 A 的对立事件,或 A 的补事件,且记 $B=\bar{A}$,易知 $\bar{\bar{A}}=A$,因此当 B 为 A 的补事件时,A 也为 B 的补事件.有时也称 A,B 互补.

例 9(例 3 续) 若 $A=\{$游玩人数在 1 500 人以下$\}$,$B=\{$游玩人数在 1 500 人或以上$\}$,则 $B=\bar{A}$.

我们也可将互斥关系推广到多个事件,如果对任意 $1\leqslant i<j\leqslant n$,事件 A_i 与 A_j 是互斥的,则称事件 $A_1,A_2,\cdots,A_n$ 是两两互斥的.

至此,我们已经建立了事件之间的四种关系.现在,再讨论事件之间的运算.

事件 A,B 的并事件是这样的事件:A 发生或 B 发生;等价地,A,B 至少发生一个,记之为 $A\cup B$.我们可表述为

$$A\cup B=\{A,B\text{ 至少发生一个}\},$$

图 1.1(a)是 $A\cup B$ 的维恩(Venn)图,非常形象直观.

事件 A,B 的交事件是这样的事件:A,B 同时发生,记之为 $A\cap B$ 或 AB.也可以直接表述为

$$A\cap B=\{A,B\text{ 同时发生}\},$$

其维恩图见图 1.1(b).

运用事件的“补”关系及“交”运算可导出第三种运算,即事件之差:

$$A-B=A\bar{B}=\{A\text{ 发生},B\text{ 不发生}\},$$

其维恩图见图 1.1(c).

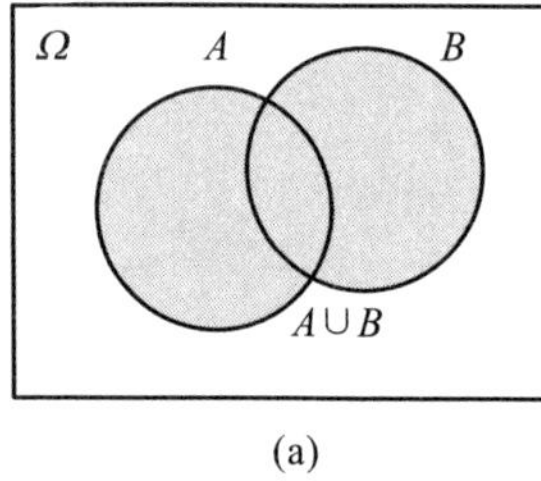

(a)

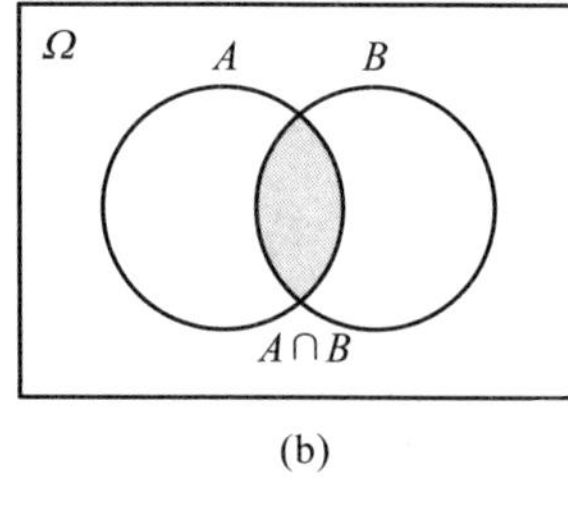

(b)

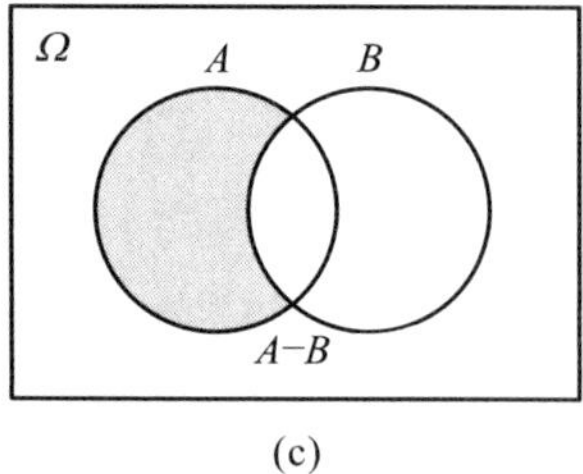

(c)

图 1.1

例 10 利用事件的运算,可将事件之间的“互斥”“互补”关系表述如下:

A,B 互斥,当且仅当 $AB=\varnothing$;

A,B 互补,当且仅当 $AB=\varnothing$,且 $A\cup B=\Omega$.

例 11(例 7 续) 依例 7 的记号,击落飞机这一事件 A 可分解为

$$A=B_1B_2\cup C.$$

如同数的四则运算有运算规则,事件的运算也遵循一定规则.以下 A,B,C 为任意三个事件.

(1) 交换律 $A\cup B=B\cup A, A\cap B=B\cap A$;

(2) 结合律　$A\cup B\cup C=(A\cup B)\cup C=A\cup(B\cup C)$,

$A\cap B\cap C=(A\cap B)\cap C=A\cap(B\cap C)$;

(3) 分配律　$(A\cup B)\cap C=AC\cup BC$;

(4) 对偶律　$\overline{A\cup B}=\bar{A}\cap\bar{B},\overline{A\cap B}=\bar{A}\cup\bar{B}$.

例 12(例 7 续)

$\bar{A}$ = {未击落飞机}

$=(\bar{B}_1\cup\bar{B}_2)\cap\bar{C}=(\bar{B}_1\cap\bar{C})\cup(\bar{B}_2\cap\bar{C})$

= {两个发动机至少有一个未被击中且未击中驾驶员}.

习题 1.2

1. 袋中有 10 个球,分别编有号码 1,2,…,10,从中任取 1 球,设 A = {取得球的号码是偶数},B = {取得球的号码是奇数},C = {取得球的号码小于 5},问下列运算表示什么事件:

(1) $A\cup B$;(2) AB;(3) AC;(4) $\overline{AC}$;(5) $\bar{A}\bar{C}$;(6) $\overline{B\cup C}$;(7) $A-C$.

2. 在区间[0,2]上任取一数,记 $A=\left\{x\left|\frac{1}{2}<x\leqslant 1\right.\right\}$,$B=\left\{x\left|\frac{1}{4}\leqslant x\leqslant\frac{3}{2}\right.\right\}$,求下列事件的表达式:(1) $A\cup B$;(2) $\bar{A}B$;(3) $A\bar{B}$;(4) $A\cup\bar{B}$.

3. 投掷两枚大小相同的均匀骰子,观察它们朝上面的点数,事件 A = {点数之和为奇数},事件 B = {至少一个点数是 1},事件 C = {点数之和为 5}.求下列事件的表达式:(1) AB;(2) $A\cup B$; (3) $A\bar{B}$;(4) BC;(5) ABC.

4. 用事件 A,B,C 的运算关系式表示下列事件:

(1) A 出现,B,C 都不出现;

(2) A,B 都出现,C 不出现;

(3) 三个事件都出现;

(4) 三个事件中至少有一个出现;

(5) 三个事件都不出现;

(6) 不多于一个事件出现;

(7) 不多于两个事件出现;

(8) 三个事件中至少有两个出现.

5. 一批产品中有合格品和次品,从中有放回地抽取三件产品,设 A_i 表示事件“第 i 次抽到次品”,$i=1,2,3$,试用 A_i 的运算关系式表示下列事件:

(1) 第一次、第二次中至少有一次抽到次品;

(2) 只有第一次抽到次品;

(3) 三次都抽到次品;

(4) 至少有一次抽到合格品;

(5) 只有两次抽到次品.

6. 接连进行三次射击,设 A_i = {第 i 次射击命中},$i=1,2,3$,试用 A_1,A_2,A_3 的运算关系式表示下列事件:

(1) A = {前两次至少有一次击中目标};

(2) B = {三次射击恰好命中两次};

(3) $C=\{$三次射击至少命中两次$\}$;

(4) $D=\{$三次射击都未命中$\}$.

7. 盒中放有 a 个白球 b 个黑球,从中有放回地抽取 r 次(每次抽取一个,记录其颜色,然后放回盒中,再进行下一次抽取),记 $A_i=\{$第 i 次抽到白球$\}$,$i=1,2,\cdots,r$,试用$\{A_i\}$表示下述事件:

(1) $A=\{$首个白球出现在第 k 次$\}$;

(2) $B=\{$抽到的 r 个球同色$\}$,

其中 $1\leqslant k\leqslant r$.

8. 证明等式 $B=AB\cup\bar{A}B$ 成立.

小　结

随机试验的每个可能的结果称为样本点,而试验的所有可能结果的集合称为样本空间.事件是试验中某些现象或某些情况的表述,它可以用样本空间的某个子集来描述.事件的随机性表现在:对指定的一次试验,一个特定的事件可能发生,也可能不发生.事件之间的关系有:包含(作为其特例相等)和互斥(作为其特例互补);事件的并表示诸事件至少发生一个,而事件的交则是诸事件同时发生,事件的补则是该事件不发生.事件运算的对偶律是很有用的,需善加运用.

第一章综合题

1. 按照《城市综合交通体系规划标准》,城市道路可分为快速路、主干路、次干路和支路.道路交通事故按照事故发生造成的损失可分为轻微事故、一般事故、重大事故和特大事故.

(1) 试写出所有城市道路上的交通事故的样本空间 Ω;

(2) 试写出下列事件所包含的样本点:$A=\{$发生在快速路上的交通事故$\}$,$B=\{$损失不小于重大事故的交通事故$\}$.

2. 在区域 $D=\{(x,y)\mid x^2+y^2\leqslant 1\}$内任取一数,记 $A=\{(x,y)\mid |x|\leqslant 0.5\}$,$B=\{(x,y)\mid 0.25\leqslant x^2+y^2\leqslant 1\}$,求下列事件的表达式:(1) $A\cup B$;(2) $A\bar{B}$;(3) $\bar{A}B$.

*3. 试说明在什么情况下,下列事件的关系式成立:(1) $ABC=A$;(2) $A\cup B\cup C=A$.

第一章自测题

第一章习题参考答案

第二章　事件的概率

第一节　概率的概念

人们常会谈论一批产品的次品率是多少，或者某射手在一定条件下击中目标的命中率是多少.这表明，在日常生活中，人们已经形成一种共识：尽管随机事件有随机性，但在一次试验中发生的可能性大小是客观存在的，且是可以度量的.具体来说，如记事件 $A_1=\{$在一批产品中随机抽取一件是次品$\}$，事件 $A_2=\{$某射手击中目标$\}$，则 A_1,A_2 都是相应试验下的随机事件，A_1 发生的可能性大小就是次品率，而 A_2 发生的可能性大小就是命中率.例如次品率为 5%，意味着平均抽 100 件产品，其中有 5 件为次品，当然具体操作时，有时多于 5 件，有时不到 5 件，但平均为 5%正是事件随机性中所蕴含的规律性.

我们称在随机试验中，事件 A 发生的可能性大小为事件 A 的概率，记为 $P(A)$.

历史上，曾有许多学者做过大量的试验，例如蒲丰（Buffon）、皮尔逊（Pearson）等人先后做过投掷一枚均匀硬币的试验，观察{正面朝上}这一事件（记为 A）在 n 次试验中发生的次数，前者投掷 $n=4\ 040$ 次，A 发生 2 048 次；后者投掷 $n=24\ 000$ 次，A 发生 12 012次.因此 A 发生的频率$\left(=\dfrac{A\text{ 发生的次数}}{\text{试验总次数}}\right)$分别为 0.506 9 和 0.500 5，而且他们发现，随着试验次数的增大，事件 A 发生的频率总是围绕 0.5 上下波动，且越来越接近 0.5.

概率的统计定义正是综合了大量的类似以上的试验所揭示的随机现象的规律性，定义事件的概率为频率的稳定值，依此定义，在上述试验中事件 A 的概率即为 0.5.

概率的统计定义非常直观，但在理论上的不严密也是很明显的，其实际用处是概率的近似计算，即当试验次数 n 充分大时，事件的概率可用它的频率近似.

由频率的性质可知概率满足：

(i) $0\leqslant P(A)\leqslant 1$;

(ii) $P(\Omega)=1$;

(iii) 若 $A_1,A_2,\cdots,A_n$ 两两互斥，则 $P\left(\bigcup\limits_{k=1}^{n}A_k\right)=\sum\limits_{k=1}^{n}P(A_k)$.

这里顺便指出的是，概率的统计定义并未为概率的计算提供任何具体规则.在相当长的时间内，对于具体的试验模型，如何确定相关事件的概率，一直是人们所关注的问题.

第二节　古典概型

本节开始介绍在概率论发展早期受到关注的两类试验模型，其一是本节要介绍的古典概型，其二是几何概型，几何概型将放在下一节介绍.

典型例题精讲视频

古典概型

若我们的试验有如下特征：

(i) 试验的可能结果只有有限个；

(ii) 各个可能结果出现是等可能的，

则称此试验为古典概型.

由有限性，不妨设试验一共有 n 个可能结果，也就是说样本点总数为 n，而所考察的事件 A 含有其中的 k 个(也称为有利于 A 的样本点数)，则事件 A 的概率为

$$P(A)=\frac{k}{n}=\frac{\text{有利于 } A \text{ 的样本点数}}{\text{样本点总数}}. \tag{1}$$

公式(1)是古典概型概率的计算公式，具体操作涉及样本点的计数.当涉及研究对象比较复杂时，这种计数并非一目了然，需要熟悉以下的基本计数原理：

设有 m 个试验，第 1 个试验有 n_1 种可能结果，对于第 i $(2\leqslant i\leqslant m)$ 次试验，前 $i-1$ 个试验的每一种可能结果，都使第 i 个试验有 n_i 种可能结果，则 m 个试验一共有 $n_1\times n_2\times\cdots\times n_m$ 种可能结果.此外，本章末尾的附录，介绍了排列、组合有关知识，其熟练应用对求复杂的计数是有益的.

例 1　设有一批数量为 100 的同型号产品，其中次品有 30 件.现按以下两种方式随机抽取 2 件产品：(a) 有放回抽取，即先任意抽取一件，观察后放回，再从中任取一件；(b) 不放回抽取，即先任意抽取一件，观察后不放回，从剩下的产品中再任取一件.试分别按这两种抽样方式求：

(1) 两件都是次品的概率；

(2) 第 1 件是次品、第 2 件是正品的概率.

解　易知本题的试验为古典概型.记 $A=\{$两件都是次品$\}$，$B=\{$第 1 件是次品，第 2 件是正品$\}$.

先考虑有放回情形：在两次抽取中每次抽取都有 100 种可能结果，因此依计数原理样本点总数为 $n=100^2=10\ 000$.事件 A 发生，指每次是从 30 件次品中抽取的，即每次抽取有 30 种可能结果，因而有利于 A 的样本点数 $k=30^2=900$.于是

$$P(A)=\frac{30^2}{100^2}=0.09.$$

同理，事件 B 发生，必须第 1 件取自 30 件次品，第 2 件取自 70 件正品，因此有利于事件 B 的样本点数为 30×70，所以

$$P(B)=\frac{30\times 70}{100^2}=0.21.$$

再考虑不放回抽取情形，此时第 1 次抽取仍然有 100 种可能结果，但第 2 次抽取只

有 99 种可能结果,因而样本点总数 $n=100\times99$.同理有利于 A 的样本点数为 30×29,有利于 B 的为 30×70.因此

$$P(A)=\frac{30\times29}{100\times99}=\frac{29}{330}=0.088,$$

$$P(B)=\frac{30\times70}{100\times99}=\frac{7}{33}=0.212.$$

例 2 某城市电话号码升位后为八位数,且第一位为 6 或 8.求:

(1) 随机抽取的一个电话号码为不重复的八位数的概率;

(2) 随机抽取的电话号码末位数是 8 的概率.

解 分别记问题(1)、(2)的事件为 A 及 B.注意到除第一位外,其余位数可取自 0 到 9 这 10 个数中任意一个,因此有 10 种可能结果.又第一位数只能填 6 和 8,因此只有 2 种可能结果,由此样本点总数 $n=2\times10^7$.

事件 A 中的号码要求不重复,因此容易得到有利于 A 的样本点数为 $2\times9\times8\times7\times6\times5\times4\times3$,而有利于 B 的样本点数为 $2\times10^6\times1$,于是求得

$$P(A)=\frac{2\times9\times8\times7\times6\times5\times4\times3}{2\times10^7}=0.018\ 14,$$

$$P(B)=\frac{2\times10^6}{2\times10^7}=0.1.$$

例 3(女士品茶问题) 一位常饮牛奶加茶的女士称:她能从一杯冲好的饮料中辨别出先放茶还是先放牛奶.并且她在 10 次试验中都正确地辨别出来,问该女士的说法是否可信?

解 假设该女士说法不可信,即假定该女士纯粹是猜测,则在此假设下每次试验的两个可能结果:牛奶+茶或茶+牛奶,是等可能的,适用古典概型.10 次试验一共有 2^{10} 个等可能结果.如记事件 $A=\{$在 10 次试验中都能正确指出放置牛奶和茶的先后次序$\}$,则在全部 2^{10} 个样本点中 A 只含其中的一个,因而

$$P(A)=\frac{1}{2^{10}}=0.000\ 976\ 6.$$

这是一个非常小的概率.人们在日常生活中遵循一个称之为"实际推断原理"的准则:一个小概率事件在一次试验中实际是不会发生的.依此原理 A 实际不发生,这与实际试验结果相矛盾,因而一开始所做"该女士纯粹是猜测"的假设不成立,有理由断言该女士的说法是可信的.

以上的推断思想在统计假设检验中是常用的,我们将在统计部分详细展开.

例 4(抽奖券问题) 设某超市有奖销售,投放 n 张奖券只有 1 张有奖,每位顾客可抽 1 张.求第 k 位顾客中奖的概率($1\leqslant k\leqslant n$).

解 依问题的实际情况,抽奖券是不放回抽样.记 A 为欲求概率的事件,到第 k 个顾客为止试验的样本点总数为 $n\times(n-1)\times\cdots\times(n-k+1)$,有利于 A 的样本点必须是:前 $k-1$个顾客未中奖,而第 k 个顾客中奖.因而有利 A 的样本点数为$(n-1)\times\cdots\times(n-k+1)\times1$,于是

$$P(A)=\frac{(n-1)\cdot\cdots\cdot(n-k+1)\cdot 1}{n\cdot(n-1)\cdot\cdots\cdot(n-k+1)}=\frac{1}{n}.$$

这一结果表明中奖与否同顾客出现次序 k 无关,也就是说抽奖券活动对每位参与者来说都是公平的.

***例 5**(占位问题)　n 个球随机地落入 r 个不同盒子中($n\leqslant r$),假设每个盒子足够大,容纳的球数不限,且 n 个球在 r 个盒子中的分布(一共有 r^n 种)是等可能的,求:

(1) 没有一盒有超过 1 个球的概率;

(2) 第一盒恰有 j 个球的概率;

(3) 若 $r=n$,仅仅第一盒为空的概率.

解　试验结果可用 n 个球在 r 个盒子中的分布表示,因此试验的样本点的总数为 r^n.我们分别记问题(1),(2),(3)的事件为 A,B,C.

(1) A 发生当且仅当不同的球落入不同的盒子,因此有利于 A 的样本点数为不可重复排列数 $r(r-1)\cdots(r-n+1)$.所以

$$P(A)=\frac{r(r-1)\cdots(r-n+1)}{r^n}.$$

(2) 第一盒的 j 个球来自 n 个球的总体,一共有 C_n^j 种不同选择;当第一盒的 j 个球选定后,剩下的 $n-j$ 个球落入剩下的 $r-1$ 个盒子中,其球在盒子的分布总数为 $(r-1)^{n-j}$,因而有利于 B 的样本点数为 $C_n^j\ (r-1)^{n-j}$.最后得到

$$P(B)=\frac{C_n^j\ (r-1)^{n-j}}{r^n}.$$

(3) 事件 C 发生,当且仅当第一盒为空,且剩下的 $n-1$ 个盒子中,除一盒有 2 个球外,其余的每盒各有 1 球.先选定 2 球,有 C_n^2 种方法,再在 $n-1$ 个盒子中挑选一个盒子放置这 2 个球,一共有 C_{n-1}^1 种方法,然后剩下的 $n-2$ 个球落入剩下的 $n-2$ 个盒子,且每盒只能容有一球,其球在盒子的分布总数为全排列数 $(n-2)!$,因而按计数原理,有利于事件 C 的样本点数为 $C_{n-1}^1C_n^2(n-2)!=C_n^2(n-1)!$,于是

$$P(C)=\frac{C_n^2(n-1)!}{n^n}.$$

习题 2.2

1. 从一批由 45 件正品、5 件次品组成的产品中任取 3 件产品,求其中恰有 1 件次品的概率.

2. 一口袋中有 5 个红球及 2 个白球.从口袋中任取一球,看过它的颜色后放回口袋中,然后再从口袋中任取一球.设每次取球时口袋中各个球被取到的可能性相同,求:

(1) 第一次、第二次都取到红球的概率;

(2) 第一次取到红球、第二次取到白球的概率;

(3) 两次取得的球为红、白各一的概率;

(4) 第二次取到红球的概率.

3. 一个口袋中装有 6 只球,分别编上号码 1,2,…,6,随机地从这个口袋中取 2 只球,试求:

(1) 最小号码是 3 的概率;

(2) 最大号码是3的概率.

4. 一个盒子中装有6件产品,其中有2件是不合格品.现在作不放回抽样,接连取2次,每次随机地取1件,试求下列事件的概率:

(1) 2件都是合格品;

(2) 1件是合格品,1件是不合格品;

(3) 至少有1件是合格品.

5. 从某一装配线上生产的产品中选择10件产品来检查,假定选到有缺陷的和无缺陷的产品是等可能发生的,求至少观测到一件有缺陷的产品的概率,并结合"实际推断原理"解释得到的上述概率结果.

6. 某人去银行取钱,可是他忘记密码的最后一位是哪个数字,他尝试从0,1,…,9这10个数字中随机地选一个,求他能在3次尝试之中解开密码的概率.

7. 掷两颗骰子,求下列事件的概率:

(1) 点数之和为7;

(2) 点数之和不超过5;

(3) 点数之和为偶数.

8. 把甲、乙、丙三名学生随机地分配到5间空置的宿舍中去,假设每间宿舍最多可住8人,试求这三名学生住在不同宿舍的概率.

9. 总经理的五位秘书中有两位精通英语,今偶遇其中的三位秘书,求下列事件的概率:

(1) 事件 $A=\{$其中恰有一位精通英语$\}$;

(2) 事件 $B=\{$其中恰有两位精通英语$\}$;

(3) 事件 $C=\{$其中有人精通英语$\}$.

10. 甲袋中有3只白球,7只红球,15只黑球,乙袋中有10只白球,6只红球,9只黑球.现从两个袋中各取一球,求两球颜色相同的概率.

第三节 几何概型

典型例题精讲视频

几何概型

古典概型须假定试验结果是有限个,这限制了它的适用范围.一个直接的推广是:保留等可能性,而允许试验结果可为无限个,称这种试验模型为几何概型.例如一个状态比较稳定的射手向一个固定的靶子射击,任意一个可能结果(或样本点)可以用弹着点的某个位置表示,而且可以合理地假定弹着点处于靶子的各种位置是等可能的,因此是几何概型.

一般地,设有某个空间区域 Ω,试验的结果可用位于 Ω 内的某个随机点 ω 的位置来表示.假定随机点 ω 落在 Ω 中任意一个位置是等可能的,用事件 A 表示随机点落在 Ω 的一个子区域 S_A 内,则有

$$P(A)=\frac{|S_A|}{|\Omega|}, \tag{2}$$

其中当 S_A 为直线上区间时,$|S_A|$ 即为区间长度;当 S_A 为平面区域时,$|S_A|$ 即为该平面区域的面积;当 S_A 为空间区域时,$|S_A|$ 即为该空间区域的体积.$|\Omega|$ 的意义相同.

公式(2)是几何概型的概率计算公式,其要点在于找出事件 A 所对应的那个子区

域 S_A.

例 6 某公共汽车站从上午 7:00 起,每隔 15 min 来一趟车,一乘客在 7:00 到 7:30 之间随机到达该车站,求:

(1) 该乘客等候不到 5 min 就乘上车的概率;

(2) 该乘客等候超过 10 min 才乘上车的概率.

解 用 T 表示该乘客到达时刻,且记问题(1),(2)的随机事件为 A,B,则

$$\Omega=\{7:00<T<7:30\},S_A=\{7:10<T<7:15 \text{ 或 } 7:25<T<7:30\},$$

$$S_B=\{7:00<T<7:05 \text{ 或 } 7:15<T<7:20\}.$$

如将 T 的单位化为分钟,则有 $|\Omega|=30$, $|S_A|=10$, $|S_B|=10$,因此

$$P(A)=P(B)=\frac{1}{3}=0.333.$$

***例 7**(蒲丰投针问题) 桌面上画有一族等距的平行线,每相邻两条线之间的距离为 d.今将一根长为 $l(<d)$ 的针随机地投向该桌面,求针与其中一条平行线相交的概率.

解 设针的中点为 O,从 O 出发向最近一条平行线作垂线 OM,记 OM 长为 x,针与垂线 OM 的夹角为 θ(如图 2.1(a)所示).因此,投针在桌面上的位置可用一对数(x,θ)刻画,其中 $0<x<\frac{d}{2}$, $0<\theta<\frac{\pi}{2}$.从图 2.1(a)可见:针与平行线(PQ)相交,当且仅当 $|OS|<\frac{l}{2}$(其中 S 为针所在直线与平行线 PQ 的交点),或等价于 $x<\frac{l}{2}\cos\theta$.注意到假定投针随机地投向该桌面,表示投针的位置的随机点坐标(x,θ)在平面矩形

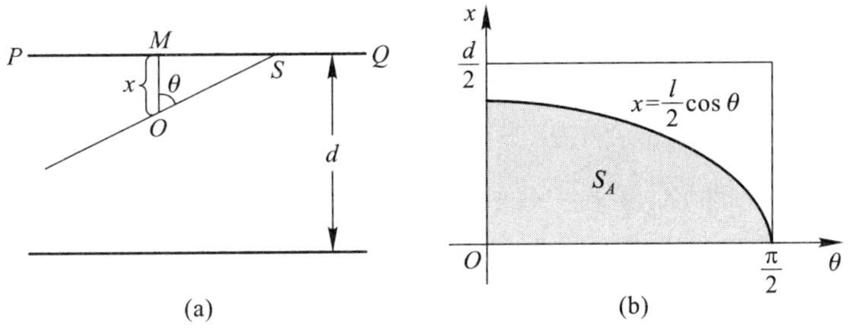

图 2.1

$$\Omega=\left\{(x,\theta)\,\middle|\,0<x<\frac{d}{2},0<\theta<\frac{\pi}{2}\right\}$$

上均匀分布,而事件{针与平行线相交}等价于{随机点落在图 2.1(b)中阴影部分区域 S_A},因而依公式(2),所求概率为

$$P(\text{针与平行线相交})=\frac{|S_A|}{|\Omega|}=\frac{\int_0^{\frac{\pi}{2}}\frac{l}{2}\cos\theta\,\mathrm{d}\theta}{\frac{d}{2}\times\frac{\pi}{2}}=\frac{2l}{\pi d}.$$

习题 2.3

1. 在[0,1]区间上随机地取一个数,求:

(1) 这个数落在区间(0,0.25)内的概率;

(2) 这个数落在区间中点的概率;

(3) 这个数落在区间(0,1)内的概率.

2. 在单位圆上有一定点 M,在圆周上任取一点 N,连接 MN,求弦 MN 的长度不超过 1 的概率.

3. 已知一条 100 km 长的高速公路上有 50 km 的路段有连续测速系统,一辆小车在途经这条公路时有一次超速行为,求超速被测到的概率.

4. 设一质点一定落在 xOy 平面内由 x 轴、y 轴及直线 $x+y=1$ 所围成的三角形内,而落在这三角形内各点处的可能性相等,计算质点落在直线 $x=\frac{1}{3}$ 左边的概率.

第四节 概率的公理化定义

概率的统计定义具有应用价值,但在理论上有严重缺陷;古典概型和几何概型的计算公式虽然解决了这两种概型的事件概率的确定问题,但并不普遍适用.直到 20 世纪,科尔莫戈罗夫(Kolmogorov)在总结前人的大量研究成果基础上,于 1933 年建立了概率的公理化法则,并由此导出概率的一般定义.

设随机试验的样本空间为 Ω,若对每一事件 A,有且只有一个实数 $P(A)$ 与之对应,且满足如下公理:

公理 1(非负性)$0\leqslant P(A)\leqslant 1$;

公理 2(规范性)$P(\Omega)=1$;

公理 3(完全可加性)对任意一列两两互斥事件 $A_1,A_2,\cdots$,有

$$P\left(\bigcup_{n=1}^{\infty} A_n\right)=\sum_{n=1}^{\infty} P(A_n),$$

则称 $P(A)$ 为事件 A 的概率.

容易验证按前两节的公式(1),(2)确定的概率是满足上述三条公理的.公理化定义的广泛适用性是其突出的优点,但必须注意的是:这一定义并未解决如何确定概率的问题.

下面是一组由公理化定义可以直接推出的性质:

性质 1 $P(\varnothing)=0$.

性质 2 对任意有限个两两互斥事件 $A_1,A_2,\cdots,A_n$,有

$$P\left(\bigcup_{k=1}^{n} A_k\right)=\sum_{k=1}^{n} P(A_k).$$

性质 3 $P(\overline{A})=1-P(A)$.

性质 4 $P(B-A)=P(B)-P(AB)$.

特别地，若 $A\subset B$，则有 $P(B-A)=P(B)-P(A)$ 且 $P(A)\leqslant P(B)$.

性质 5 $P(A\cup B)=P(A)+P(B)-P(AB)$.

其中性质 2 也称有限可加性.

性质 1—5 的证明见附录之三.

例 8 已知 $P(A)=0.9$，$P(B)=0.8$，试证 $P(AB)\geqslant 0.7$.

证 由性质 5 知

$$P(AB)=P(A)+P(B)-P(A\cup B)\geqslant 0.9+0.8-1=0.7.$$

例 9(生日问题) 设一年有 365 天，求下述事件 A，B 的概率：

$A=\{n$ 个人没有 2 人生日相同$\}$，

$B=\{n$ 个人至少有 2 人生日在同一天$\}$.

典型例题精讲视频

概率中的若干重要公式

解 (1) 为求解 $P(A)$，我们可直接利用例 5 的问题(1)的结果，即将球对应特定的人，盒子对应生日(一共 $r=365$ 个盒子)，$\{n$ 个人没有 2 人生日相同$\}$等价于$\{n$ 个球落入 365 个盒子中，没有一盒超过 1 个球$\}$，因此

$$P(A)=\frac{365(365-1)\cdots(365-n+1)}{365^n}.$$

(2) 利用性质 3，$P(B)=1-P(A)=1-\dfrac{365(365-1)\cdots(365-n+1)}{365^n}$.有趣的是，当 $n=23$ 时，$P(B)>\dfrac{1}{2}$；而当 $n=50$ 时，$P(B)=0.97$.也就是说，如有随机抽取的 50 个人聚在一起，则他们中至少有 2 人生日在同一天的可能性很大.

例 10 据资料获悉某市居民住房拥有率为 63%，汽车拥有率为 27%，而既无房也无车的占 30%，求任意抽查一户，恰为既有房又有车的概率.

解 分别记事件 $A=\{$抽到的一户有房$\}$，$B=\{$抽到的一户有车$\}$，$C=\{$抽到的一户有车、有房$\}$.

由题设 $P(A)=0.63$，$P(B)=0.27$，$P(\bar{A}\cap\bar{B})=0.30$.显然有 $C=AB$，且由对偶律及概率性质 3 知

$$P(A\cup B)=1-P(\overline{A\cup B})=1-P(\bar{A}\cap\bar{B})=1-0.30=0.70.$$

由性质 5，

$$P(C)=P(AB)=P(A)+P(B)-P(A\cup B)=0.63+0.27-0.70=0.20.$$

因此既有车又有房的概率为 0.20.

习题 2.4

1. 已知 $A\subset B$，$P(A)=0.4$，$P(B)=0.6$，求：

(1) $P(\bar{A})$，$P(\bar{B})$；(2) $P(A\cup B)$；(3) $P(AB)$；(4) $P(\bar{B}A)$，$P(\bar{A}\bar{B})$；(5) $P(\bar{A}B)$.

2. 某大学一个数学协会共有 100 位会员，其中今年有 36 人参加了全国大学生数学竞赛，有 28 人参加了全国大学生数学建模竞赛，有 18 人参加了全国大学生统计建模大赛.又已知，有 22 人同时参加了数学竞赛和数学建模竞赛，有 12 人同时参加了数学竞赛和统计建模大赛，有 9 人同时参加了数

学建模竞赛和统计建模大赛,有 4 人参加了全部三项竞赛.求会员至少参加一项竞赛的概率.

3. 设 A,B 是两个事件,已知 $P(A)=0.5,P(B)=0.7,P(A\cup B)=0.8$,试求 $P(A-B)$ 及 $P(B-A)$.

4. 新入学的大一新生多才多艺,据统计有 28%的学生会弹钢琴,有 7%的学生会拉小提琴,有 5%的学生既会弹钢琴又会拉小提琴.从所有新生中随机选一位,求:

(1) 该生两种乐器都不会的概率;

(2) 该生会弹钢琴但不会拉小提琴的概率.

5. 外语学院开设三门第二外语选修课:德语、法语和西班牙语.据统计,有 28%的学生选修了德语,有 26%的学生选修了法语,有 16%的学生选修了西班牙语.有 12%的学生选修了德语和法语,有 6%的学生选修了德语和西班牙语,有 4%的学生选修了法语和西班牙语,又已知有 2%的学生三门都选修了.

(1) 随机选一位学生,求该生没有选修以上三门第二外语的概率;

(2) 随机选一位学生,求该生只选修其中一门第二外语的概率;

(3) 随机选两位学生,求其中至少有一位选修第二外语的概率.

6. 一次聚会中至少要多少人,才能使得至少有两个人的生肖是一样的概率达到 50%.

附　录

一、排列

以下陈述中如非特别指明,n,r 都表示正整数.从 n 个不同元素中任取 r 个,按一定顺序排成一列,称之为排列.如要求排列中诸元素互不相同,则称之为选排列;反之,若排列中的元素可以相同,则称之为可重复排列.自然,对于选排列,还暗含着要求 $r\leqslant n$.可重复排列在生活中常见,如汽车牌照、电话号码、证券代码,等等.

n 个不同元素中任取 r 个所有不同的选排列的种数,称为排列数,记之为 P_n^r.为导出 P_n^r 的计算公式,注意到对任一选排列,其第一位(从左到右计)可以放置编号 1 到 n 的 n 个元素的任意一个,共有 n 种可能的结果;对于第一位的每一种放置结果,第二位可以放置剩下的 $n-1$ 个元素中的任意一个,共有 $n-1$ 种可能结果……对于第 $r-1$ 位的每一种放置结果,第 r 位可以放置最后剩下的 $n-r+1$ 个元素的任何一个,共有 $n-r+1$ 种可能结果.因此,依计数原理,有

$$\mathrm{P}_n^r=n(n-1)\cdots(n-r+1). \tag{3}$$

当 $r=n$ 时,又称 P_n^n 为全排列数,记为 $n!$,有

$$n!=n\cdot(n-1)\cdot\cdots\cdot2\cdot1. \tag{4}$$

我们约定当 $n=0$ 时,$0!=1$.

P_n^r 也可用全排列数表示,容易从(3)式直接得到

$$\mathrm{P}_n^r=\frac{n!}{(n-r)!}. \tag{5}$$

下面计算所有不同的可重复排列种数,仿照(3)式的推理,排列的第一位的放置有 n 种可能结果.由于可重复性,当 $1\leqslant i\leqslant r-1$,对于第 i 位的每一种放置结果,第 $i+1$ 位仍

然可放置全部 n 个元素的任何一个,因而仍然有 n 种可能结果.依计数原理可得可重复排列种数为

$$\underbrace{n\cdots n}_{r\text{个}}=n^r. \tag{6}$$

例 11 某城市的电话号码是八位,假定首位不能是 0,一个用户只给一个号码,问一共可容纳多少电话用户? 号码的末位数是 8 的用户是多少?

解 (i) 因电话号码的数字可以重复,但注意到第一位不能取 0,因而第一位只能取 1 到 9 这九个数字中的一个;其余 7 位可从 0 到 9 这十个数字中任取.使用公式(6)即有 9×10^7 种可能,得到该城市可容纳 9×10^7 即九千万个电话用户.

(ii) 末位数是 8 的号码可如下产生:前七位的计算同(i),而第 8 位只有取 8 这一种结果.于是由计数原理可知,末位数是 8 的电话用户数为 9×10^6,即九百万.

二、组合

从 n 个不同元素中任取 r $(1\leqslant r\leqslant n)$ 个不同元素,不考虑次序将它们归并成一组,称之为组合.所有不同的组合种数记为 C_n^r 或 $\binom{n}{r}$.

为导出组合数 C_n^r 的计算公式,可以考虑选排列数 P_n^r 的另一种算法.为实现一个排列,可以分两步走:先从 n 个元素中任取 r 个不同元素归并成一个组合,然后将该组合中的 r 个元素进行全排列.第一步有 C_n^r 个可能结果,对第一步产生的每一个组合,第二步有 $r!$ 个可能结果.于是,依计数原理有

$$\mathrm{P}_n^r=\mathrm{C}_n^r\cdot r!,$$

由此即可得到组合数的计算公式

$$\mathrm{C}_n^r=\frac{\mathrm{P}_n^r}{r!}=\frac{n!}{r!\,(n-r)!}. \tag{7}$$

依前面的约定 $0!=1$,因而当 $r=0$ 时,$\mathrm{C}_n^0=1$.又从组合的定义可知:每一个从 n 个元素取 r 个的组合,其余下的 $n-r$ 个元素也构成一个组合;反之亦然,因而从 n 个元素取 r 个的组合与从 n 个元素取 $n-r$ 个的组合,构成一一对应.所以有

$$\mathrm{C}_n^r=\mathrm{C}_n^{n-r}. \tag{8}$$

例 12 某生物物种,假设两个个体杂交后产生一个下一代个体.两个个体按其基因是否匹配,称之为配对的和不配对的.由该物种遗传理论,两个不配对个体杂交后的下一代优于配对个体.今在该物种的 8 个样本之间进行杂交,若已知这 8 个样本中恰有四对配对个体,问下一代中有几个优良个体?

解 欲杂交后产生一个优良个体,必须由两个不配对的个体进行杂交.因此产生优良个体的上一代两个杂交个体必须且只需如下方式得到:从 4 对配对个体中任取 2 对,然后每对任取一个.

从 4 对中取 2 对的可能结果有 C_4^2 种,而对每取定的 2 对任取一个的可能结果有 2^2 种.因此下一代一共有

$$\mathrm{C}_4^2\times2^2=24$$

个优良个体.

三、性质 1—5 的证明

性质 1 的证明 因$\varnothing=\varnothing\cup\varnothing\cup\cdots$,且右端是诸互斥事件之并,因而由公理 3 知 $P(\varnothing)=P(\varnothing)+P(\varnothing)+\cdots$,但由公理 1 $P(\varnothing)\geqslant 0$ 即得出 $P(\varnothing)=0$.

性质 2 的证明 因 $\bigcup\limits_{k=1}^{n}A_k=A_1\cup A_2\cup\cdots\cup A_n\cup\varnothing\cup\varnothing\cdots$,且右端各项两两互斥,由公理 3,即有

$$P\left(\bigcup_{k=1}^{n}A_k\right)=\sum_{k=1}^{n}P(A_k)+P(\varnothing)+P(\varnothing)+\cdots,$$

再应用已证的性质 1,即知性质 2 成立.

性质 3 的证明 注意到 $A\cup\overline{A}=\Omega$,且 A 与 $\overline{A}$ 互斥,由性质 2 即有 $P(A)+P(\overline{A})=P(\Omega)$,但由公理 2 $P(\Omega)=1$,移项即得证性质 3.

性质 4 的证明 注意到有事件分解 $B=AB\cup(B-A)$,且 AB 与 $B-A$ 互斥,因而由已证的性质 2,有 $P(B)=P(AB)+P(B-A)$,移项即得

$$P(B-A)=P(B)-P(AB).$$

至于 $A\subset B$ 的特例,则是该一般公式的直接结果.

性质 5 的证明 因为 $A\cup B=A\cup B\overline{A}$,且 A 与 $B\overline{A}$互斥,所以由性质 2,有

$$P(A\cup B)=P(A)+P(B\overline{A}),$$

再由性质 4 知,$P(B\overline{A})=P(B-A)=P(B)-P(AB)$,代入上式,即得证性质 5.

小　结

事件的概率是事件发生可能性大小的度量,每个事件的发生都有其确定的概率,这是随机现象规律性的表现.概率具有非负性、规范性和完全可加性.概率的性质

$$P(\overline{A})=1-P(A)$$

是十分有用的.

古典概型和几何概型是早期受到关注的两类概率模型,古典概型适用于其结果数为有限的,且各结果出现为等可能的随机试验,这是在使用公式(1)进行概率计算前,必须首先确认的.其计算归结为对事件所含样本点的计数,熟练掌握基本计数原理对此是十分重要的.此外,事件概率的计算,往往还需运用概率的性质.

第二章综合题

1. 一个盒子中共有 n 个形状相同的玻璃珠子,其中只有一颗是彩色的,其余都是单色的.从中一

次性取出 k 个珠子，求其中包含彩色玻璃珠子的概率.

2. 有一轮盘游戏，是在一个划分为 10 段等分弧长的圆轮上旋转一个球，这些弧上依次标着 0, 1, …, 9 十个数字.球停止在的那段弧对应的数字就是一轮游戏的结果.数字按下面的方式涂色：0 看作非奇非偶涂为绿色，奇数涂为红色，偶数涂为黑色.事件 $A=\{$结果为奇数$\}$，事件 $B=\{$结果为涂黑色的数$\}$.求以下事件的概率：(1) $P(A)$；(2) $P(B)$；(3) $P(A\cup B)$；(4) $P(AB)$.

3. 目前，手机支付成了流行的支付方式，据统计，目前主要有三种手机支付方式，分别记为方式 A，B，C.据市场随机统计，用户使用各种方式支付的比例如下：使用方式 A 的占 10%，使用方式 B 的占 30%，使用方式 C 的占 5%，使用方式 A 和 B 的占 8%，使用方式 A 和 C 的占 2%，使用方式 B 和 C 的占 4%，三种方式都使用的占 1%.求：

(1) 仅使用其中一种方式支付的概率；

(2) 至少使用两种方式支付的概率；

(3) 若 A 和 B 有支付返利，C 没有，至少使用一种有支付返利的概率；

(4) 若 A 和 B 有支付返利，C 没有，使用一种有支付返利和一种没有支付返利的概率；

(5) 不使用手机支付的概率.

4. 设 A,B,C 为三个随机事件，$P(A)=P(B)=P(C)=0.25$，$P(AB)=0$，$P(AC)=P(BC)=\frac{1}{16}$，求 $P(A\cup B)$，$P(A\cup B\cup C)$，$P(\overline{A}\overline{B}\overline{C})$.

*5. (配对问题)房间中有 n 个编号为 $1,2,\cdots,n$ 的座位，今有 n 个人(每人持有编号为 $1,2,\cdots,n$ 的票)随机入座，求至少有一人持有的票的编号与座位号一致的概率(提示：使用概率的性质 5 的推广，即对任意 n 个事件 $A_1,A_2,\cdots,A_n$，有

$$P\left(\bigcup_{k=1}^{n}A_k\right)=\sum_{k=1}^{n}P(A_k)-\sum_{1\leqslant i<j\leqslant n}P(A_iA_j)+\cdots$$
$$+(-1)^{k-1}\sum_{1\leqslant i_1<i_2<\cdots<i_k\leqslant n}P(A_{i_1}\cdots A_{i_k})+\cdots+(-1)^{n-1}P(A_1\cdots A_n)).$$

*6. 盒中装有标号为 $1,2,\cdots,r$ 的 r 个球，今随机地抽取 n 个，记录其标号后放回盒中；然后再进行第二次抽取，但此时抽取 m 个，同样记录其标号，这样得到球的标号记录的两个样本，求这两个样本中恰有 k 个标号相同的概率.

第二章自测题

第二章习题参考答案

第三章 条件概率与事件的独立性

第一节 条件概率

在实际问题中常常需要考虑在固定试验条件下，外加某些条件时随机事件发生的概率.例如在信号传输中，往往关心的是接收到某个信号条件下发出的也是该信号的概率有多大？在人寿保险中，关心的是人群中已知活到某个年龄的条件下在未来的一年内死亡的概率，等等.

典型例题精讲视频

条件概率

一般地，设 A,B 两个事件，$P(A)>0$，称已知 A 发生条件下 B 发生的概率为 B 的条件概率，记为 $P(B\mid A)$.

例 1 设有两个口袋，第一个口袋装有 3 个黑球和 2 个白球；第二个口袋装有 2 个黑球和 4 个白球.今从第一个口袋任取一球放到第二个口袋，再从第二个口袋任取一球，求已知从第一个口袋取出的是白球条件下从第二个口袋取出白球的条件概率.

记 $A=\{$从第一个口袋取出白球$\}$，$B=\{$从第二个口袋取出白球$\}$.

要求条件概率 $P(B\mid A)$.注意到在 A 发生条件下，第二个口袋中有 5 个白球和 2 个黑球，因此一共有 7 个样本点，而有利于事件 B 的有 5 个，由古典概型的概率计算公式，直接可得

$$P(B\mid A)=\frac{5}{7}.$$

此处计算可以如此简单，在于加上“A 已发生”条件后，新的样本空间非常简单明了，一切计算都在新的样本空间中进行.

上例的方法并不是普遍适用的，为导出一般情况下都能适用的条件概率计算公式，我们仍然回到例 1，考虑原来样本空间的计算.此时从两个口袋取球，看成一次试验，一共有 5×7 个样本点.因此

$$P(A)=\frac{2\times7}{5\times7}=\frac{2}{5},$$

$$P(AB)=\frac{2\times5}{5\times7}=\frac{2}{7}.$$

另一方面可以改写

$$P(B\mid A)=\frac{5}{7}=\frac{5\times\frac{2}{5\times7}}{7\times\frac{2}{5\times7}}=\frac{\frac{2}{7}}{\frac{2}{5}},$$

因此有

$$P(B\mid A)=\frac{P(AB)}{P(A)}. \tag{1}$$

这一公式对一般情形也成立(只要 $P(A)>0$).注意到(1)式右端是我们已熟悉的概率,因此(1)式可以作为条件概率定义,也可作为计算公式.类似地,如$P(B)>0$,也可定义给定 B 已发生条件下,A 发生的条件概率为

$$P(A\mid B)=\frac{P(AB)}{P(B)}. \tag{2}$$

如对(1)式两端同乘 $P(A)$,则有

$$P(AB)=P(A)P(B\mid A), \tag{3}$$

同理对(2)式两端同乘 $P(B)$,有

$$P(AB)=P(B)P(A\mid B). \tag{4}$$

称公式(3)或(4)为概率的乘法定理,而且可以推广到任意 n 个事件 $A_1,A_2,\cdots,A_n$ 的情况:设对任一 $n>1$,

$$P(A_1A_2\cdots A_{n-1})>0,$$

则有

$$P(A_1A_2\cdots A_n)=P(A_1)P(A_2\mid A_1)\cdots P(A_n\mid A_1A_2\cdots A_{n-1}). \tag{5}$$

此处注意到条件 $P(A_1A_2\cdots A_{n-1})>0$ 保证了公式(5)中出现的所有条件概率都有意义,即 $P(A_1),P(A_1A_2),\cdots,P(A_1A_2\cdots A_{n-1})$均大于0.(为什么?请读者回答.)

例2 一批零件共100件,其中次品有10件,今从中不放回抽取2次,每次取1件,求第一次为次品,第二次为正品的概率.

解 记 $A=\{$第一次为次品$\}$,$B=\{$第二次为正品$\}$,要求 $P(AB)$.由乘法公式(3),先求 $P(B\mid A)$及 $P(A)$.已知 $P(A)=0.1$,而 $P(B\mid A)=\frac{90}{99}$,因此

$$P(AB)=P(A)P(B\mid A)=0.1\times\frac{90}{99}=0.091.$$

习题 3.1

1. 已知随机事件 A 的概率 $P(A)=0.5$,随机事件 B 的概率 $P(B)=0.6$,条件概率 $P(B\mid A)=0.8$,试求 $P(AB)$及 $P(\bar{A}\bar{B})$.

2. 某人有一笔资金,他投入基金的概率为0.58,购买股票的概率为0.28,两项投资都做的概率为0.19.

(1) 已知他已投入基金,再购买股票的概率是多少?

(2) 已知他已购买股票,再投入基金的概率是多少?

3. 一所大学某年新生的男女比例为 3 : 2.已知该年电信学院录取的新生占大学总新生人数的10%.又已知电信学院中女生占 5%.若从新生中随机抽取一名,已知是女生,求她来自电信学院的概率.

4. 假设男女性出生率都为 0.5,已知一对夫妻有两个孩子.

(1) 若已知老大是姐姐,求老二是弟弟的概率;

(2) 若已知有一个是女孩,求另外一个是男孩的概率.

5. 一批零件共 100 个,次品率为 10%,每次从中任取一个零件,取出的零件不再放回,求第三次才取得正品的概率.

6. 规定依次通过四个科目的相关考试才能拿到机动车驾驶证,已知通过科目一交通法规及相关知识考试的概率为 0.95.如果通过,就可以参加科目二场地考试,已知场地考试的通过率为 0.6.前两个考试都通过了,方可参加科目三道路驾驶考试,通过率为 0.5.前三个科目都通过,方可参加科目四安全知识考试,通过率为 0.9.试求

(1) 最终能拿到机动车驾驶证的概率;

(2) 已知某人没有拿到机动车驾驶证,求他(她)科目二场地考试没有通过的概率.

7. 给定 $P(A)=0.5,P(B)=0.3,P(AB)=0.15$,验证下面四个等式:

$$P(A\mid B)=P(A),\quad P(A\mid \bar{B})=P(A),\quad P(B\mid A)=P(B),\quad P(B\mid \bar{A})=P(B).$$

第二节　全概率公式

先回到上一节的例 1.

例 3(例 1 续)　要求从第二个口袋中取出白球的概率,即 $P(B)$.若直接求 $P(B)$ 较为复杂(读者不妨使用古典概型求解,然后与下文的方法比较其优劣),注意到事件 B 有如下的更简单分解:

$$B=AB\cup \bar{A}B. \tag{6}$$

其中右端两个事件 AB 与 $\bar{A}B$ 互斥,有可能使问题得到简化.使用概率的可加性及乘法定理,有

$$\begin{aligned}P(B)&=P(AB)+P(\bar{A}B)\\&=P(A)P(B\mid A)+P(\bar{A})P(B\mid \bar{A}),\end{aligned}$$

其中 $P(A),P(\bar{A})$ 是已知的,而 $P(B\mid A)$ 已经在例 1 中计算过,同理可得 $P(B\mid \bar{A})$.因此问题得以解决,最后得到

$$P(B)=\frac{2}{5}\times\frac{5}{7}+\frac{3}{5}\times\frac{4}{7}=\frac{22}{35}=0.629.$$

在上面求解过程中,待求概率的事件 B 的分解式(6)是十分关键的.可以这样理解(6)式,即将事件 B 看成"结果",而将事件 A 及 $\bar{A}$ 看成是产生"结果" B 的两个可能"原因".分解式(6)正是"结果"与可能"原因"之间的一种联系方式,而问题是已知可能"原因"发生的概率,求"结果"发生的概率.我们称这一类问题为全概率问题.下面给出一般情形下全概率公式:

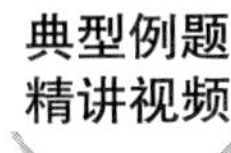

全概率公式

设事件 $A_1,A_2,\cdots,A_n$ 两两互斥,且 $P(A_i)>0,1\leqslant i\leqslant n$.又事件 B 满足

$$B=\bigcup_{i=1}^{n} BA_i, \tag{7}$$

则有

$$P(B)=\sum_{i=1}^{n} P(A_i)P(B\mid A_i). \tag{8}$$

注 条件(7)的含义是:B 发生当且仅当 B 与 $A_1,A_2,\cdots,A_n$ 之一同时发生.此处并不要求 $\bigcup_{i=1}^{n} A_i=\Omega$(尽管在实际问题中大多能满足),事实上只要$B\subset\bigcup_{i=1}^{n} A_i$ 就能保证条件(7)成立.

例 4 设某工厂有两个车间生产同型号家用电器,第 1 车间的次品率为0.15,第 2 车间的次品率为 0.12.两个车间生产的成品都混合堆放在一个仓库中,假设第 1,2 车间生产的成品比例为 2∶3,今有一客户从成品仓库中随机提一台产品,求该产品合格的概率.

解 记 $B=\{$从仓库随机提出的一台产品是合格品$\}$,$A_i=\{$提出的一台产品是第 i 车间生产的$\}$,$i=1,2$,则有分解

$$B=A_1B\cup A_2B.$$

依假设

$$P(A_1)=\frac{2}{5},\quad P(A_2)=\frac{3}{5},\quad P(B\mid A_1)=0.85,\quad P(B\mid A_2)=0.88.$$

由公式(8)可得

$$P(B)=0.4\times0.85+0.6\times0.88=0.868.$$

例 5 某公司生产一种环形金属薄片,生产按两种设计方案进行.已知按方案Ⅰ生产的产品占总量的 40%,而产品的 60%是按方案Ⅱ生产的;且按方案Ⅰ生产的产品的次品率为 0.3%,而按方案Ⅱ生产的产品的次品率为 0.1%,求该公司产品的次品率.

解 记事件 $A=\{$产品按方案Ⅰ生产$\}$,$B=\{$产品按方案Ⅱ生产$\}$,$C=\{$产品是次品$\}$,则 A,B 互斥,且 $C=AC\cup BC$.由全概率公式,有

$$\begin{aligned}P(C)&=P(C\mid A)P(A)+P(C\mid B)P(B)\\&=0.3\%\times0.4+0.1\%\times0.6\\&=0.001\,2+0.000\,6\\&=0.001\,8,\end{aligned}$$

因此该公司生产产品的次品率为 0.001 8.

例 6 (蒙提霍尔问题(Monty Hall Problem)) 这是一个源自博弈论的数学游戏问题.这个概率问题也因为影片《决胜 21 点》中,主角本·坎贝尔(Ben Campbell)成功解开教授米基·罗萨(Mickey Rosa)在课上的提问而非常有名.影片中是这样描述的,有三扇关闭了的门 A,B 和 C,其中一扇门后是一辆汽车(寓意价值很高,是奖品),其他两扇门后各藏有一只山羊(寓意价值很低)且教授米基·罗萨知道门后的秘密.本·坎贝尔选了第一扇门 A,然后教授米基·罗萨把第三扇门 C 打开了,后面是一只山羊.这

时候教授米基·罗萨问本·坎贝尔:"你换不换到第二扇门?"本·坎贝尔的回答是换.因为如果不换,赢得汽车的概率是$\frac{1}{3}$;如果换,赢得汽车的概率将是$\frac{2}{3}$.这样的回答似乎感觉上与我们的直观相悖,因为从直观上来说,既然已经知道C门后是羊,那么A门和B门一个后面是汽车,另一个后面是山羊,不管选A还是B,选到汽车的概率都是$\frac{1}{2}$.换句话说,这时候,换或不换,赢得汽车的概率都是$\frac{1}{2}$.

关于这个问题,我们可以查询到很多种解释方法,而借助全概率公式的解释是比较容易理解的一种解释方式.首先可以用树图(如图3.1所示)来表示两个不同策略及其相应的概率值.

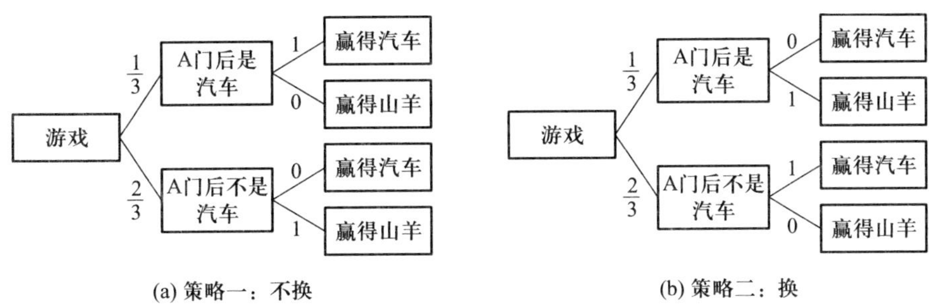

图 3.1

设$C=\{$最初选择的门后是汽车$\}$,$D=\{$最终赢得汽车$\}$,则由已知条件知,实际情况中汽车在A门后的概率是$\frac{1}{3}$,不在A门后的概率是$\frac{2}{3}$,即

$$P(C)=\frac{1}{3},\quad P(\bar{C})=\frac{2}{3}.$$

策略一:本·坎贝尔选择不换,即仍然选择A门,则本·坎贝尔最终能赢得汽车的概率,即

$$P(D)=P(C)P(D\mid C)+P(\bar{C})P(D\mid \bar{C})=\frac{1}{3}\times 1+\frac{2}{3}\times 0=\frac{1}{3}.$$

策略二:本·坎贝尔选择换,即换至未开启的B门,则本·坎贝尔最终能赢得汽车的概率,即

$$P(D)=P(C)P(D\mid C)+P(\bar{C})P(D\mid \bar{C})=\frac{1}{3}\times 0+\frac{2}{3}\times 1=\frac{2}{3}.$$

所以,显然,策略二即本·坎贝尔换到未打开的B门,他能赢得汽车的概率将比不换增加一倍.

例 7 (辛普森悖论(Simpson's paradox)) 设有两种治疗肾结石的方案:方案1和方案2.在接受方案1治疗的所有患者中小结石患者占23%,大结石患者占77%,小结石患者的治愈率是93%,大结石患者的治愈率是73%.在接受方案2治疗的所有患者中小结石患者占 67%,大结石患者占 33%,小结石患者的治愈率是 87%,大结石患者的治愈率是 69%.如表 3.1 所示.

表 3.1　两种治疗肾结石的方案

	方案 1		方案 2	
	患者比例	治愈率	患者比例	治愈率
小结石患者	23%	93%	67%	87%
大结石患者	77%	73%	33%	69%

我们发现不管是对小结石患者还是对大结石患者,方案 1 的治愈率都要高于方案 2,那么我们能就此判断方案 1 要优于方案 2 吗?

设 $A=\{小结石患者\}$,$B=\{治愈\}$.

方案 1:由已知条件可知

$$P(A)=0.23,\quad P(\overline{A})=0.77,\quad P(B\mid A)=0.93,\quad P(B\mid \overline{A})=0.73,$$

根据全概率公式,可得所有接受方案 1 治疗的患者治愈率为

$$P(B)=P(A)P(B\mid A)+P(\overline{A})P(B\mid \overline{A})=0.23\cdot 0.93+0.77\cdot 0.73=0.776.$$

方案 2:由已知条件可知

$$P(A)=0.67,\quad P(\overline{A})=0.33,\quad P(B\mid A)=0.87,\quad P(B\mid \overline{A})=0.69,$$

可得所有接受方案 2 治疗的患者治愈率为

$$P(B)=P(A)P(B\mid A)+P(\overline{A})P(B\mid \overline{A})=0.67\cdot 0.87+0.33\cdot 0.69=0.810\ 6,$$

所以,接受方案 2 治疗的患者治愈率要比方案 1 高!这个结论大大出乎我们之前的直观结论.

究其原因,在之前观察数据的时候,我们比较的是每种方案下,不同患者的治愈率,换句话说,我们比较的这些"治愈率"都是条件概率.如果把不同患者定义成"原因"(A 和 $\overline{A}$),治愈定义成"结果"(B).也可以说,我们比较的是,在已知不同"原因"发生的条件下,"结果"发生的概率.而通过全概率公式的计算,最终我们只是比较"结果"发生概率的大小,这是综合了所有"原因"后的一个结论.而各个"原因"在全概率公式计算中占有的权重直接影响了最终的概率结论,发生了所谓的"悖论"!

习题 3.2

1. 已知甲袋中装有 6 只红球,4 只白球;乙袋中装有 8 只红球,6 只白球.求下列事件的概率:

(1) 随机地取一只袋,再从该袋中随机地取一只球,该球是红球;

(2) 合并两只口袋,从中随机地取一只球,该球是红球.

2. 一架飞机起飞后失联,它等可能地坠毁在三个区域内,由于地形的限制,坠毁飞机黑匣子在每个区域被发现的可能性分别为 0.4,0.5,0.6,求该飞机黑匣子被发现的概率.

3. 概率论与数理统计课程有期中考试和期末考试,假设期中考试及格率为 90%.若期中考试及

格，则期末考试也及格的概率为 0.8；若期中考试不及格，则期末考试能及格的概率为 0.6.求学生期末考试能及格的概率.

4. 甲袋中有 4 个白球、6 个黑球，乙袋中有 4 个白球、2 个黑球，先从甲袋中任取 2 球投入乙袋，然后再从乙袋中任取 2 球，求从乙袋中取到的 2 个都是黑球的概率.

5. 罐中有 m 个白球，n 个黑球，从中随机地抽取一个，若不是白球则放回罐中，再随机地抽取下一个；若是白球，则不放回，直接进行第二次抽取，求第二次取得黑球的概率.

第三节　贝叶斯公式

前一节曾提到：全概率公式是由“原因”推断“结果”的概率计算公式.在实际应用中，这只是问题的一个方面，常常需要考虑的另一方面则是如何从“结果”推断“原因”.例如在例 4 中，若已知从仓库中提出的一台产品是合格品，要求它是由第 1 车间生产的这一事件的条件概率.从统计意义上看，问题的这一提法更具有普遍性.下面再看一个例子：

例 8（血液化验）　一项血液化验以概率 0.95 将带菌患者检出阳性，但也有 1%的概率误将健康人检出阳性.设已知该种疾病的发病率为 0.5%，求已知一个个体被此项血液化验检出为阳性条件下，该个体确实患有此种疾病的概率.

此例的“结果”是血液化验检出是阳性，产生此结果的两个可能“原因”是：一带菌；二健康人.问题是从已知“结果”发生条件下推断该“结果”是由“带菌”产生的条件概率 P(带菌 | 阳性).

这里的发病率也称为先验概率，而所求条件概率 P(带菌 | 阳性)称为后验概率，后者是在有了试验结果后，对先验概率的一种校正.贝叶斯公式就是后验概率的计算公式，今陈述如下：

设事件 $A_1,A_2,\cdots,A_n$ 两两互斥，且 $P(A_i)>0,i=1,2,\cdots,n$，事件 B 满足条件

$$B=\bigcup_{i=1}^{n} BA_i,$$

且 $P(B)>0$，则对任一 $1\leqslant i\leqslant n$，有

$$P(A_i \mid B)=\frac{P(A_i)P(B \mid A_i)}{\sum\limits_{k=1}^{n} P(A_k)P(B \mid A_k)}. \tag{9}$$

贝叶斯公式在经营管理、投资决策、医学卫生统计等方面有重要的应用价值.

现回过来求解例 8：　记 $B=\{$阳性$\}$，$A_1=\{$带菌$\}$，$A_2=\{$不带菌$\}$，则 $B=BA_1\cup BA_2$，且已知 $P(A_1)=0.005$，　$P(B \mid A_1)=0.95$，　$P(B \mid A_2)=0.01$，由贝叶斯公式可得

$$P(A_1 \mid B)=\frac{0.005\times 0.95}{0.005\times 0.95+0.995\times 0.01}=0.323.$$

注意到这一概率出乎意外地小，对于一个缺乏概率思维的人来说，可能是不可接受的.因为按“常规”认识，若化验出是阳性，则带菌的机会应该很大.

下面给出一种直观的解法，也许可以打消这部分人的疑虑：因为 $P(A_1)=0.005$很

小,平均 200 个人中,只有一个带菌,为清楚起见,下面列出平均总数为 200 个人的分类表:

	带菌	不带菌	总和
阳性	0.95	1.99	2.94
非阳性	0.05	197.01	197.06
总和	1	199	200

其中数字 0.95,1.99 是由假设条件及公式

$$0.95=1\times0.95,\quad 1.99=199\times0.01$$

算出.因此已检出阳性条件下(总共 2.94 人),带菌(只有 0.95 人)的条件概率为

$$P(A_1\mid B)=\frac{0.95}{2.94}=0.323,$$

得到与前面的解答相同的结果.

从上述计算过程中也可看出,之所以后验概率 $P(A_1\mid B)$ 较小,主要是因为人群中带菌的比例(即 $P(A_1)$)很小!如果其他条件不变,增大 $P(A_1)$,那么相应的后验概率 $P(A_1\mid B)$ 也随之增大.

例 9 盒中有 6 只乒乓球,其中有 4 只是新球.先从中任取 2 只进行练习,用后放回盒中,接着比赛时再从此盒中任取 2 只.

(1)求比赛时取出 2 只新球的概率;

(2)已知比赛时取出的是 2 只新球,问练习时取到几只新球的可能性最大?

解 记 $A=\{$比赛时取出的 2 只是新球$\}$,$B_i=\{$练习时取出的恰有 i 只新球$\}$,$i=0,1,2$.

(1)由古典概型概率公式可知

$$P(B_0)=\frac{C_4^0C_2^2}{C_6^2}=\frac{1}{15},\quad P(B_1)=\frac{C_4^1C_2^1}{C_6^2}=\frac{8}{15},\quad P(B_2)=\frac{C_4^2C_2^0}{C_6^2}=\frac{6}{15},$$

$$P(A\mid B_0)=\frac{C_4^2}{C_6^2}=\frac{6}{15},\quad P(A\mid B_1)=\frac{C_3^2}{C_6^2}=\frac{3}{15},\quad P(A\mid B_2)=\frac{C_2^2}{C_6^2}=\frac{1}{15}.$$

由全概率公式,有

$$P(A)=\sum_{i=0}^{2}P(B_i)P(A\mid B_i)=\frac{1}{15}\times\frac{6}{15}+\frac{8}{15}\times\frac{3}{15}+\frac{6}{15}\times\frac{1}{15}=\frac{4}{25}.$$

(2)使用贝叶斯公式,有

$$P(B_0\mid A)=\frac{P(B_0)P(A\mid B_0)}{P(A)}=\frac{\frac{1}{15}\times\frac{6}{15}}{\frac{4}{25}}=\frac{1}{6},$$

$$P(B_1 \mid A)=\frac{P(B_1)P(A \mid B_1)}{P(A)}=\frac{\frac{8}{15}\times\frac{3}{15}}{\frac{4}{25}}=\frac{4}{6},$$

$$P(B_2 \mid A)=\frac{P(B_2)P(A \mid B_2)}{P(A)}=\frac{\frac{6}{15}\times\frac{1}{15}}{\frac{4}{25}}=\frac{1}{6}.$$

因此,在已知比赛时取出的是 2 只新球的条件下,练习时取到恰有 1 只新球的可能性最大.

习题 3.3

1. 课堂教学后,老师让学生们完成一道有 4 个选项的单选题.已知有 80%的学生掌握了知识点,知道如何选择;有 20%的学生并没有掌握知识点,不知道如何选择,只能瞎猜.已知某学生回答正确,求他(她)已经掌握了该知识点的概率.

2. 假设手里有三张牌,其中一张牌的两面都涂上了红色,一张牌的两面都涂上了白色,一张牌的一面涂上了红色,另一面涂上了白色.从三张牌中随机地抽取一张放在桌上,已知朝上的一面涂有白色,求另一面也涂有白色的概率.

3. 一个食品处理机制造商分析了很多消费者的投诉,发现他们属于以下列出的 6 种类型:

	投诉原因		
	机械问题	电路问题	外观问题
质保期内	18%	13%	32%
质保期后	12%	22%	3%

如果收到一个消费者的投诉,已知投诉发生在质保期内,求投诉的原因是产品外观问题的概率.

4. 设某一工厂有 A,B,C 三间车间,它们生产同一种螺钉,各个车间的产量分别占该厂生产螺钉总产量的 25%,35%,40%,各个车间生产的螺钉中次品的百分比分别为 5%,4%,2%.如果从全厂总产品中抽取一件产品,(1) 求抽到的产品是次品的概率;(2) 已知得到的是次品,求它依次是车间 A,B,C 生产的概率.

5. 某次大型体育运动会有 1 000 名运动员参加,其中有 100 人服用了违禁药品.假定在使用者中,有 90 人的药物检查呈阳性,而在未使用者中也有 5 人检验结果显示阳性.如果一个运动员的药物检查结果是阳性,求这名运动员确实使用违禁药品的概率.

6. 发报台分别以概率 0.6,0.4 发出信号“•”和“-”,由于通信受到干扰,当发出信号“•”时,收报台未必收到信号“•”,而是分别以概率 0.8 和 0.2 收到信号“•”和“-”.同样,当发出信号“-”时,收报台分别以 0.9 和 0.1 的概率收到信号“-”和“•”.求(1) 收报台收到信号“•”的概率;(2) 当收报台收到信号“•”时,发报台确是发出信号“•”的概率.

第四节　事件的独立性

一般来说,条件概率 $P(B|A)\neq P(B)$,即 A 发生与否对 B 发生的概率是有影响的,但例外的情形也不在少数,下面是一个例子:

例 10　一袋中装有 4 个白球、2 个黑球,从中有放回取两次,每次取一个.事件 $A=\{$第一次取到白球$\}$,$B=\{$第二次取到白球$\}$,则有

$$P(A)=\frac{2}{3},\quad P(B)=\frac{6\times4}{6^2}=\frac{2}{3},\quad P(AB)=\frac{4^2}{6^2}=\frac{4}{9}.$$

于是

$$P(B|A)=\frac{P(AB)}{P(A)}=\frac{4/9}{2/3}=\frac{2}{3},$$

因此 $P(B|A)=P(B)$.事实上还可算出 $P(B|\bar{A})=\frac{2}{3}$(留给读者做练习),因而有

$$P(B|A)=P(B|\bar{A})=P(B).$$

这表明不论 A 发生还是不发生,都对 B 发生的概率没有影响.此时,直观上可以认为事件 B 与 A 没有"关系",或者说 B 与 A 独立.其实从该例的实际意义也容易看出,因抽取是有放回的,故第二次抽到白球的概率与第一次是否抽到白球没有关系.

从以上讨论可知,如对事件 A,B 有

$$P(B|A)=P(B),$$

则认为 B 与 A 独立;由于条件概率 $P(B|A)$ 要求 $P(A)>0$,因而将上式两端同乘 $P(A)$,可得

$$P(AB)=P(A)P(B),\tag{10}$$

尽管这里使用假定 $P(A)>0$ 导出(10)式,但当 $P(A)=0$ 时,(10)式自动成立(为什么?).(10)式的优点是事件 A,B 为对称的.因此我们可以使用(10)式定义事件的独立性,即

如果事件 A,B 满足(10)式,则称 A 与 B 相互独立.

这里作为一个注解要指出的是:尽管独立性的定义是用(10)式来刻画的,但在实际使用时往往并不是按此定义来验证 A,B 之独立性,而是从事件的实际意义判断是否相互独立.例如两个工人分别在甲、乙两台车床上互不干扰地操作,则事件 $A=\{$甲车床出次品$\}$与事件 $B=\{$乙车床出次品$\}$是相互独立的.又如从有限总体中有放回抽取两次,两次抽取的有关事件也是相互独立的.实际应用中,大多将(10)式作为已经判定相互独立的两个事件满足的一项性质加以利用.

我们还可以将事件的独立性的定义推广至任意 n 个事件 $A_1,A_2,\cdots,A_n$:若对每一 $s(2\leqslant s\leqslant n)$,任意 s 个事件 $A_{k_1},A_{k_2},\cdots,A_{k_s}$ 有

$$P(A_{k_1}A_{k_2}\cdots A_{k_s})=P(A_{k_1})P(A_{k_2})\cdots P(A_{k_s})\tag{11}$$
$$(1\leqslant k_1<k_2<\cdots<k_s\leqslant n,2\leqslant s\leqslant n),$$

则称事件 $A_1,A_2,\cdots,A_n$ 相互独立(容易看出,公式(11)包含 $2^n-C_n^1-1$ 个等式).作为一

个特例，当 $n=3$ 时，A_1,A_2,A_3 相互独立当且仅当以下四个等式同时成立：

$$P(A_1A_2)=P(A_1)P(A_2),\quad P(A_1A_3)=P(A_1)P(A_3),\quad P(A_2A_3)=P(A_2)P(A_3),\tag{12}$$

$$P(A_1A_2A_3)=P(A_1)P(A_2)P(A_3).\tag{13}$$

如果只有公式(12)所列的三个等式成立，我们称事件 A_1,A_2,A_3 两两独立.此时，第四个等式(13)不必成立.因此多于两个事件相互独立包含了两两独立，反之不然.下面是一个例子.

例 11 设有四张卡片，其中三张分别涂上红色、白色、黄色，而余下一张同时涂有红、白、黄三色. 今从中随机抽取一张，记事件 $A=\{$抽出的卡片有红色$\}$，$B=\{$抽出的卡片有白色$\}$，$C=\{$抽出的卡片有黄色$\}$，考察 A,B,C 的独立性.易知

$$P(A)=P(B)=P(C)=\frac{2}{4}=\frac{1}{2},$$

$$P(AB)=P(AC)=P(BC)=\frac{1}{4},\quad P(ABC)=\frac{1}{4},$$

因此 $P(AB)=P(A)P(B)$，$P(AC)=P(A)P(C)$，$P(BC)=P(B)P(C)$，此即(12)式成立.但

$$P(ABC)=\frac{1}{4}\neq\frac{1}{2}\times\frac{1}{2}\times\frac{1}{2}=P(A)P(B)P(C),$$

因而 A,B,C 两两独立，但不相互独立.

例 12 设某车间有三台车床，在一小时内第 1 台，第 2 台，第 3 台车床不要求工人维护的概率分别是 0.9，0.8，0.85.求一小时内三台车床至少有一台不需工人维护的概率.

解 设待求概率的事件为 A，记 $A_i=\{$第 i 台车床需工人维护$\}$ $(i=1,2,3)$.依事件 A_1,A_2,A_3 的实际意义可知 A_1,A_2,A_3 相互独立，且

$$A=\overline{A_1A_2A_3},$$

因此使用概率的性质及独立性，有

$$\begin{aligned}P(A)&=1-P(A_1A_2A_3)=1-P(A_1)P(A_2)P(A_3)\\&=1-0.1\times0.2\times0.15=0.997.\end{aligned}$$

下面给出事件独立性的一条重要性质：

在 A,B；$A,\bar{B}$；$\bar{A},B$；$\bar{A},\bar{B}$ 这四对事件中，只要其中有一对相互独立，则其余三对也相互独立.

证 首先注意到，如能证明下述蕴涵关系

$$A\text{ 与 }B\text{ 相互独立}\Rightarrow A\text{ 与 }\bar{B}\text{ 相互独立},\tag{14}$$

则由事件 A,B 的任意性，反复运用这一蕴涵关系，即有

$$\begin{gathered}A\text{ 与 }B\text{ 相互独立}\Rightarrow A\text{ 与 }\bar{B}\text{ 相互独立}\Rightarrow\bar{B}\text{ 与 }A\text{ 相互独立}\Rightarrow\\\bar{B}\text{ 与 }\bar{A}\text{ 相互独立}\Rightarrow\bar{A}\text{ 与 }\bar{B}\text{ 相互独立}\Rightarrow\bar{A}\text{ 与 }B\text{ 相互独立},\end{gathered}$$

即得所要证结论.

下面证关系式(14).注意到

$$P(A\bar{B})=P(A-AB)=P(A)-P(AB),$$

由假设 A 与 B 相互独立，有

$$P(A\bar{B})=P(A-AB)=P(A)-P(A)P(B)$$
$$=P(A)(1-P(B))=P(A)P(\bar{B}),$$

因而 A 与 $\bar{B}$ 相互独立.

以上性质可以推广到任意多个事件相互独立的情形.

例 13 设有 n 个元件分别依串联、并联两种情形组成系统 Ⅰ 和 Ⅱ（见图 3.2(a),图 3.2(b)).已知每个元件正常工作的概率为 p,分别求系统 Ⅰ,Ⅱ 的可靠性(即系统正常工作的概率).

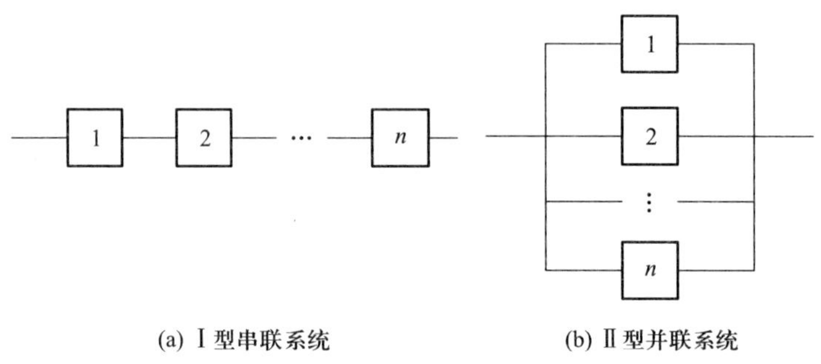

图 3.2

解 记 $A_i=\{$元件 i 正常工作$\}$,$i=1,2,\cdots,n$,则由实际意义可知事件$A_1,A_2,\cdots,A_n$ 相互独立.又记 $A=\{$系统 Ⅰ 正常工作$\}$,$B=\{$系统 Ⅱ 正常工作$\}$,则

$$A=\bigcap_{i=1}^{n}A_i,\quad B=\bigcup_{i=1}^{n}A_i.$$

由独立性及推广的性质可知

$$P(A)=\prod_{i=1}^{n}P(A_i)=p^n,$$

$$P(B)=1-P(\bar{B})=1-P\left(\bigcap_{i=1}^{n}\bar{A}_i\right)=1-\prod_{i=1}^{n}P(\bar{A}_i)=1-(1-p)^n,$$

注意到由二项公式可知:若 $0<p<1$,则对任一 $n\geqslant 2$ 有

$$p^n+(1-p)^n<1,$$

于是

$$P(A)<P(B).$$

因此并联系统的可靠性要高于串联系统.

例 14(保险赔付) 设有 n 个人向保险公司购买人身意外险(保险期为 1 年),假定投保人在一年内发生意外的概率为 0.01,求:

(1) 该保险公司赔付的概率;

(2) 多大的 n 使得以上的赔付概率超过$\frac{1}{2}$.

解 (1) 记 $A_i=\{$第 i 个投保人出现意外$\}$ $(i=1,2,\cdots,n)$,$A=\{$保险公司赔付$\}$,则 $A_1,A_2,\cdots,A_n$ 相互独立,且 $A=\bigcup_{i=1}^{n}A_i$.因此

$$P(A)=1-P\left(\overline{\bigcup_{i=1}^{n} A_i}\right)=1-\prod_{i=1}^{n} P(\bar{A}_i)=1-(0.99)^n.$$

（2）注意到

$$P(A)>0.5\Leftrightarrow(0.99)^n<0.5\Leftrightarrow n>\frac{\lg 2}{2-\lg 99}=68.97,$$

也就是说，如有不少于 69 个人投保，则保险公司赔付概率大于 0.5.

本例表明，虽然概率为 0.01 的事件是小概率事件，它在一次试验中是实际不会发生的；但重复做 n 次试验，只要 $n\geqslant 69$，该小概率事件至少发生一次的概率就超过 0.5，因此决不能忽视小概率事件.

习题 3.4

1. 设事件 A 与 B 相互独立，证明 A 与 $\bar{B}$ 相互独立，$\bar{A}$ 与 $\bar{B}$ 相互独立.
2. 设 $P(A)>0$，证明 $P(AB\mid A)\geqslant P(AB\mid A\cup B)$.
3. 设事件 A 与 B 相互独立，且 $P(A)=p$，$P(B)=q$，求下列事件的概率：

$$P(A\cup B),P(A\cup\bar{B}),P(\bar{A}\cup\bar{B}).$$

4. 已知事件 A 与 B 相互独立，且 $P(\bar{A}\bar{B})=\dfrac{1}{9}$，$P(A\bar{B})=P(\bar{A}B)$，求 $P(A)$，$P(B)$.
5. 三个人独立破译一密码，他们能独立译出的概率分别为 0.25，0.35，0.4.求此密码被译出的概率.
6. 设六个相同的元件，如图 3.3 所示安置在线路中，设每个元件发生故障的概率为 p，求这个装置正常工作的概率.假定各个元件发生故障与否是相互独立的.

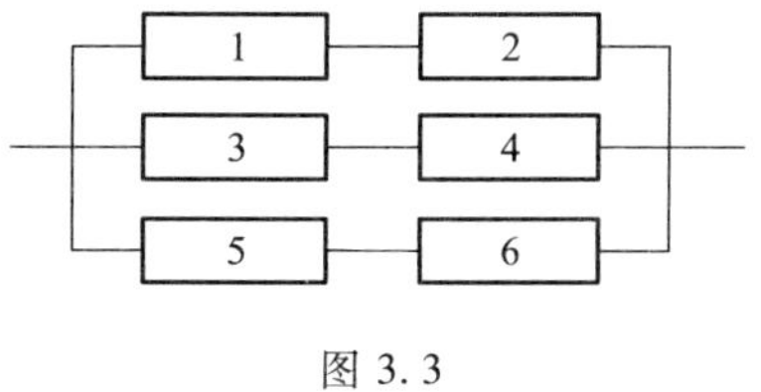

图 3.3

第五节　伯努利试验和二项概率

有时为了了解某些随机现象的全过程，常常要观察一串试验，例如对某一目标进行连续射击，在一批灯泡中随机抽取若干个测试它们的寿命，等等.我们感兴趣的是这样的试验序列，它由某个随机试验的多次重复所组成，且各次试验的结果相互独立，称这样的试验序列为独立重复试验，称重复试验次数为重数.特别地，在 n 重独立重复试验中，若每次试验只有结果 A 或 $\bar{A}$，且 A 在每次试验中发生的概率为 p（p 与次数无关），则称其为伯努利试验.

对于伯努利试验，我们特别感兴趣的是事件 A_k 的概率，其中 $A_k=\{$在 n 重伯努利试验中，A 恰好发生 k 次$\}$（$k=0,1,\cdots,n$）.

注意到试验的独立性，在固定的 n 个试验序号上发生 k 次 A 的概率为

$$p^k(1-p)^{n-k},$$

但在序号 1 到 n 中挑选 k 个的方法共有 C_n^k 种,因此

$$P(A_k)=C_n^kp^k(1-p)^{n-k}. \tag{15}$$

公式(15)与二项展开式有密切关系,事实上二项公式

$$1=(p+(1-p))^n=\sum_{k=0}^{n}C_n^kp^k(1-p)^{n-k},$$

因此(15)式正好是$(p+(1-p))^n$的二项展开式的通项,故文献中也称概率公式(15)为二项概率.

例 15 从次品率为 $p=0.2$ 的一批产品中,有放回抽取 5 次,每次取一件,分别求抽到的 5 件中恰好有 3 件次品以及至多有 3 件次品这两个事件的概率.

解 记 $A_k=\{$恰好有 k 件次品$\}$ $(k=0,1,\cdots,5)$, $A=\{$恰有 3 件次品$\}$, $B=\{$至多有 3 件次品$\}$,则

$$A=A_3,\quad B=\bigcup_{k=0}^{3}A_k,$$

$$P(A)=P(A_3)=C_5^3 0.2^3 0.8^2=0.051\ 2,$$

$$\begin{aligned}P(B)&=1-P(\bar{B})=1-P(A_4)-P(A_5)\\&=1-C_5^4 0.2^4 0.8-0.2^5=0.993\ 3.\end{aligned}$$

例 16 某公司生产一批同型号的医疗仪器,产品的 80%无需调试即为合格品,而其余 20%需进一步调试.经调试后,其中 70%为合格品,30%为次品.假设每台仪器的生产是相互独立的.

(1) 求该批仪器的合格率;

(2) 又若从该批仪器中随机地抽取 3 台,求恰有一台为次品的概率.

解 分别记事件 $A=\{$无需调试$\}$, $B=\{$合格品$\}$, $\overline{A}=\{$需调试$\}$, $C=\{$随机抽取 3 台,恰有 1 台次品$\}$.

(1) 由全概率公式知

$$P(B)=P(A)P(B\mid A)+P(\overline{A})P(B\mid\overline{A}),$$

其中已知 $P(A)=0.8$, $P(B\mid A)=1$, $P(B\mid\overline{A})=0.7$.因此

$$P(B)=0.8\times1+0.20\times0.70=0.94,$$

即仪器的合格率为 0.94.

(2) 由于生产批量较大,相对来说抽取个数 $n=3$ 很小,因此可以将该试验看成为 $n=3$, $p=1-0.94=0.06$ 的伯努利试验,其中 p 为仪器的次品率.于是应用公式(15)可知

$$P(C)=C_3^1\times0.06\times0.94^2=0.159\ 0.$$

习题 3.5

1. 假设一部机器在一天内发生故障的概率为 0.2,机器发生故障时全天停止工作,若一周五个工作日里每天是否发生故障相互独立,试求一周五个工作日里发生 3 次故障的概率.

2. 设一机场的飞机起飞准点率为 0.8,某日上午 8:00 至 8:05 间共有 5 架飞机起飞,求只有一架

飞机起飞误点的概率.

3. 灯泡耐用时间在 1 000 h 以上的概率为 0.2,求三个灯泡在使用 1 000 h 以后最多只有一个坏了的概率.

4. 某宾馆大楼有 4 部电梯,通过调查,知道在某时刻 T,各电梯正在运行的概率均为 0.75,求:

(1) 在此时刻至少有 1 台电梯在运行的概率;

(2) 在此时刻恰好有一半电梯在运行的概率;

(3) 在此时刻所有电梯都在运行的概率.

5. 设在三次独立试验中,事件 A 在每次试验中出现的概率相等,若已知 A 至少出现一次的概率等于$\frac{19}{27}$,求事件 A 在每次试验中出现的概率 $P(A)$.

6. 抛掷一枚均匀的骰子,问需要至少抛几次,才能保证出现 6 的概率不低于 0.9?

*第六节　主观概率

我们在本书一开始已提到:随机试验可以是能重复进行的也可以是不能重复的.对于可重复试验,可借助于频率方法确定概率或估计概率,并给概率以频率解释.这也是实际工作中大量使用的方法.但对不可重复试验,概率这一概念的内涵和概率的确定都与经典情况有很大差别.

不可重复试验在现实生活中是普遍存在的,特别是在现代经济领域中更为常见.例如一项新产品上市后的表现是无法预知的,且试验不可重复.我们同样可以讨论例如事件 $A=\{$上市后盈利$\}$的概率有多大,但此时已无概率的频率解释,也不能用频率方法确定.

对于不可重复试验,只要符合概率的公理化三条要求,仍然可以定义事件的概率,我们称之为主观概率.它的确定是依赖于经验所形成的个人信念或者是历史信息的概括和应用.例如企业家根据他自己多年经营的经验和当时的市场信息,综合得出某项已开发的新产品上市后盈利的概率为 0.7.又如一个外科医生根据他自己多年的临床经验认为某患者手术成功的概率为 0.9.由此可见主观概率的确定虽然带有很大的个人成分,但并非纯粹臆测.

由于试验不可重复,因此无法使用频率方法确定事件的概率,在这个意义上说,主观概率至少是频率方法和古典方法的一种补充.有了主观概率,至少使人们在频率观点不适用时也能谈论概率,并使用概率与统计方法.随着社会进步和现代经济的发展,主观概率及其应用越来越受到人们的关注.

下面的例子说明主观概率是如何确定的.

例 17　某超市经理要知道一种新饮料畅销(记为事件 A)的概率是多少,以决定是否向生产厂家订货以及订多少.他在了解该饮料的质量和顾客对饮料口味需求信息后,再基于他近年来成功销售的经验,认为事件 A 发生的可能性比 $\bar{A}$(表示不畅销)高出大约一倍,此即 $P(A):P(\bar{A})=2:1$,因而可以解出$P(A)=\frac{2}{3}$.

这种方法是基于对立事件的比较,是较常用的确定主观概率的一种方法.

此外,常用的还有专家咨询法,其优点是可以集中多个专家的经验和智慧,收到集思广益的效果.

小结

条件概率是在外加某些条件(通常用某个事件已发生来表示)下,事件发生的概率,它本身也是概率,因而也具有通常概率的性质.乘法定理是若干事件同时发生概率的计算法则.在应用中,往往待求概率的随机事件较为复杂,其概率计算常常需要借助于全概率公式;而善于从实际问题归结出事件的分解式(7)是成功使用全概率公式的前提.贝叶斯公式是从“结果”推断“原因”的概率计算公式,也称之为后验概率的计算公式,体现了重要的统计思想.

设有两个事件 A,B,如果 A 发生与否对 B 发生的概率没有影响,则称 A 与 B 相互独立.虽然事件独立的定义是用(10)式来刻画的,但实际使用时,往往是从事件的实际意义判断是否独立的,而视(10)式为独立事件具有的一项性质.对于多于两个事件,相互独立与两两独立是不同的.例如对于三个事件,如只有公式(12)的三个等式成立,那只是两两独立,而只有同时使等式(13)也成立,这三个事件才是相互独立的.

伯努利试验是实际应用中常常遇到的,它具有以下特点:各次试验结果相互独立,每次试验结果只有 A 或 $\overline{A}$ 发生,且 A 在各次试验中发生的概率都是相同的.

伯努利试验中 A 发生给定次数的概率可以用二项概率公式进行计算.

第三章综合题

1. 某人每天晚上出去自修的概率为 0.9,且他只会等可能地选择三个地方(图书馆、通宵教室和咖啡店)学习.一天晚上他朋友在咖啡店和通宵教室都没有找到他,请问他在图书馆的概率是多少?

2. 设一个袋中装有两个白球和三个黑球,现从袋中不放回地任取两个球,试求:

(1) 取到的两个球均为白球的概率;

(2) 第二次取到的球为白球的概率;

(3) 如果已知第二次取到的是白球,则第一次取到的也是白球的概率.

3. 设双胞胎中为两个男孩或两个女孩的概率分别为 a 及 b,今已知双胞胎中一个是男孩,求另一个也是男孩的概率.

4. 袋中有 $2n-1$ 个白球和 $2n$ 个黑球,今随机(不放回)抽取 n 个,发现它们是同色的,求同为黑色的概率.

5. 甲、乙二射手轮流打靶,谁先进行第一次射击是等可能的.假设他们第一次射击的命中率分别为 0.4 及 0.5,而以后每次射击的命中率相应递增 0.05,如在第 3 次射击首次中靶,求是甲射手首先进行第一次射击的概率.

**6. 设 A,B,C 是随机事件,A 与 C 互不相容,$P(AB)=\frac{1}{3}$,$P(C)=\frac{1}{4}$,求 $P(AB\mid\overline{C})$.

**7. 设事件 A 与 B 相互独立,$P(B)=0.7$,$P(A-B)=0.2$,求 $P(B-A)$.

**8. 设随机事件 A 与 B 相互独立, A 与 C 相互独立,$BC=\varnothing$,$P(A)=P(B)=\frac{1}{2}$,$P(AC\mid AB\cup C)=\frac{1}{4}$,求 $P(C)$.

*9. 甲乙两人各自独立地投掷一枚均匀硬币 n 次,试求:两人掷出的正面次数相等的概率.

10. 一个盒子中有 A 型骰子 2 颗和 B 型骰子 1 颗,A 型骰子上两面涂有红色,4 面涂有白色.B 型骰子上 3 面涂有红色,3 面涂有白色.随机地从这个盒子选 2 颗骰子,并将其抛掷,求(1) 两个骰子的颜色都为红色的概率;(2) 两个骰子的颜色相同的概率.

*11. (波利亚(Pólya)罐子模型)罐中有 a 个白球,b 个黑球,每次从罐中随机抽取一球,观察其颜色后,连同附加的 c 个同色球一起放回罐中,再进行下一次抽取,试用数学归纳法证明:第 k 次取得白球的概率为$\frac{a}{a+b}$($k\geqslant 1$ 为整数).(提示:记 $A_k=\{$第 k 次取得白球$\}$,使用全概率公式 $P(A_k)=P(A_1)\cdot P(A_k\mid A_1)+P(\overline{A}_1)P(A_k\mid\overline{A}_1)$ 及归纳假设.)

第三章自测题

第三章习题参考答案

第四章　随机变量及其分布

在概率论中,随机变量是一个与事件及概率同样重要的基本概念.引入了随机变量之后,对随机变量的研究成为概率论的中心内容.本章介绍随机变量的有关概念,例如分布函数、分布律和密度函数,并讨论相关性质.

第一节　随机变量及分布函数

一、随机变量

我们在第一章中已介绍了随机试验和随机事件,而随机现象是通过在随机试验中出现的众多随机事件表现出来的.然而,一则,与给定的随机试验相伴的随机事件种类繁多,要一一总结它们出现的规律不是一件容易的事情;二来,即使对一些简单情况能做到这一点,但也只是静态地研究了随机现象的一个一个孤立的事件的表现,而不能从动态上把握整个随机现象的统计规律.随机变量的引入弥补了这一重大缺陷,因此在概率论的发展史上有重要的地位.

直观上,随机变量是随机试验观察对象的量化指标,它随试验的不同结果而取不同的值.由于试验结果的出现是随机的,因而随机变量的取值也是随机的.

例 1　在装有 m 个红球、n 个白球的袋子中,随机取一球,观察取出球的颜色,此时观察对象为球的颜色,因而是定性的,我们可引进如下的量化指标(记之为 X):

$$X=\begin{cases}1,\text{当取到的是红球},\\0,\text{当取到的是白球}.\end{cases}$$

此试验的样本空间为 $\Omega=\{a_1,a_2,\cdots,a_m,b_1,b_2,\cdots,b_n\}$,其中 a_i 表示红球($i=1,2,\cdots,m$),b_j 表示白球 ($j=1,2,\cdots,n$),在试验前,X 将取什么值是不确定的,而一旦有了试验结果,X 的值就完全确定了.例如对 $1\leqslant i\leqslant m$,则 $X(a_i)=1$,对 $1\leqslant j\leqslant n$,$X(b_j)=0$.而且

$$P(X=1)=P(\text{抽到红球})=\frac{m}{m+n},$$

$$P(X=0)=P(\text{抽到白球})=\frac{n}{n+m}.$$

从上例可知,随机变量由试验结果所确定,因而其取值是随机的,可以用计算事件

概率的方法计算取任一可能值的概率.

例 2 从一批量为 N、次品率为 p 的产品中,不放回抽取 n ($n\leqslant Np$)个,观察样品中的次品数.

此处观察对象有一个明显的量化指标,即抽到的样品中的次品数.我们记之为 Y,则 Y 的可能值为 $0,1,2,\cdots,n$.同样可使用古典概型的计算公式计算 Y 取任一可能值的概率.

下面给出随机变量的定义:对于给定的随机试验,Ω 是其样本空间,对 Ω 中每一样本点 ω,有且只有一个实数 $X(\omega)$ 与之对应,则称此定义在 Ω 上的实值函数 X 为随机变量.通常用大写英文字母表示随机变量,用小写的英文字母表示其取值.

引入了随机变量以后,就可使用随机变量表示在随机试验下的各种形式的随机事件,如在例 2 中,我们关心事件 $A=\{$没有次品$\}$,$B=\{$至少有 2 个次品$\}$,$C=\{$不多于 k 个次品$\}$,则 A,B,C 可分别用随机变量 Y 表示为

$$A=\{\omega \mid Y(\omega)=0\},\quad B=\{\omega \mid Y(\omega)\geqslant 2\},\quad C=\{\omega \mid Y(\omega)\leqslant k\}.$$

为简化起见,通常在事件表示中可省去 ω,因此也可表示为

$$A=\{Y=0\},\quad B=\{Y\geqslant 2\},\quad C=\{Y\leqslant k\}.$$

从上例可见,随机事件的概念实际上是包容在随机变量这个更广的概念之内的.

二、随机变量的分布函数

设 X 是一个随机变量,称定义域为$(-\infty,+\infty)$,函数值在区间$[0,1]$上的实值函数

$$F(x)=P(X\leqslant x)\qquad(-\infty<x<+\infty)$$

为随机变量 X 的分布函数.这是与随机变量有关的最重要的一个概念,可用以全面描述相应随机现象的统计规律.

例 3 设一口袋中有依次标有 $-1,2,2,2,3,3$ 数字的六个球.从中任取一球,记随机变量 X 为取得的球上标有的数字,求 X 的分布函数.

解 X 可能取的值为 $-1,2,3$,由古典概型的计算公式,可知 X 取这些值的概率依次为 $\frac{1}{6},\frac{1}{2},\frac{1}{3}$.

当 $x<-1$ 时,$\{X\leqslant x\}$ 是不可能事件,因此 $F(x)=0$;

当 $-1\leqslant x<2$ 时,$\{X\leqslant x\}$ 等同于 $\{X=-1\}$,因此 $F(x)=\frac{1}{6}$;

当 $2\leqslant x<3$ 时,$\{X\leqslant x\}$ 等同于$\{X=-1$ 或 $X=2\}$,因此 $F(x)=\frac{1}{6}+\frac{1}{2}=\frac{2}{3}$;

当 $3\leqslant x$ 时,$\{X\leqslant x\}$ 为必然事件,因此 $F(x)=1$.

综合起来,$F(x)$ 的表达式为

$$F(x)=\begin{cases}0, & x<-1,\\ \dfrac{1}{6}, & -1\leqslant x<2,\\ \dfrac{2}{3}, & 2\leqslant x<3,\\ 1, & x\geqslant 3.\end{cases}$$

它的图形如图 4.1 所示.

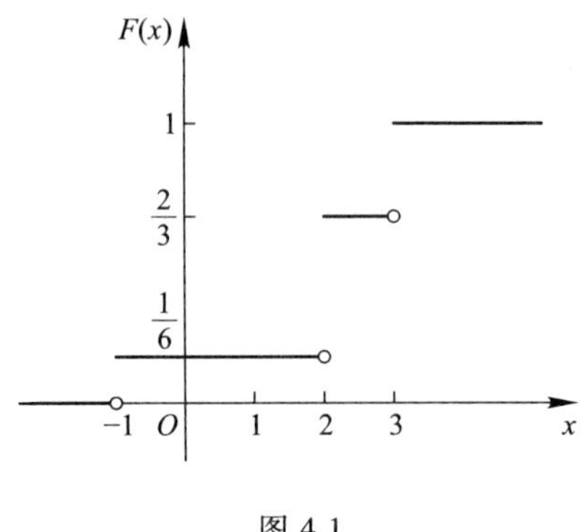

图 4.1

按分布函数的定义可知

$$P(a<X\leqslant b)=P(X\leqslant b)-P(X\leqslant a)=F(b)-F(a).$$

对于例 3,如要求概率 $P(X\in(-2,2])$,现用已求得的分布函数 $F(x)$ 很容易得到

$$P(X\in(-2,2])=F(2)-F(-2)=\frac{2}{3}-0=\frac{2}{3}.$$

从例 3 的分布函数及其图形中可看到分布函数具有右连续、单调不减等性质,具体说,分布函数 $F(x)$ 具有以下一些性质:

(i) $0\leqslant F(x)\leqslant 1\ (-\infty<x<+\infty)$;

(ii) 对于任意两点 x_1,x_2,当 $x_1<x_2$ 时,有 $F(x_1)\leqslant F(x_2)$,即任一分布函数都是单调不减的;

(iii) $\lim\limits_{x\to-\infty}F(x)=0$ 及 $\lim\limits_{x\to+\infty}F(x)=1$;

(iv) $\lim\limits_{x\to x_0^+}F(x)=F(x_0)\ (-\infty<x_0<+\infty)$,

即任一分布函数是一个右连续函数.

证明 (i) 由于 $F(x)=P(X\leqslant x)$,由概率的性质知 $0\leqslant F(x)\leqslant 1$.

(ii) 对于任意两点 x_1,x_2,当 $x_1<x_2$ 时,事件 $\{X\leqslant x_1\}\subset\{X\leqslant x_2\}$,因此,由概率的性质可知 $P(X\leqslant x_1)\leqslant P(X\leqslant x_2)$,即 $F(x_1)\leqslant F(x_2)$.

(iii),(iv)的证明从略.

习题 4.1

1. 某人一次抛掷三枚均匀硬币,设 X 表示其中正面朝上的硬币数,求 X 的分布律和分布函数.

2. 假设新学期伊始,有 4 000 名大一新生参加数学类公共基础课程选课,其中有 500 名学生只选修了一门课程,1 000 名学生选修了 2 门,2 000 名学生选修了 3 门,500 名学生选修了 4 门.设 X 为学生选修课程的门数,求 X 的分布律和分布函数.

3. 一口袋中有 6 个球,在这 6 个球上分别标有 $-3,-3,1,1,1,2$ 这样的数字.从这口袋中任取一球,设各个球被取到的可能性相同,求取得的球上标明的数字 X 的分布律与分布函数.

4. 一口袋中有 5 个乒乓球,编号分别为 1,2,3,4,5,从中随机地取 3 个,以 X 表示取出的 3 个球中最大号码,写出 X 的分布律和分布函数.

第二节　离散型随机变量

从例 1 到例 3 可以看到,有一类随机变量,可能取的值是有限个或可数多个数值,这样的随机变量称为离散型随机变量,它的分布称为离散型分布.

一、离散型随机变量的分布律

通常用下面规定的分布律来表达离散型分布.

设 X 为一个离散型随机变量,它可能取的值为 $x_1,x_2,\cdots$,事件 $\{X=x_i\}$ 的概率为 $p_i\ (i=1,2,\cdots)$,那么,可以用下列表格来表达 X 取值的规律:

X	x_1	x_2	$\cdots$	x_i	$\cdots$
概率	p_1	p_2	$\cdots$	p_i	$\cdots$

其中 $0\leqslant p_i\leqslant 1\ (i=1,2,\cdots)$, $\sum\limits_i p_i=1$.这个表格所表示的函数称为离散型随机变量 X 的分布律.

例 4　设离散型随机变量 X 的分布律为

$$P(X=i)=p^i\ (i=1,2,\cdots),$$

其中 $0<p<1$,求 p 的值.

解　由于 $\sum\limits_{i=1}^{+\infty} p_i=1$,因此 $\sum\limits_{i=1}^{+\infty} p^i=1$,由等比级数公式得

$$\sum_{i=1}^{+\infty} p^i=\frac{p}{1-p},$$

因此由等式$\dfrac{p}{1-p}=1$ 解得 $p=\dfrac{1}{2}$.

例 5　袋中有 5 个球,分别编号 1,2,…,5,从中同时取出 3 个球,以 X 表示取出的球的最小号码,求 X 的分布律与分布函数.

解　由于 X 表示取出的 3 个球中的最小号码,因此 X 的所有可能取值为 1,2,3,$\{X=1\}$ 表示 3 个球中的最小号码为 1,那么另外两个球可在 2,3,4,5 中任取 2 个,这样的可能取法有 C_4^2 种;$\{X=2\}$ 表示 3 个球中的最小号码为 2,那么另外两个球可在 3,4,5 中任取 2 个,这样的可能取法有 C_3^2 种;$\{X=3\}$ 表示 3 个球中的最小号码为3,那么另外 2 个球只能是 4 号球、5 号球,即此时只有一种取法.而在 5 个球中任取 3 个球的所有可能取法共有 C_5^3 种.由古典概率定义得

$$P(X=1)=\frac{\mathrm{C}_4^2}{\mathrm{C}_5^3}=\frac{3}{5},\quad P(X=2)=\frac{\mathrm{C}_3^2}{\mathrm{C}_5^3}=\frac{3}{10},\quad P(X=3)=\frac{1}{\mathrm{C}_5^3}=\frac{1}{10},$$

因此,所求的分布律为

X	1	2	3
概率	0.6	0.3	0.1

下面求 X 的分布函数 $F(x)$:

当 $x<1$ 时,$\{X\leqslant x\}$ 为不可能事件,因此 $F(x)=0$;

当 $1\leqslant x<2$ 时,$\{X\leqslant x\}=\{X=1\}$,因此 $F(x)=P(X=1)=0.6$;

当 $2\leqslant x<3$ 时,$\{X\leqslant x\}=\{X=1$ 或 $X=2\}$,因此

$$F(x)=P(X=1)+P(X=2)=0.6+0.3=0.9;$$

当 $x\geqslant 3$ 时,$\{X\leqslant x\}$ 为必然事件,因此 $F(x)=1$.

综合起来有

$$F(x)=\begin{cases}0, & x<1,\\ 0.6, & 1\leqslant x<2,\\ 0.9, & 2\leqslant x<3,\\ 1, & x\geqslant 3.\end{cases}$$

由例 5 可以知道,如果知道了离散型随机变量的分布律,就可以求得其分布函数;反之,是否可行? 即如果知道了离散型随机变量的分布函数,是否可以得到随机变量的分布律,下面我们将以例 5 来说明.

设 X 的分布函数为例 5 中所求的,而

$$P(X=1)=P(X\leqslant 1)=F(1)=0.6,$$

$$P(X=2)=P(1<X\leqslant 2)=F(2)-F(1)=0.9-0.6=0.3,$$

$$P(X=3)=P(2<X\leqslant 3)=F(3)-F(2)=1-0.9=0.1,$$

因此 X 的分布律为

X	1	2	3
概率	0.6	0.3	0.1

从上面的分析中我们可以看到分布律和分布函数对于描述离散型随机变量的取值规律而言是等价的.但对于离散型随机变量,使用分布律来刻画其取值规律要比用分布函数方便、直观.

二、常用离散型分布

下面将介绍几种实际中经常用到的离散型随机变量.

1. 0-1 分布

如果 X 的分布律为

X	0	1
概率	$1-p$	p

其中 $0<p<1$，则称 X 的分布为 0-1 分布.

一般在随机试验中虽然结果可以很多，但如只关注具有某种性质的结果，则可将样本空间重新划分为 A 与非 A. 当 A 出现时，定义 $X=1$；当 $\bar{A}$ 出现时，定义 $X=0$，此时 X 的分布即为 0-1 分布.

例如，在一批产品中分次品、合格品和优质品，从中随机抽取一件，我们只关心抽到的是否是次品，则可设：当抽到的是次品时，$X=1$；其他情况，$X=0$. 此时，X 就服从 0-1 分布.

2. 二项分布

在 n 重伯努利试验中，如果以随机变量 X 表示 n 次试验中事件 A 发生的次数，则 X 可能取的值为 $0,1,2,\cdots,n$，且由二项概率得到 X 取 k 值的概率

$$P(X=k)=\mathrm{C}_n^k p^k(1-p)^{n-k} \quad (k=0,1,2,\cdots,n).$$

因此，X 的分布律为

X	0	1	$\cdots$	k	$\cdots$	n
概率	$(1-p)^n$	$\mathrm{C}_n^1 p(1-p)^{n-1}$	$\cdots$	$\mathrm{C}_n^k p^k(1-p)^{n-k}$	$\cdots$	p^n

称这个离散型分布是参数为 n,p 的二项分布，记作 $X\sim B(n,p)$，这里 $0<p<1$，$p=P(A)$.

在概率论中，二项分布是一个非常重要的分布，很多随机现象都可用二项分布来描述. 例如在次品率为 p 的一批产品中有放回地任取 n 件产品，以 X 表示取出的 n 件产品中的次品数，则 X 服从参数为 n,p 的二项分布 $B(n,p)$；若这批产品的批量很大，则采用不放回方式抽取 n 件产品时，也可近似地认为 X 服从参数为 n,p 的二项分布$B(n,p)$.

例 6 从学校乘汽车到火车站的途中有 3 个交通岗，假设在各个交通岗遇到红灯的事件是相互独立的，并且概率都为$\dfrac{1}{4}$. 设 X 为途中遇到红灯的次数，求随机变量 X 的分布律及至多遇到一次红灯的概率.

解 从学校到火车站的途中有 3 个交通岗且每次遇红灯的概率为$\dfrac{1}{4}$，可认为做 3 次重复独立的试验，每次试验中事件 A 发生的概率为$\dfrac{1}{4}$，因此途中遇到红灯的次数 X 服从参数为 $3,\dfrac{1}{4}$的二项分布 $B\left(3,\dfrac{1}{4}\right)$，其分布律为

$$P(X=k)=\mathrm{C}_3^k\left(\frac{1}{4}\right)^k\left(\frac{3}{4}\right)^{3-k} \quad (k=0,1,2,3),$$

即为

X	0	1	2	3
概率	$\dfrac{27}{64}$	$\dfrac{27}{64}$	$\dfrac{9}{64}$	$\dfrac{1}{64}$

至多遇到一次红灯的概率为

$$P(X\leqslant 1)=P(X=0)+P(X=1)=\frac{27}{64}+\frac{27}{64}=\frac{27}{32}.$$

例 7 已知某公司生产的螺丝钉的次品率为 0.01,并设各个螺丝钉是否为次品是相互独立的.这家公司将每 10 个螺丝钉包成一包出售,并保证若发现某包内多于一个次品则可退款.问卖出的某包螺丝钉将被退回的概率有多大?

解 设 X 为某包螺丝钉中次品的个数,则 X 服从参数为 10,0.01 的二项分布 $B(10,0.01)$.据题意,当 $X>1$ 时,这包螺丝钉被退回,因此这包螺丝钉被退回的概率为

$$\begin{aligned}P(X>1)&=1-P(X=0)-P(X=1)\\&=1-\mathrm{C}_{10}^{0}\times 0.01^{0}\times 0.99^{10}-\mathrm{C}_{10}^{1}\times 0.01^{1}\times 0.99^{9}\\&=0.004\ 3.\end{aligned}$$

例 8 设某保险公司的某人寿保险险种有 1 000 人投保,每个人在一年内死亡的概率为 0.005,且每个人在一年内是否死亡是相互独立的,试求在未来一年中这 1 000 个投保人中死亡人数不超过 10 人的概率.

解 设 X 为 1 000 个投保人中在未来一年内死亡的人数,对每个人而言,在未来一年是否死亡相当于做一次伯努利试验,1 000 人就是做 1 000 重伯努利试验,因此 $X\sim B(1\ 000,0.005)$,而这 1 000 个投保人中死亡人数不超过 10 人的概率为

$$P(X\leqslant 10)=\sum_{k=0}^{10}\mathrm{C}_{1\ 000}^{k}\times 0.005^{k}\times 0.995^{1\ 000-k}.$$

在上面式子中,要直接计算 $\mathrm{C}_{1\ 000}^{k}\times 0.005^{k}\times 0.995^{1\ 000-k}$ $(k=0,1,\cdots,10)$是相当麻烦的.下面我们介绍一种简便的近似算法,即二项分布的逼近.

设随机变量 $X\sim B(n,p)$,当 n 很大,p 很小,且 $\lambda=np$ 适中时,有

$$P(X=k)\approx\frac{\lambda^{k}}{k!}\mathrm{e}^{-\lambda}\ (k=0,1,2,\cdots,n).$$

回到例 8,有 $\lambda=1\ 000\times 0.005=5$,因此,

$$P(X\leqslant 10)\approx\sum_{k=0}^{10}\frac{5^{k}}{k!}\mathrm{e}^{-5}=0.986.$$

3. 几何分布

设在独立重复试验中,事件 A 出现的概率为 p,随机变量 X 是事件 A 首次出现时的试验次数,则 X 有分布律

$$P(X=n)=(1-p)^{n-1}p,\ n=1,2,\cdots.$$

称此分布为具有参数 p 的几何分布,也称随机变量 X 为首次成功的等待时间.

例 9 设随机变量 X 服从参数为 p 的几何分布,求 $P(X\geqslant n)$.

解 我们可以从公式 $P(X\geqslant n)=\sum\limits_{k=n}^{\infty}P(X=k)$ 出发,请读者完成其计算,这里仅给出一个简单的解法:

$$P(X\geqslant n)=P(\text{前 } n-1 \text{ 次试验事件 } A \text{ 都不出现})=(1-p)^{n-1}.$$

4. 泊松分布

设随机变量 X 的分布律为

$$P(X=k)=\frac{\lambda^k}{k!}e^{-\lambda}\ (k=0,1,2,\cdots),$$

则称随机变量 X 服从参数为 λ 的泊松分布，其中 $\lambda>0$，并记泊松分布为 $P(\lambda)$.

典型例题精讲视频
常见离散型分布

在上一段我们已指出，当 n 很大，p 很小，且 np 适中时，二项分布 $B(n,p)$ 可以近似计算；再由泊松分布的定义，即可知道：二项分布的逼近分布不是别的，就是泊松分布 $P(\lambda)$，其中 $\lambda\approx np$.

* **例 10**（泊松分布与马踏死人数据）　博特克维奇（Bortkiewicz，1898）给出应用泊松分布的一个经典例子：观察 10 个骑兵队在 20 年中被马踏死的人数一共得 200 个记录，以下是频数分布表（X 表示一个骑兵队一年中被马踏死的人数）：

X	0	1	2	3	$\geqslant 4$
频数	109	65	22	3	1
相对频数	0.545	0.325	0.110	0.015	0.005
拟合频数	108.8	66.2	20.2	4.2	0.6
理论频率	0.544	0.331	0.101	0.021	0.003

从数据中可得到一个骑兵队一年中被马踏死的平均人数为 0.61，如将 X 拟合成 $\lambda=0.61$ 的泊松分布，就可由

$$p_k=P(X=k)=\frac{0.61^k}{k!}e^{-0.61}\ (k=0,1,2,\cdots)$$

算出最后一行的理论频率，然后用 200 乘 p_k 得到泊松分布拟合频数，即表中倒数第 2 行的数据，从中可以看出拟合数据与实际数据较吻合.事实上，一个骑兵一年中不是被踏死就是未被踏死，一般可以假定每个骑兵被马踏死的概率 p 都一样，且每个骑兵是否被马踏死相互独立，因此一年中被马踏死的骑兵数 X 服从二项分布，但 p 很小，而骑兵人数很大.作为二项分布的逼近分布，泊松分布是这组数据的很好描述.

书末的附表列出了泊松分布的分布律.例如当随机变量 X 服从 $P(2)$ 时，查附表中"$\lambda=2.0$"这一列，得到

$$P(X=2)=0.270\ 671.$$

泊松分布在各种领域中有着极为广泛的应用，如一天中拨错号的电话呼叫数，某交通路口一分钟内的汽车流量，某公共汽车站等候的乘客数，显微镜下某个区域内的细菌的个数等都可用泊松分布来描述.

例 11　设每分钟通过某交叉路口的汽车流量 X 服从泊松分布，且已知在一分钟内无车辆通过与恰有一辆车通过的概率相同，求在一分钟内至少有两辆车通过的概率.

解　设 X 服从参数为 λ 的泊松分布，由题意知

$$P(X=0)=P(X=1),$$

即

$$\frac{\lambda^0}{0!}e^{-\lambda}=\frac{\lambda^1}{1!}e^{-\lambda}.$$

可解得

$$\lambda=1.$$

因此,至少有两辆车通过的概率为

$$\begin{aligned}P(X\geqslant 2)&=1-P(X=0)-P(X=1)\\&=1-\frac{1^0}{0!}e^{-1}-\frac{1^1}{1!}e^{-1}=1-2e^{-1}.\end{aligned}$$

*5. 超几何分布

设随机变量 X 有分布律 $P(X=k)=\frac{C_m^k C_{N-m}^{n-k}}{C_N^n},k=0,1,\cdots,n\ (m<N)$,则称 X 服从以 n,N,m 为参数的超几何分布.此处约定:当 $k<0$ 或 $r<k$ 时 $C_r^k=0$.

例 12 罐中有 N 个球,其中有 m 个黑球,$N-m$ 个白球.今从中随机抽取 n 个球,X 为抽到的 n 个球中的黑球个数,若抽取是有放回的,则 X 服从参数为 $n,\frac{m}{N}$ 的二项分布;若抽取是不放回的,则 X 服从参数为 n,N,m 的超几何分布.

当 m 和 N 远大于 n 时,直观上可以认为有放回与无放回抽取没有什么差别.因此即使在无放回情况下,X 仍可近似地服从参数是 $n,\frac{m}{N}$ 的二项分布.

*6. 负二项分布

在重复独立试验中,记每次试验中事件 A 发生的概率为 $p(0<p<1)$,设随机变量 X 表示事件 A 第 r 次发生时的试验次数,则 X 的取值为 $r,r+1,\cdots,r+n,\cdots$,相应的分布律为

$$P(X=k)=C_{k-1}^{r-1}p^r(1-p)^{k-r},\quad 0<p<1,\quad k=r,r+1,\cdots,r+n,\cdots.$$

称此分布为具有参数 r,p 的负二项分布,记为 $X\sim NB(r,p)$.负二项分布可以看成是几何分布的一个延伸,也可以说几何分布是负二项分布当 $r=1$ 时的一个特例.

例 13 (巴拿赫火柴盒问题(Banach match problem)) 某人有两盒火柴各 n 根,分别放在他的左口袋和右口袋中.每次使用火柴时,他随机地从一个口袋中拿出一盒并从中抽出一根使用.经过一段时间后,他发现其中一盒火柴已用完,求此时另一盒火柴还有 k 根的概率.

解 记事件 $A=\{$从左口袋的盒中取出一根火柴$\}$,事件 $\overline{A}=\{$从右口袋的盒中取出一根火柴$\}$.若首次发现他左口袋的盒中已经没有火柴,这时事件 A 已经是第 $n+1$ 次发生,而此时他右口袋的盒中还有 k 根,相当于他在此前已在右口袋中取走了 $n-k$ 根火柴,即事件 $\overline{A}$ 发生 $n-k$ 次,因此一共做了 $(n+1)+(n-k)=2n-k+1$ 次试验,而且其中第 $2n-k+1$ 次试验是事件 A 发生,前 $2n-k$ 次试验中事件 A 发生 n 次,事件 $\overline{A}$ 发生 $n-k$ 次,因此若随机变量 X 表示当其中一盒火柴已用完时,另一盒中还剩余的火柴根数,则

$$P(X=k)=C_{2n-k}^n\left(\frac{1}{2}\right)^n\left(\frac{1}{2}\right)^{n-k}\left(\frac{1}{2}\right)=C_{2n-k}^n\left(\frac{1}{2}\right)^{2n-k+1}.$$

习题 4.2

1. 下列给出的数列中，哪些可以作为随机变量的分布律，并说明理由.

(1) $p_i=\dfrac{i}{15}, i=0,1,2,3,4,5$;

(2) $p_i=\dfrac{5-i^2}{6}, i=0,1,2,3$;

(3) $p_i=\dfrac{i+1}{25}, i=1,2,3,4,5$.

2. 试确定常数 C，使 $P(X=i)=\dfrac{C}{2^i}(i=0,1,2,3,4)$ 成为某个随机变量 X 的分布律，并求(1) $P(X>2)$；(2) $P\left(\dfrac{1}{2}<X<\dfrac{5}{2}\right)$；(3) $F(3)$(其中 $F(x)$ 为 X 的分布函数).

3. 设 Y 是一个离散型随机变量，其分布律 $P(Y=y)=\dfrac{(y+2)^2}{c}, y=-1,0,1,2$.

(1) 求 c 的值；(2) 求 Y 取正值的概率？(3) 如果已知 Y 取正值，则求 Y 为 2 的概率.

4. 在相同条件下独立地进行 5 次射击，每次射击时击中目标的概率为 0.6，求击中目标的次数 X 的分布律.

5. 从一批含有 10 件正品及 3 件次品的产品中一件一件地抽取产品.设每次抽取时，各件产品被抽到的可能性相等.在下列三种情形下，分别求出直到取得正品为止所需次数 X 的分布律：

(1) 每次取出的产品立即放回这批产品中再取下一件产品；

(2) 每次取出的产品都不放回这批产品中；

(3) 每次取出一件产品后总放回一件正品到这批产品中.

6. 设随机变量 $X\sim B(6,p)$，已知 $P(X=1)=P(X=5)$，求 p 与 $P(X=2)$ 的值.

7. 一张试卷印有十道题目，每个题目都为四个选项的选择题，四个选项中只有一项是正确的.假设某位学生在做每道题时都是随机地选择，求该位学生未能答对一道题的概率以及答对 9 道以上(包括 9 道)题的概率.

8. 市 120 接听中心在长度为 t 的时间间隔内收到的紧急呼救的次数 X 服从参数为 $0.5t$ 的泊松分布，而与时间间隔的起点无关(时间以小时计算)，求

(1) 某天中午 12:00 至下午 15:00 没有收到紧急呼救的概率；

(2) 某天中午 12:00 至下午 17:00 至少收到 1 次紧急呼救的概率.

9. 设一天内收到的垃圾电话数量 $X\sim P(3)$，(1) 求一天内会接到至少 6 个垃圾电话的概率；(2) 如果一天内只收到不超过 2 个垃圾电话，那么这天被称为“清静日”，求一天是“清静日”的概率；(3) 求在未来一周内有 4 个“清静日”的概率.

10. 某商店出售某种物品，根据以往的经验，每月销售量 X 服从参数 $\lambda=4$ 的泊松分布，问在月初进货时，要进多少才能以 99%的概率充分满足顾客的需要？

11. 有一汽车站有大量汽车通过，每辆汽车在一天某段时间出事故的概率为 0.000 1，在某天该段时间内有 1 000 辆汽车通过，求事故次数不少于 2 的概率.

12. 在某地有个长寿村，其中百岁以上老人占 0.05%，现这个村里有 10 000 人，求其中百岁以上老人超过 10 人的概率.

13. 设鸡下蛋数 X 服从参数为 λ 的泊松分布，但由于鸡舍是封闭的，我们只能观察到从鸡舍输出

的鸡蛋,记 Y 为观察到的鸡蛋数,即 Y 的分布与给定 $X>0$ 的条件下 X 的条件分布相同,今求 Y 的分布律.

(提示:$P(Y=k)=P(X=k \mid X>0)$,对于 $k=1,2,\cdots$.)

14. 袋中有 n 把钥匙,其中只有一把能把门打开,每次抽取一把钥匙去试着开门.试在(1)有放回抽取;(2)不放回抽取两种情况下,求首次打开门时试用钥匙次数的分布律.

15. 袋中有 a 个白球、b 个黑球,有放回地随机抽取,每次取 1 个,直到取到白球停止抽取,X 为抽取次数,求 $P(X\geqslant n)$.

16. 据统计某高校参加中国 2010 年上海世界博览会的学生志愿者有 6 000 名,其中女生 3 500 名.现从中随机抽取 100 名学生前往地铁站作引导员,求这些学生中女生数 X 的分布律.

17. 设 X 服从参数为 p 的几何分布,则对任意正整数 m 和 n,证明

$$P(X>m+n \mid X>m)=P(X>n).$$

第三节　连续型随机变量

上一节中讨论的离散型随机变量只可能取有限多个或可数多个值.而在实际问题中,还有一些随机变量可能的取值可充满一个区间(或若干个区间的并),以后可以定义这类随机变量为连续型随机变量.例如火车到达某车站的时间和电子元件的寿命就是这种随机变量的两个例子.由于它们可能的取值不能一一列出,因此不能用离散型随机变量的分布律来描述它们的统计规律.下面我们将用另外一种形式来刻画连续型随机变量取值的统计规律.

一、概率密度函数及其性质

首先我们通过一个例子给出连续型随机变量及其分布形式.

例 14　设随机变量 X 有分布函数

$$F(x)=\begin{cases}0, & x<0,\\ x, & 0\leqslant x<1,\\ 1, & x\geqslant 1,\end{cases}$$

如令

$$f(x)=\begin{cases}1, & 0<x<1,\\ 0, & \text{其他},\end{cases}$$

则可将 $F(x)$ 表示为 $f(x)$ 的含变上限 x 的积分,即对任一 x,

$$F(x)=\int_{-\infty}^{x} f(t)\,\mathrm{d}t.$$

事实上,当 $x<0$ 时,$\int_{-\infty}^{x} f(t)\,\mathrm{d}t=\int_{-\infty}^{x} 0\,\mathrm{d}t=0$,而此时 $F(x)=0$;

当 $0\leqslant x<1$ 时,

$$\int_{-\infty}^{x} f(t)\,\mathrm{d}t=\int_{-\infty}^{0} f(t)\,\mathrm{d}t+\int_{0}^{x} f(t)\,\mathrm{d}t=\int_{-\infty}^{0} 0\,\mathrm{d}t+\int_{0}^{x} 1\,\mathrm{d}t=x,$$

而此时 $F(x)=x$;

最后,当 $x \geqslant 1$ 时,

$$\begin{aligned}\int_{-\infty}^{x} f(t)\,\mathrm{d}t &= \int_{-\infty}^{0} f(t)\,\mathrm{d}t+\int_{0}^{1} f(t)\,\mathrm{d}t+\int_{1}^{x} f(t)\,\mathrm{d}t \\ &= \int_{-\infty}^{0} 0\mathrm{d}t+\int_{0}^{1} 1\mathrm{d}t+\int_{1}^{x} 0\mathrm{d}t \\ &= 1.\end{aligned}$$

而此时 $F(x)=1$.因而,结论成立.

一般地,如果随机变量 X 的分布函数 $F(x)$ 对每一 x 可表示为

$$F(x)=\int_{-\infty}^{x} f(t)\,\mathrm{d}t,$$

其中 $f(x) \geqslant 0$,则称 X 为连续型随机变量,$f(x)$ 为 X 的概率密度函数(简称密度函数),并称 X 的分布为连续型分布.

密度函数 $f(x)$ 具有下列性质:

(i) $f(x) \geqslant 0$;

(ii) $\int_{-\infty}^{+\infty} f(x)\,\mathrm{d}x=1$①;

(iii) $P(a<X \leqslant b)=\int_{-\infty}^{b} f(x)\,\mathrm{d}x-\int_{-\infty}^{a} f(x)\,\mathrm{d}x=\int_{a}^{b} f(x)\,\mathrm{d}x$.

直观上,以 x 轴上的区间 $(a,b]$ 为底、曲线 $y=f(x)$ 为顶的曲边梯形的面积就是 $P(a<X \leqslant b)$ 的值(如图 4.2 所示).

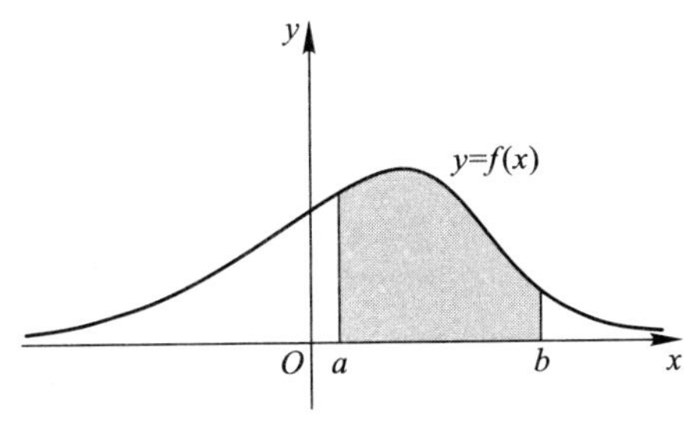

图 4.2

由分布函数与密度函数的性质可以得到下面的结论:

设 X 是任意一个连续型随机变量,$F(x)$ 与 $f(x)$ 分别是它的分布函数与密度函数,则

(i) $F(x)$ 是连续函数,且在 $f(x)$ 的连续点处有 $F'(x)=f(x)$;

(ii) 对任意一个常数 c, $-\infty<c<+\infty$,有 $P(X=c)=0$;

(iii) 对任意两个常数 a,b, $-\infty<a<b<+\infty$,

---

① 如果有一个定义在整个数轴上的函数 $f(x)$,它除了有限个点处处都连续,且满足(1),(2),那么,可以证明 $\int_{-\infty}^{x} f(t)\,\mathrm{d}t$ 是一个分布函数,即 $f(x)$ 是一个密度函数.

$$P(a<X<b)=P(a\leqslant X<b)=P(a\leqslant X\leqslant b)=P(a<X\leqslant b)=\int_a^b f(x)\,\mathrm{d}x.$$

上面的性质(ii)表明对连续型随机变量 X 而言,取任一个常数值的概率为 0,这正是连续型随机变量与离散型随机变量的最大区别.

例 15 假设 X 是连续型随机变量,其密度函数为

$$f(x)=\begin{cases} cx^2, & 0<x<2, \\ 0, & \text{其他}. \end{cases}$$

求:(1) c 的值;(2) $P(-1<X<1)$.

解 (1) 因为 $f(x)$ 是一密度函数,所以必须满足 $\int_{-\infty}^{+\infty} f(x)\,\mathrm{d}x=1$,于是有

$$c\int_0^2 x^2\,\mathrm{d}x=1,$$

即

$$c\cdot\frac{1}{3}x^3\Big|_0^2=1,$$

解得

$$c=\frac{3}{8}.$$

(2) $$P(-1<X<1)=\int_{-1}^1 f(x)\,\mathrm{d}x=\int_{-1}^0 0\,\mathrm{d}x+\int_0^1 f(x)\,\mathrm{d}x$$
$$=\int_0^1 \frac{3}{8}x^2\,\mathrm{d}x=\frac{1}{8}.$$

二、常用连续型分布

1. 均匀分布

设随机变量 X 的密度函数为

$$f(x)=\begin{cases} \dfrac{1}{b-a}, & a<x<b, \\ 0, & \text{其他}, \end{cases}$$

则称 X 服从区间 (a,b) 上的均匀分布,其中 a,b 为两个参数,且 $a<b$,并记为 $X\sim R(a,b)$.其密度函数图像如图 4.3 所示.

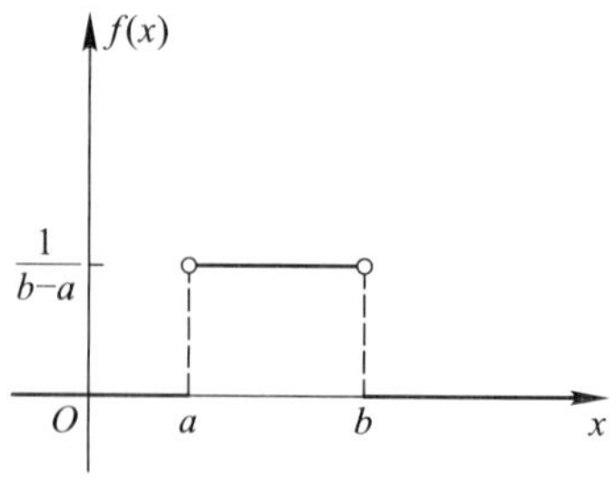

图 4.3

均匀分布和第二章第三节中的几何概型有密切的联系.

例 16 试用均匀分布来求解第二章的例 6 中的概率.

解 设乘客于上午 7:00 过 X 分到达车站,由于乘客在 7:00 到 7:30 之间随机到达,因此 X 是服从区间 $(0,30)$ 上的均匀分布,即 X 的密度函数为

$$f(x)=\begin{cases}\dfrac{1}{30}, & 0<x<30,\\ 0, & \text{其他}.\end{cases}$$

(1) 该乘客等候时间不到 5 min,必须且只需在 7:10 到 7:15 之间或在7:25到7:30 之间到达车站,因此所求概率为

$$P(10<X<15)+P(25<X<30)=\int_{10}^{15}\frac{1}{30}\mathrm{d}x+\int_{25}^{30}\frac{1}{30}\mathrm{d}x=\frac{1}{3}.$$

(2) 同(1)的分析方法类似可得所求概率为

$$P(0<X<5)+P(15<X<20)=\frac{1}{3}.$$

服从区间 (a,b) 上均匀分布的随机变量 X 的分布函数为

$$F(x)=P(X\leqslant x)=\int_{-\infty}^{x}f(t)\,\mathrm{d}t$$

$$=\begin{cases}0, & x<a,\\ \displaystyle\int_{a}^{x}\frac{1}{b-a}\mathrm{d}t=\frac{x-a}{b-a}, & a\leqslant x<b,\\ 1, & x\geqslant b.\end{cases}$$

2. 指数分布

如果随机变量 X 的密度函数为

$$f(x)=\begin{cases}\lambda\mathrm{e}^{-\lambda x}, & x>0,\\ 0, & x\leqslant 0,\end{cases}$$

其中 $\lambda>0$ 为常数,则称随机变量 X 服从参数为 λ 的指数分布,记为 $X\sim E(\lambda)$.

服从指数分布的随机变量 X 的分布函数为

$$F(x)=\int_{-\infty}^{x}f(t)\,\mathrm{d}t=\begin{cases}0, & x\leqslant 0,\\ \displaystyle\int_{0}^{x}\lambda\mathrm{e}^{-\lambda t}\mathrm{d}t, & x>0\end{cases}=\begin{cases}0, & x\leqslant 0,\\ 1-\mathrm{e}^{-\lambda x}, & x>0.\end{cases}$$

指数分布在实际中有重要的应用,如在可靠性问题中,电子元件的寿命常常服从指数分布,随机服务系统中的服务时间也可以认为服从指数分布.

例 17 设打一次电话所用的时间(单位:min)服从参数为 0.2 的指数分布,如果有人刚好在你前面走进公用电话间并开始打电话(假定公用电话间只有一部电话机可供通话),试求你将等待

(1) 超过 5 min 的概率;(2) 5 min 到 10 min 之间的概率.

解 令 X 表示公用电话间中那个人打电话所占用的时间,由题意知,X 服从参数为 0.2 的指数分布,因此 X 的密度函数为

$$f(x)=\begin{cases}0.2\mathrm{e}^{-0.2x}, & x>0,\\ 0, & x\leqslant 0.\end{cases}$$

所求概率分别为

$$P(X>5)=\int_5^{+\infty}0.2\mathrm{e}^{-0.2x}\mathrm{d}x=-\mathrm{e}^{-0.2x}\Big|_5^{+\infty}=\mathrm{e}^{-1},$$

$$P(5<X<10)=\int_5^{10}0.2\mathrm{e}^{-0.2x}\mathrm{d}x=-\mathrm{e}^{-0.2x}\Big|_5^{10}=\mathrm{e}^{-1}-\mathrm{e}^{-2}.$$

例 18 (泊松过程)设一维修站平均 1 分钟接到三个维修请求电话,根据泊松过程定义,不妨假设在$(a,b]$分钟时间段内该维修站接到的维修请求电话数量 $N(a,b)$服从参数为 $3(b-a)$的泊松分布,即 $N(a,b)\sim P(3(b-a))$. W_j表示接到第 $j-1$ 个维修请求电话后到接到第 j 个维修请求电话的等待时间,$W_j\sim E(3)$.试求

(1) 在$(0,2]$分钟内没有接到维修请求电话的概率;

(2) 第一个维修电话出现在 2 分钟后的概率.

解 (1) 根据泊松分布的定义可知 $N(0,2]\sim P(6)$,因此

$$P(N(0,2]=0)=\mathrm{e}^{-6}\frac{6^0}{0!}=\mathrm{e}^{-6}.$$

(2) $P(W_1>2)=\int_2^{+\infty}3\mathrm{e}^{-3x}\mathrm{d}x=\mathrm{e}^{-6}.$

我们发现(1)和(2)的答案是一样的,事实上,这两个事件是等价的.

例 19 在系统寿命的可靠性理论中,有一个概念叫失效率,表示在 t 时刻的瞬间失效能力.失效率 $\mu_t=\dfrac{f(t)}{1-F(t)}$,其中 $f(t)$表示系统寿命的密度函数,$F(t)$表示系统寿命的分布函数,假设某一系统寿命 $T\sim E(\lambda)$,求该系统的失效率.

解 $T\sim E(\lambda)$,则该系统寿命 T 的密度函数

$$f(t)=\begin{cases}\lambda\mathrm{e}^{-\lambda t}, & t>0,\\ 0, & t\leqslant 0,\end{cases}$$

分布函数

$$F(t)=\begin{cases}1-\mathrm{e}^{-\lambda t}, & t>0,\\ 0, & t\leqslant 0,\end{cases}$$

因此失效率 $\mu_t=\dfrac{f(t)}{1-F(t)}=\dfrac{\lambda\mathrm{e}^{-\lambda t}}{\mathrm{e}^{-\lambda t}}=\lambda.$

3. 正态分布

在许多实际问题中,考察指标都受到为数众多的相互独立的随机因素的影响,而每一个别因素的影响都是微小的.例如,电灯泡在指定条件下的耐用时间受到原料、工艺、保管条件等因素的影响,而每种因素在正常情形下都是相互独立的,且它们的影响都是均匀的、微小的.具有上述特点的指标一般都可以认为具有以

$$f(x)=\frac{1}{\sqrt{2\pi}\sigma}\mathrm{e}^{-\frac{(x-\mu)^2}{2\sigma^2}}\quad(-\infty<x<+\infty,\mu,\sigma\text{ 都是常数},\sigma>0)$$

为密度函数的分布.这种分布称为正态分布.它依赖于两个参数 μ,σ $(\sigma>0)$.以后简记成 $N(\mu,\sigma^2)$.

下面来证明上述函数 $f(x)$ 的确是一个密度函数.

显然,$f(x)$ 非负且处处连续.又

$$\int_{-\infty}^{+\infty} f(x)\,\mathrm{d}x=\int_{-\infty}^{+\infty}\frac{1}{\sqrt{2\pi}\sigma}\mathrm{e}^{-\frac{(x-\mu)^2}{2\sigma^2}}\mathrm{d}x \xlongequal{t=\frac{x-\mu}{\sigma}} \frac{1}{\sqrt{2\pi}}\int_{-\infty}^{+\infty}\mathrm{e}^{-\frac{t^2}{2}}\mathrm{d}t=\frac{1}{\sqrt{2\pi}}\times\sqrt{2\pi}=1.①$$

从而得证.

当 $\mu=0,\sigma^2=1$ 时,随机变量 X 的密度函数记为 $f(x)=\frac{1}{\sqrt{2\pi}}\mathrm{e}^{-\frac{x^2}{2}},-\infty<x<+\infty$,称 X 服从标准正态分布,即 $X\sim N(0,1)$.

往后,总是记服从标准正态分布的随机变量 X 的分布函数为 $\Phi(x)$,由分布函数定义知

$$\Phi(x)=\int_{-\infty}^{x} f(t)\,\mathrm{d}t=\int_{-\infty}^{x}\frac{1}{\sqrt{2\pi}}\mathrm{e}^{-\frac{t^2}{2}}\mathrm{d}t.$$

服从标准正态分布的随机变量 X 的密度函数 $f(x)$ 及分布函数 $\Phi(x)$ 的图像如图 4.4 所示.

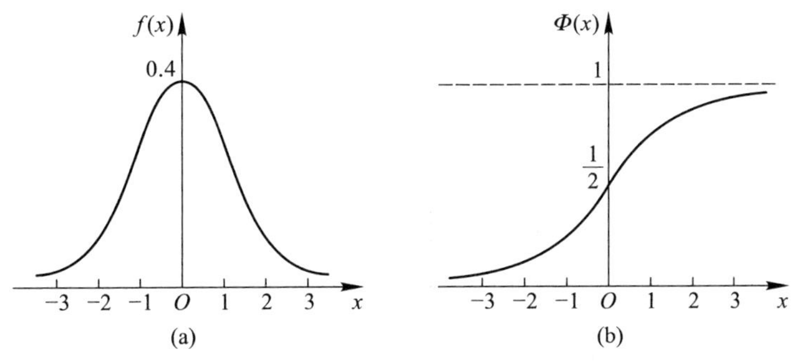

图 4.4

正态分布是概率论中最重要的分布之一,大量的实践经验与理论分析表明,测量误差、男性成年人的身高、自动机床生产的产品尺寸、学生的考试成绩等都服从“中间大,两头小”的正态分布.

---

① 因为

$$\left(\int_{-\infty}^{+\infty}\mathrm{e}^{-\frac{x^2}{2}}\mathrm{d}x\right)^2=\left(\int_{-\infty}^{+\infty}\mathrm{e}^{-\frac{x^2}{2}}\mathrm{d}x\right)\left(\int_{-\infty}^{+\infty}\mathrm{e}^{-\frac{y^2}{2}}\mathrm{d}y\right)=\int_{-\infty}^{+\infty}\int_{-\infty}^{+\infty}\mathrm{e}^{-\frac{x^2+y^2}{2}}\mathrm{d}y\mathrm{d}x$$
$$=\int_0^{2\pi}\left(\int_0^{+\infty}\mathrm{e}^{-\frac{r^2}{2}}r\mathrm{d}r\right)\mathrm{d}\theta=\int_0^{2\pi}\mathrm{d}\theta=2\pi.$$

所以

$$\int_{-\infty}^{+\infty}\mathrm{e}^{-\frac{x^2}{2}}\mathrm{d}x=\sqrt{2\pi}.$$

正态分布 $N(\mu,\sigma^2)$ 的密度函数的图像如图 4.5(a)所示.

由正态分布 $N(\mu,\sigma^2)$ 的密度函数 $f(x)$ 的图像我们可得 $f(x)$ 具有以下性质：

(i) $f(x)$ 的图像关于 $x=\mu$ 对称；

(ii) $f(x)$ 在 $x=\mu$ 处取得最大值$\dfrac{1}{\sqrt{2\pi}\sigma}$；

(iii) $f(x)$ 在 $(-\infty,\mu)$ 内单调增加，在 $(\mu,+\infty)$ 内单调减少；

(iv) 当 σ^2 较大时，密度函数曲线平坦，当 σ^2 较小时，曲线较陡峭(如图 4.5(b)所示).

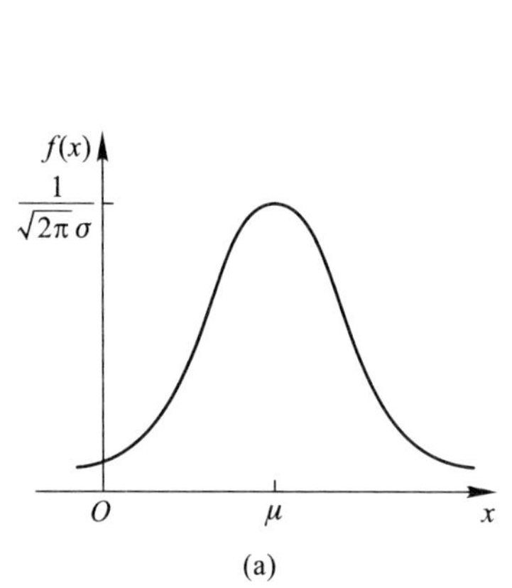

(a)

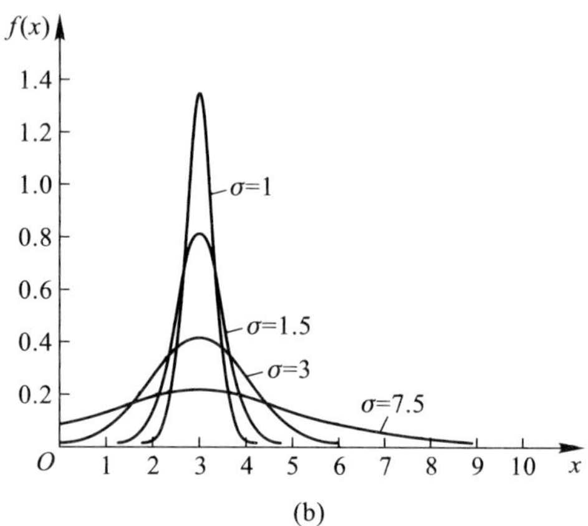

(b)

图 4.5

此外注意到，标准正态分布的密度函数 $f(x)$ 为偶函数，所以对任意 $x\in\mathbf{R}$，

$$\begin{aligned}\Phi(-x)&=\int_{-\infty}^{-x}f(t)\,\mathrm{d}t=\int_{x}^{+\infty}f(t)\,\mathrm{d}t\\&=\int_{-\infty}^{+\infty}f(t)\,\mathrm{d}t-\int_{-\infty}^{x}f(t)\,\mathrm{d}t=1-\Phi(x).\end{aligned}$$

此外，对于给定 $\alpha(0<\alpha<1)$，有实数 u_α 满足 $\Phi(u_\alpha)=\alpha$，称 u_α 为标准正态分布的 α 分位数.从书末附表三也可查到 u_α 的值.

本书末附有 $\Phi(x)$ 的函数值表(附表三).可以从这附表中查出服从 $N(0,1)$ 的随机变量 X 取小于等于指定值 x $(x>0)$ 的概率 $P(X\leqslant x)=\Phi(x)$.

当 $x<0$ 时，可以利用关系式 $\Phi(x)=1-\Phi(-x)$，并通过查表得 $\Phi(-x)(-x>0)$ 的值来算出 $\Phi(x)$ 的值.

下面设随机变量 X 服从 $N(\mu,\sigma^2)$，我们导出 X 落在区间 (a,b) 内的概率的计算公式：

$$P(a<X<b)=\frac{1}{\sqrt{2\pi}\sigma}\int_a^b \mathrm{e}^{-\frac{(x-\mu)^2}{2\sigma^2}}\mathrm{d}x \xlongequal{\text{令}\frac{x-\mu}{\sigma}=t}\frac{1}{\sqrt{2\pi}}\int_{\frac{a-\mu}{\sigma}}^{\frac{b-\mu}{\sigma}}\mathrm{e}^{-\frac{t^2}{2}}\mathrm{d}t=\Phi\left(\frac{b-\mu}{\sigma}\right)-\Phi\left(\frac{a-\mu}{\sigma}\right).$$

注意上式右端有书末附表三可查.

例 20 设随机变量 X 服从 $N(0,1)$，借助于标准正态分布的分布函数表计算

(1) $P(X\leqslant 2.35)$； (2) $P(X\leqslant -1.24)$； (3) $P(|X|\leqslant 1.54)$.

解 (1) $P(X\leqslant 2.35)=\Phi(2.35)=0.990\ 6$.

(2) $P(X\leqslant -1.24)=\Phi(-1.24)=1-\Phi(1.24)=1-0.892\ 5=0.107\ 5$.

(3) $$\begin{aligned}P(|X|\leqslant 1.54)&=P(-1.54\leqslant X\leqslant 1.54)=\Phi(1.54)-\Phi(-1.54)\\&=\Phi(1.54)-[1-\Phi(1.54)]\\&=2\Phi(1.54)-1=2\times 0.938\ 2-1=0.876\ 4.\end{aligned}$$

例 21 设随机变量 Y 服从 $N(1.5,4)$,计算

(1) $P(Y\leqslant 3.5)$； (2) $P(Y\leqslant -4)$；

(3) $P(Y>2)$； (4) $P(|Y|<3)$.

解 (1) $P(Y\leqslant 3.5)=\Phi\left(\dfrac{3.5-1.5}{2}\right)=\Phi(1)=0.841\ 3$.

(2) $$\begin{aligned}P(Y\leqslant -4)&=\Phi\left(\frac{-4-1.5}{2}\right)=\Phi(-2.75)=1-\Phi(2.75)\\&=1-0.997\ 0=0.003\ 0.\end{aligned}$$

(3) $P(Y>2)=1-\Phi\left(\dfrac{2-1.5}{2}\right)=1-\Phi(0.25)=1-0.598\ 7=0.401\ 3$.

(4) $$\begin{aligned}P(|Y|<3)&=P(-3<Y<3)\\&=\Phi\left(\frac{3-1.5}{2}\right)-\Phi\left(\frac{-3-1.5}{2}\right)=\Phi(0.75)-\Phi(-2.25)\\&=\Phi(0.75)-[1-\Phi(2.25)]=0.773\ 4-(1-0.987\ 8)\\&=0.761\ 2.\end{aligned}$$

特殊地,如随机变量 $X\sim N(0,1)$,则有

$$P(|X|<1)=2\Phi(1)-1=0.682\ 6,$$
$$P(|X|<2)=2\Phi(2)-1=0.954\ 4,$$
$$P(|X|<3)=2\Phi(3)-1=0.997\ 4.$$

这三个数值在应用上是用得较多的.

本书末的附表三中还列出了当随机变量 X 服从 $N(0,1)$ 时能使

$$P(X\leqslant x)=\Phi(x)=0.90,\ 0.95,\ \cdots$$

成立的 x 值.

例 22 某地抽样调查结果表明,考生的外语成绩(百分制)X 服从正态分布 $N(72,\sigma^2)$,且 96 分以上的考生占考生总数的 2.3%,试求考生的外语成绩在 60 至 84 分之间的概率.

解 本题中 $\mu=72$ 分,σ^2 未知,但 σ^2 可通过题中告知的条件 $P(X\geqslant 96)=0.023$ 求得.

因为 $P(X\geqslant 96)=1-\Phi\left(\dfrac{96-72}{\sigma}\right)=0.023$,从而

$$\Phi\left(\frac{24}{\sigma}\right)=0.977.$$

由 $\Phi(x)$ 的数值表,可得$\frac{24}{\sigma}=2$,因此 $\sigma=12$,这样 $X\sim N(72,12^2)$,故所求概率为

$$P(60\leqslant X\leqslant 84)=\Phi\left(\frac{84-72}{12}\right)-\Phi\left(\frac{60-72}{12}\right)$$
$$=\Phi(1)-\Phi(-1)=2\Phi(1)-1$$
$$=2\times 0.841\,3-1=0.682\,6.$$

例 23 假设学期末的概率论与数理统计考试分数 X 服从正态分布 $N(\mu,\sigma^2)$.规定分数超过 $\mu+\sigma$ 的总评得 A,分数在 μ 到 $\mu+\sigma$ 之间的总评得 B,分数在 $\mu-\sigma$ 到 μ 之间的总评得 C,分数在 $\mu-2\sigma$ 到 $\mu-\sigma$ 之间的总评得 D,分数低于 $\mu-2\sigma$ 的总评得 F.求解总评成绩各档的概率.

解 总评得 A 的概率

$$P(X>\mu+\sigma)=P\left(\frac{X-\mu}{\sigma}>1\right)=1-\Phi(1)=0.158\,7,$$

总评得 B 的概率

$$P(\mu<X<\mu+\sigma)=P\left(0<\frac{X-\mu}{\sigma}<1\right)=\Phi(1)-\Phi(0)=0.341\,3,$$

总评得 C 的概率

$$P(\mu-\sigma<X<\mu)=P\left(-1<\frac{X-\mu}{\sigma}<0\right)=\Phi(0)-\Phi(-1)=0.341\,3,$$

总评得 D 的概率

$$P(\mu-2\sigma<X<\mu-\sigma)=P\left(-2<\frac{X-\mu}{\sigma}<-1\right)=\Phi(2)-\Phi(1)=0.135\,9,$$

总评得 F 的概率

$$P(X<\mu-2\sigma)=P\left(\frac{X-\mu}{\sigma}<-2\right)=\Phi(-2)=0.022\,8.$$

从这个例子中我们可以看到,一个正态分布的随机变量落在以 μ 为中心,以 σ 的整数倍为半径的邻域内的概率是不受到 μ 和 σ 取值大小影响的,事实上,如图 4.6 所示,即使 μ,σ 未知,利用正态分布表,我们也可以算出一个正态分布的随机变量由中心向左右两边观测,落在离中心 μ 的各个 σ 整数倍的邻域内的概率.

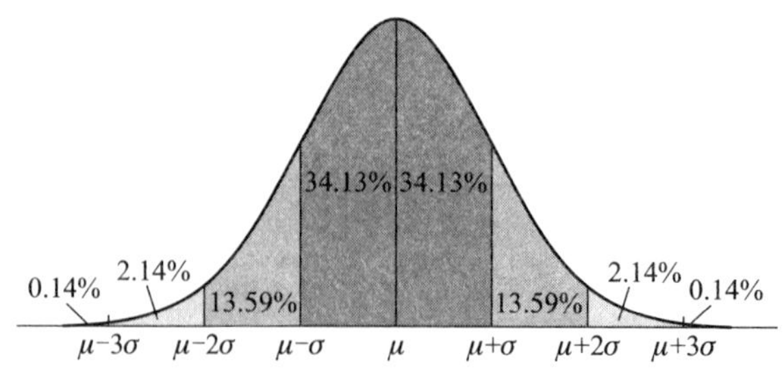

图 4.6

习题 4.3

1. 设随机变量 X 的密度函数为 $f(x)=\begin{cases} c(1-x), & 0<x<1, \\ 0, & 其他, \end{cases}$ 试求

(1) 常数 c;(2) $P\left(X\leqslant\frac{1}{2}\right)$;(3) $P\left(X\geqslant\frac{1}{3}\right)$.

2. 设随机变量 X 的密度函数为 $f(x)=\begin{cases} 2x, & 0<x<A, \\ 0, & 其他, \end{cases}$ 试求

(1) 常数 A;(2) $P(0<X<0.5)$;(3) X 的分布函数.

3. 设随机变量 X 的分布函数为 $F(x)=\begin{cases} 0 & x\leqslant 0, \\ 1-(1+x)\mathrm{e}^{-x}, & x>0, \end{cases}$ 求 X 的密度函数,并计算 $P(X\leqslant 1)$ 和 $P(X>2)$.

4. 设随机变量 X 的分布函数为 $F(x)=A+B\arctan x,-\infty<x<+\infty$,求

(1) 常数 A,B;(2) $P(|X|<1)$;(3) 随机变量 X 的密度函数.

5. 证明:函数 $f(x)=\begin{cases} \frac{x}{c}\mathrm{e}^{-\frac{x^2}{2c}}, & x\geqslant 0, \\ 0, & x<0 \end{cases}$ (c 为正的常数)可作为某个随机变量 X 的密度函数.

6. 经常往来于某两地的火车晚点的时间 X(单位:min)是一个连续型随机变量,其密度函数为

$$f(x)=\begin{cases} \frac{3}{500}(25-x^2), & -5<x<5, \\ 0, & 其他, \end{cases}$$

X 的负值表示火车早到了.求火车至少晚点 2 min 的概率.

7. 设随机变量 X 服从(1,6)上的均匀分布,求方程 $t^2+Xt+1=0$ 有实根的概率.

*8. 设随机变量 X 服从(0,1)上的均匀分布,证明:对于 $a\geqslant 0,b\geqslant 0,a+b\leqslant 1,P(a\leqslant X\leqslant b)=b-a$,并解释这个结果.

9. 设顾客在某银行的窗口等待服务的时间(单位:min)是一随机变量,它服从 $\lambda=\frac{1}{5}$ 的指数分布,其密度函数为 $f(x)=\begin{cases} \frac{1}{5}\mathrm{e}^{-\frac{1}{5}x}, & x>0, \\ 0, & 其他, \end{cases}$ 某顾客在窗口等待服务,若超过 10 min,他就离开.

(1) 设该顾客某天去银行,求他未等到服务就离开的概率;

(2) 设该顾客一个月要去银行五次,求他五次中至多有一次未等到服务而离开的概率.

10. 设随机变量 X 服从 $N(0,1)$,借助于标准正态分布的分布函数表计算:

(1) $P(X<2.2)$;(2) $P(X>1.76)$;(3) $P(X<-0.78)$;(4) $P(|X|<1.55)$;(5) $P(|X|>2.5)$;(6) 确定 a,使得 $P(X<a)=0.99$.

11. 设随机变量 X 服从 $N(-1,16)$,借助于标准正态分布的分布函数表计算:

(1) $P(X<2.44)$;(2) $P(X>-1.5)$;(3) $P(X<-2.8)$;(4) $P(|X|<4)$;(5) $P(-5<X<2)$;(6) $P(|X-1|>1)$;(7) 确定 a,使得 $P(X\leqslant a)=P(X>a)$.

12. 设随机变量 X 服从正态分布 $N(\mu,\sigma^2)$,且 $P(X>2)=\frac{1}{2}$,求 μ 的值.

13. 某厂生产的滚珠直径(单位:mm)服从正态分布 $N(2.05,0.01)$,合格品的规格规定直径为

2 ± 0.2,求该厂滚珠的合格率.

14. 某人上班路上所需的时间 $X\sim N(30,100)$(单位:min),已知上班时间为 8:30,他每天 7:50 出门,求

(1) 某天迟到的概率;(2) 一周(以 5 天计)最多迟到一次的概率.

小　结

随机变量是随机试验观察对象的量化指标,是一个定义在样本空间上的函数,取值随机性是其重要特点,随机变量能统一描述与随机试验相伴的种种随机现象,从而成为研究随机现象规律性的有力工具.

取值是有限个或可数个的随机变量为离散型随机变量,而取值能充满一个区间(或若干个区间的并)的随机变量为连续型随机变量.当然从随机变量的分类来说,还有一些既非离散、又非连续的随机变量.

离散型随机变量的分布是用分布律来刻画的,常用的离散型分布主要有 0-1 分布、几何分布、二项分布、泊松分布、超几何分布及负二项分布.注意到作为分布律的实数串 $\{p_i\}$ 必须满足

$$0\leqslant p_i\leqslant 1,\ \sum_i p_i=1, i=1,2,\cdots.$$

连续型随机变量的分布是用密度函数来刻画的,密度函数具有性质

$$f(x)\geqslant 0,\int_{-\infty}^{+\infty} f(x)\,\mathrm{d}x=1,\ -\infty<x<+\infty.$$

常用的连续型随机变量的分布主要有均匀分布、指数分布、正态分布,以及在统计中有重要应用的 χ^2 分布、t 分布及 F 分布.特别要指出的是,正态分布在概率论中占据中心地位,读者须熟悉正态分布的性质.

不管随机变量是离散的或连续的,其分布都可用分布函数来描述.分布函数具有性质:(i) 规范性 $0\leqslant F(x)\leqslant 1$;(ii) 非降性;(iii) 右连续性;(iv) $\lim\limits_{x\to-\infty}F(x)=0$, $\lim\limits_{x\to+\infty}F(x)=1$.特别地,如随机变量 X 为离散型的,$\{p_i\}$ 是其分布律,则 X 的分布函数可用分布律表示为 $F(x)=\sum\limits_{k:x_k\leqslant x}p_k$;如随机变量 X 为连续型的,具有密度函数 $f(x)$,则 X 的分布函数可用密度函数表示为 $F(x)=\int_{-\infty}^{x}f(t)\,\mathrm{d}t$.

对于正态分布的有关概率计算可通过查标准正态分布表进行,但须使用以下转换公式

$$P(a<X<b)=\Phi\left(\frac{b-\mu}{\sigma}\right)-\Phi\left(\frac{a-\mu}{\sigma}\right),$$

其中随机变量 $X\sim N(\mu,\sigma^2)$,$\Phi(x)$ 为标准正态分布的分布函数.

第四章综合题

1. 李某参加一个春天嘉年华的游戏.这个游戏分成两部分.首先,游戏者完成一次射击,若命中目标则可得 20 元的奖金;命中之后才有机会进入第二部分游戏,完成一个有着 5 个选项的单选题,若回答正确则可以另外得到 40 元的奖金.假设李某射击的命中概率为 0.6,答对单选题的概率为 0.2.设 X 为李某获得的奖金额,求 X 的分布律和分布函数.

2. 米乐、米多、米稻三兄弟计划周末去看电影.米乐去的概率为 0.7.若米乐去,则米多和米稻都去的概率为 0.8,都不去的概率为 0.2.若米乐不去,则米多和米稻一起去的概率是 0.2,分别独自去的概率为 0.5 和 0.3.设 X 为最终去看电影的人数,求 X 的分布律.

3. 设一盒中有 5 个红球和 10 个蓝球.

(1) 从中不放回取出 7 个球,设 X 表示取出的红球数,求 X 的分布律;并求至少取到 3 个红球的概率.

(2) 从中有放回取出 7 个球,设 Y 表示取出的蓝球数,求 Y 的分布律;并求取出的蓝球数在 5~7 个的概率.

(3) 从中有放回地取球,直到取到一个红球为止,设 Z 表示取球的总次数,求 Z 的分布律;并求至少要取 4 次才能取到红球的概率.

4. 设随机变量 X 的密度函数为 $f(x)=\begin{cases}Ae^{-x}, & 0<x<+\infty,\\ 0, & \text{其他},\end{cases}$ 求

(1) 系数 A;(2) $P(0<X<1)$;(3) X 的分布函数.

5. 设随机变量 X 的分布函数为 $F(x)=\begin{cases}A+Be^{-\frac{x^2}{2}}, & x>0,\\ 0, & x\leqslant 0,\end{cases}$ 其中 A,B 为常数.试求

(1) 常数 A,B;(2) X 的密度函数;(3) $P(1<X<2)$.

6. 以 X 表示某商店从早晨开始营业起直到第一个顾客到达的等待时间(单位:min),X 的分布函数是 $F(x)=\begin{cases}1-e^{-0.2x}, & x>0,\\ 0, & \text{其他},\end{cases}$ 求

(1) X 的密度函数;(2) P(至多等待 2 min);(3) P(至少等待 4 min);(4) P(等待至少 2 min 且至多 4 min);(5) P(等待至多 2 min 或至少 4 min).

**7. 设随机变量 Y 服从参数为 1 的指数分布,a 为常数且大于零,求 $P(Y\leqslant a+1 \mid Y>a)$.

8. 设随机变量 $X\sim N(2,\sigma^2)$,且 $P(2<X<4)=0.3$,求 $P(X<0)$.

**9. 设随机变量 X 的概率密度函数为 $f(x)=\begin{cases}2^{-x}\ln 2, & x>0,\\ 0, & x\leqslant 0,\end{cases}$ 对 X 进行独立重复地观测,直到第 2 个大于 3 的观测值出现为止,记 Y 为观测次数.求 Y 的分布律.

第四章自测题

第四章习题参考答案

第五章 二维随机变量及其分布

在实际问题中,试验结果往往同时需要用两个或两个以上的随机变量来描述.要研究这些随机变量之间的关系,就应同时考虑若干个随机变量即多维随机变量及其取值规律——多维分布.本章将介绍有关这方面的内容.为了简明起见,只重点介绍二维情形.多于二维的情形,在随后的章节中,涉及时将会作简略的介绍.

第一节 二维随机变量及分布函数

在研究某地区人的身高与体重之间的关系时,要从这地区人群中抽出若干个人来,测量他们的身高与体重.每抽一个人出来,就有一个由身高、体重组成的有序数组(X,Y),这个有序数组的值是根据试验结果(抽到的人)而确定的.

一般地,如果由两个变量所组成的有序数组即二维变量(X,Y)的取值是随着试验结果而确定的,那么称这个二维变量(X,Y)为二维随机变量,相应地,称(X,Y)的取值规律为二维分布.

与一维时相仿,我们定义二维随机变量的联合分布函数为

$$F(x,y)=P(X\leqslant x,Y\leqslant y), \tag{1}$$

其中x,y是任意实数.这就是说,联合分布函数$F(x,y)$表示二维随机变量(X,Y)位于如图5.1所示区域D内的概率.

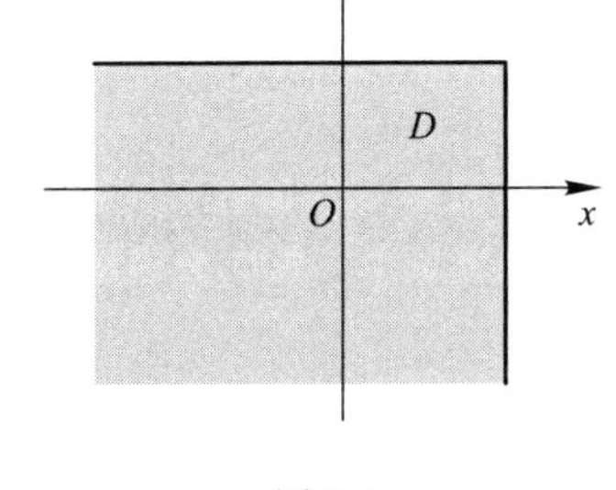

图 5.1

联合分布函数$F(x,y)$有如下的性质:

(i) 对任意的$x,y\in\mathbf{R}$,有$0\leqslant F(x,y)\leqslant 1$;

(ii) $F(x,y)$关于x、关于y单调不减;

(iii) $F(x,y)$关于x、关于y右连续;

(iv) $\lim\limits_{\substack{x\to-\infty\\y\to-\infty}}F(x,y)=0$, $\lim\limits_{\substack{x\to+\infty\\y\to+\infty}}F(x,y)=1$,

对任一固定x有$\lim\limits_{y\to-\infty}F(x,y)=0$,

对任一固定y有$\lim\limits_{x\to-\infty}F(x,y)=0$;

(v) 对任意的$x_1<x_2,y_1<y_2$,有

$$P(x_1<X\leqslant x_2,y_1<Y\leqslant y_2)=F(x_2,y_2)-F(x_2,y_1)-F(x_1,y_2)+F(x_1,y_1).$$

例 1 设二维随机变量(X,Y)的联合分布函数为

$$F(x,y)=A(B+\arctan x)(C+\arctan y),$$

求常数 A,B,C $(-\infty<x<+\infty,-\infty<y<+\infty)$.

解 由分布函数 $F(x,y)$ 的性质得

$$\lim_{\substack{x\to+\infty\\y\to+\infty}}A(B+\arctan x)(C+\arctan y)=A\left(B+\frac{\pi}{2}\right)\left(C+\frac{\pi}{2}\right)=1,$$

$$\lim_{x\to-\infty}A(B+\arctan x)(C+\arctan y)=A\left(B-\frac{\pi}{2}\right)(C+\arctan y)=0,$$

$$\lim_{y\to-\infty}A(B+\arctan x)(C+\arctan y)=A(B+\arctan x)\left(C-\frac{\pi}{2}\right)=0,$$

由此可解得 $C=\dfrac{\pi}{2},B=\dfrac{\pi}{2},A=\dfrac{1}{\pi^2}$.

第二节 二维离散型随机变量

设(X,Y)为一个二维随机变量,如果它可能取的值是有限个或可数多个数组,则称(X,Y)为二维离散型随机变量,称它的分布为二维离散型分布.

像一维离散型分布那样,我们可以用一个分布律来表达二维离散型分布.具体地说,设二维离散型随机变量(X,Y)可能取的值为

$$(x_1,y_1),\cdots,(x_1,y_j),\cdots,(x_i,y_1),\cdots,(x_i,y_j),\cdots,$$

且事件$\{X=x_i,Y=y_j\}$的概率为 p_{ij} $(i,j=1,2,\cdots)$,即

$$P(X=x_i,Y=y_j)=p_{ij},$$

那么(X,Y)的联合分布律为

X	Y			
	y_1	$\cdots$	y_j	$\cdots$
x_1	p_{11}	$\cdots$	p_{1j}	$\cdots$
$\vdots$	$\vdots$		$\vdots$	
x_i	p_{i1}	$\cdots$	p_{ij}	$\cdots$
$\vdots$	$\vdots$		$\vdots$	

(2)

其中

$$0\leqslant p_{ij}\leqslant 1,\quad \sum_{j=1}\sum_{i=1}p_{ij}=1.$$

例 2 一口袋中有三个球,它们依次标有数字 1,2,2.从这口袋中任取一球后,不放回口袋中,再从口袋中任取一球.设每次取球时,口袋中各个球被取到的可能性相同.以 X,Y 分别记第一次、第二次取得的球上标有的数字.

(1) 求(X,Y)的联合分布律;

(2) 求 $P(X\geqslant Y)$.

解 (1) (X,Y)可能取的值为数组$(1,2),(2,1),(2,2)$.下面先算出取每组值的概率.

第一次取得1的概率为$\frac{1}{3}$.第一次已取得1后,第二次取得2的概率为1.因此,按乘法定理,得

$$P(X=1,Y=2)=\frac{1}{3}\times 1=\frac{1}{3}.$$

第一次取得2的概率为$\frac{2}{3}$.第一次已取得2后,第二次取得1或2的概率都为$\frac{1}{2}$.因而可得

$$P(X=2,Y=1)=\frac{2}{3}\times\frac{1}{2}=\frac{1}{3},$$

$$P(X=2,Y=2)=\frac{2}{3}\times\frac{1}{2}=\frac{1}{3}.$$

于是,所要求的联合分布律为

X	Y	
	1	2
1	0	$\frac{1}{3}$
2	$\frac{1}{3}$	$\frac{1}{3}$

(2) 由于事件$\{X\geqslant Y\}=\{X=1,Y=1\}\cup\{X=2,Y=1\}\cup\{X=2,Y=2\}$且三个事件互不相容,因此

$$\begin{aligned}P(X\geqslant Y)&=P(X=1,Y=1)+P(X=2,Y=1)+P(X=2,Y=2)\\&=0+\frac{1}{3}+\frac{1}{3}=\frac{2}{3}.\end{aligned}$$

如果在上题中我们采用有放回抽取方式,即第一次任取一球观察其数字后再放回口袋中,试求(X,Y)的联合分布律.

易见(X,Y)可能取的值为$(1,1),(1,2),(2,1),(2,2)$,其概率为

$$P(X=1,Y=1)=\frac{1\times 1}{3\times 3}=\frac{1}{9},$$

$$P(X=1,Y=2)=\frac{1\times 2}{3\times 3}=\frac{2}{9},$$

$$P(X=2,Y=1)=\frac{2\times 1}{3\times 3}=\frac{2}{9},$$

$$P(X=2,Y=2)=\frac{2\times 2}{3\times 3}=\frac{4}{9}.$$

所以,(X,Y)的联合分布律为

X	Y	
	1	2
1	$\frac{1}{9}$	$\frac{2}{9}$
2	$\frac{2}{9}$	$\frac{4}{9}$

从这里可以看出不同的抽样方式对(X,Y)的取值规律是有影响的.

习题 5.2

1. 二维随机变量(X,Y)只能取下列数组中的值：$(0,0)$，$(-1,1)$，$\left(-1,\frac{1}{3}\right)$，$(0,1)$，且取这些组值的概率依次为$\frac{1}{6},\frac{1}{3},\frac{1}{12},\frac{5}{12}$，求这二维随机变量的联合分布律.

2. 一口袋中有四个球，它们依次标有数字 1,2,2,3.从这口袋中任取一球后，不放回口袋中，再从口袋中任取一球.设每次取球时，口袋中每个球被取到的可能性相同.以 X,Y 分别记第一、二次取到的球上标有的数字，求(X,Y)的联合分布律及 $P(X=Y)$.

3. 从 3 名数据处理经理、2 名高级系统分析师和 2 名质量控制工程师中随机挑选 4 人组成一个委员会，研究某项目的可行性.设 X 表示从委员会选出来的数据处理经理人数，Y 表示选出来的高级系统分析师的人数，求

(1) X 与 Y 的联合分布律；(2) $P(X\geqslant Y)$.

4. 盒中有 4 个红球 4 个黑球，不放回抽取 4 次，每次取 1 个，用 X 表示前 2 次抽中红球数，Y 表示 4 次共抽中红球数，求

(1) 二维随机变量(X,Y)的联合分布律；(2) $P(X=Y)$.

5. 假设离散型随机变量 X_1 与 X_2 服从相同的分布，且 $P(X_1X_2=0)=1$，$P(X_1=-1)=P(X_1=1)=\frac{1}{8}$，$P(X_1=0)=\frac{3}{4}$.求

(1) (X_1,X_2)的联合分布律；(2) $P(X_1=X_2)$.

第三节　二维连续型随机变量

与一维连续型随机变量相似，对于二维随机变量(X,Y)的联合分布函数$F(x,y)$，如果存在着一个二元非负实值函数 $f(x,y)$ $(-\infty<x<+\infty,-\infty<y<+\infty)$，使得对任何 x,y 有

$$F(x,y)=\int_{-\infty}^{x}\int_{-\infty}^{y}f(u,v)\,\mathrm{d}v\mathrm{d}u, \tag{3}$$

则称(X,Y)为二维连续型随机变量，$f(x,y)$为二维随机变量(X,Y)的联合概率密度函数（简称联合密度函数）.

联合密度函数$f(x,y)$具有下列性质：

(i) $f(x,y)\geqslant 0$;

(ii) $\int_{-\infty}^{+\infty}\int_{-\infty}^{+\infty} f(x,y)\,\mathrm{d}x\mathrm{d}y=1$;

(iii) $P((X,Y)\in D)=\iint\limits_{D} f(x,y)\,\mathrm{d}x\mathrm{d}y$, (4)

其中 D 为 xOy 平面内任一区域;

(iv) $F(x,y)$ 为连续函数,且在 $f(x,y)$ 的连续点处,$\dfrac{\partial^2 F(x,y)}{\partial x\partial y}=f(x,y)$.

例 3 设二维随机变量 (X,Y) 的联合密度函数为

$$f(x,y)=\begin{cases} c\mathrm{e}^{-(2x+4y)}, & x>0,y>0, \\ 0, & \text{其他}. \end{cases}$$

求(1) 常数 c; (2) $P(X\geqslant Y)$.

解 (1) 由性质 $\int_{-\infty}^{+\infty}\int_{-\infty}^{+\infty} f(x,y)\,\mathrm{d}x\mathrm{d}y=1$ 得到

$$\int_{0}^{+\infty}\int_{0}^{+\infty} c\mathrm{e}^{-(2x+4y)}\,\mathrm{d}x\mathrm{d}y=1,$$

而

$$\int_{0}^{+\infty}\int_{0}^{+\infty} c\mathrm{e}^{-(2x+4y)}\,\mathrm{d}x\mathrm{d}y=c\int_{0}^{+\infty}\mathrm{e}^{-2x}\mathrm{d}x\cdot\int_{0}^{+\infty}\mathrm{e}^{-4y}\mathrm{d}y=c\cdot\frac{1}{2}\cdot\frac{1}{4},$$

因此解得 $c=8$.

(2)
$$\begin{aligned} P(X\geqslant Y)&=\iint\limits_{x\geqslant y} f(x,y)\,\mathrm{d}x\mathrm{d}y \\ &=\int_{0}^{+\infty}\mathrm{d}x\int_{0}^{x}8\mathrm{e}^{-(2x+4y)}\mathrm{d}y=\int_{0}^{+\infty}2\mathrm{e}^{-2x}\cdot(-\mathrm{e}^{-4y})\Big|_{0}^{x}\mathrm{d}x \\ &=\int_{0}^{+\infty}2\mathrm{e}^{-2x}(1-\mathrm{e}^{-4x})\,\mathrm{d}x=\int_{0}^{+\infty}2\mathrm{e}^{-2x}\mathrm{d}x-\int_{0}^{+\infty}2\mathrm{e}^{-6x}\mathrm{d}x \\ &=1+\frac{1}{3}\mathrm{e}^{-6x}\Big|_{0}^{+\infty}=1-\frac{1}{3}=\frac{2}{3}. \end{aligned}$$

下面是两种常见的二维连续型随机变量的分布.

1. 二维均匀分布

如果二维随机变量 (X,Y) 的联合密度函数为

$$f(x,y)=\begin{cases} \dfrac{1}{G\text{ 的面积}}, & (x,y)\in G, \\ 0, & \text{其他}, \end{cases} \tag{5}$$

其中 G 是平面上某个区域,则称二维随机变量 (X,Y) 服从区域 G 上的二维均匀分布.

例 4 设二维随机变量 (X,Y) 服从区域 G 上的二维均匀分布,其中 $G=\{0<x<1,|y|<x\}$,求 (X,Y) 的联合密度函数.

解 区域 G 如图 5.2 所示,易见区域 G 的面积为 $\frac{1}{2}\times1\times2=1$,因此 (X,Y) 的联合密度函数为

$$f(x,y)=\begin{cases}1, & 0<x<1,\ |y|<x,\\ 0, & \text{其他}.\end{cases}$$

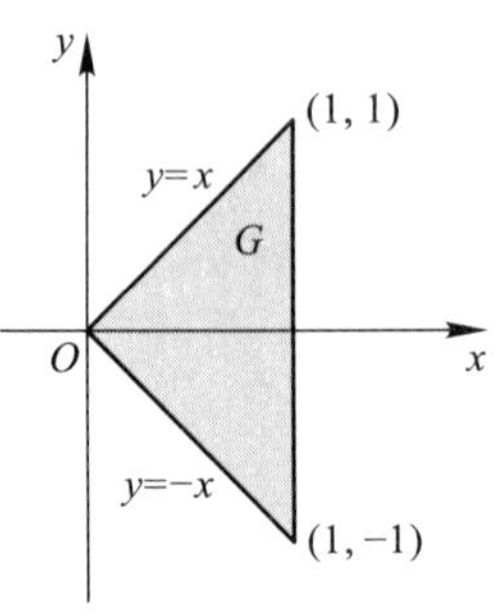

图 5.2

2. 二维正态分布

如果二维随机变量(X,Y)的联合密度函数为

$$f(x,y)=\frac{1}{2\pi\sigma_1\sigma_2\sqrt{1-\rho^2}}e^{-\frac{1}{2(1-\rho^2)}\left[\frac{(x-\mu_1)^2}{\sigma_1{}^2}-\frac{2\rho(x-\mu_1)(y-\mu_2)}{\sigma_1\sigma_2}+\frac{(y-\mu_2)^2}{\sigma_2{}^2}\right]}$$

$$(-\infty<x<+\infty,-\infty<y<+\infty),\qquad(6)$$

其中$\mu_1,\mu_2,\sigma_1,\sigma_2,\rho$均为常数,且$\sigma_1>0,\sigma_2>0,-1<\rho<1$,则称$(X,Y)$服从二维正态分布,记作$(X,Y)\sim N(\mu_1,\mu_2,\sigma_1^2,\sigma_2^2,\rho)$. $f(x,y)$的图像如图 5.3 所示.

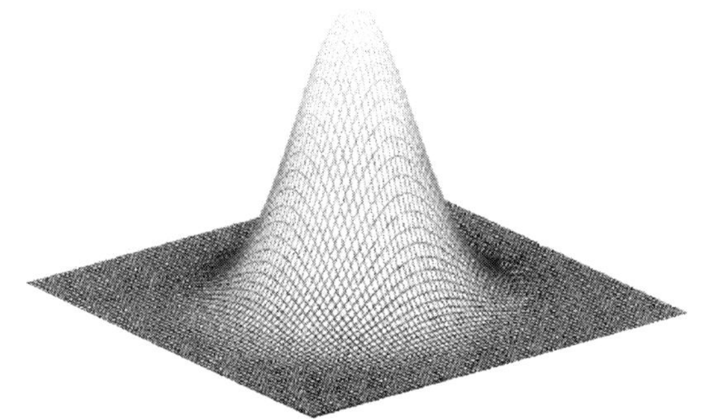

图 5.3

习题 5.3

1. 在$[-1,1]$上任取两个数,分别记为X和Y,求

(1) $P(-0.25<X<0.25,-0.25<Y<0.25)$;

(2) $P(X=Y)$;

(3) $P(X\neq Y)$;

(4) $P(X>Y)$;

(5) $P(X\geqslant Y)$.

2. 设二维随机变量(X,Y)的联合密度函数为

$$f(x,y)=\begin{cases}c, & x^2+y^2\leqslant 1,\\ 0, & \text{其他}.\end{cases}$$

求(1) c的值;(2) $P\left(X^2+Y^2\leqslant\frac{1}{2}\right)$.

3. 设二维随机变量(X,Y)的联合分布函数为

$$F(x,y)=\begin{cases}c-2^{-x}-2^{-y}+2^{-x-y}, & x\geqslant 0\text{ 且 }y\geqslant 0,\\ 0, & \text{其他},\end{cases}$$

试求(1) 常数c的值;(2) (X,Y)的联合密度函数;(3) $P(X\leqslant 1,Y\leqslant 2)$.

4. 设二维随机变量(X,Y)服从在区域D上的均匀分布,其中区域D为x轴、y轴及直线$y=2x+1$围成的三角形区域.求

(1) (X,Y)的联合密度函数;(2) $P\left(-\frac{1}{4}<X<0,0<Y<\frac{1}{4}\right)$.

第四节　边缘分布

直观上,二维随机变量(X,Y)的联合分布既包含了X与Y之间的相互关系的信息,也包含了单一分量X(或Y)的分布的信息,通常称后者为边缘分布,本节就是讨论如何从联合分布求出边缘分布的问题.

一、边缘分布函数

设$F(x,y)$为二维随机变量(X,Y)的联合分布函数,称

$$P(X\leqslant x)=P(X\leqslant x,Y<+\infty)\quad(-\infty<x<+\infty)$$

为关于X的边缘分布函数,并记为$F_X(x)$.

从直观上看,

$$P(X\leqslant x,Y<+\infty)=\lim_{y\to+\infty}P(X\leqslant x,Y\leqslant y)=\lim_{y\to+\infty}F(x,y)=F(x,+\infty).$$

因此,边缘分布函数$F_X(x)$可表示为

$$F_X(x)=F(x,+\infty).\tag{7}$$

类似地,关于Y的边缘分布函数为

$$F_Y(y)=P(Y\leqslant y)=P(X<+\infty,Y\leqslant y)=\lim_{x\to+\infty}F(x,y)=F(+\infty,y).\tag{8}$$

例 5　试从例 1 中联合分布函数$F(x,y)$求关于X,关于Y的边缘分布函数$F_X(x)$,$F_Y(y)$.

解　由边缘分布函数的定义我们有

$$F_X(x)=\lim_{y\to+\infty}F(x,y)=\lim_{y\to+\infty}\frac{1}{\pi^2}\left(\frac{\pi}{2}+\arctan x\right)\left(\frac{\pi}{2}+\arctan y\right)$$

$$=\frac{1}{\pi}\left(\frac{\pi}{2}+\arctan x\right)\quad(-\infty<x<+\infty),$$

$$F_Y(y)=\lim_{x\to+\infty}F(x,y)=\lim_{x\to+\infty}\frac{1}{\pi^2}\left(\frac{\pi}{2}+\arctan x\right)\left(\frac{\pi}{2}+\arctan y\right)$$

$$=\frac{1}{\pi}\left(\frac{\pi}{2}+\arctan y\right)\quad(-\infty<y<+\infty).$$

二、边缘分布律

设(X,Y)为二维离散型随机变量,其联合分布律为

$$P(X=x_i,Y=y_j)=p_{ij}\quad(i,j=1,2,\cdots),$$

称$P(X=x_i)=P(X=x_i,Y<+\infty)$ $(i=1,2,\cdots)$为关于X的边缘分布律.

按概率的可加性

$$
\begin{aligned}
&P(X=x_i, Y<+\infty)\\
&=P(X=x_i, Y=y_1)+P(X=x_i, Y=y_2)+\cdots+P(X=x_i, Y=y_j)+\cdots\\
&=p_{i1}+p_{i2}+\cdots+p_{ij}+\cdots=\sum_j p_{ij}\ (i=1,2,\cdots),
\end{aligned}
$$

以后把 $\sum_j p_{ij}$ 记为 $p_{i\cdot}$.

由此可以得到关于 X 的边缘分布律为

X	x_1	x_2	$\cdots$	x_i	$\cdots$
概率	$p_{1\cdot}$	$p_{2\cdot}$	$\cdots$	$p_{i\cdot}$	$\cdots$

(9)

类似称

Y	y_1	y_2	$\cdots$	y_j	$\cdots$
概率	$p_{\cdot 1}$	$p_{\cdot 2}$	$\cdots$	$p_{\cdot j}$	$\cdots$

(10)

为关于 Y 的边缘分布律,其中 $p_{\cdot j}=P(Y=y_j)=\sum_i p_{ij}\ (j=1,2,\cdots)$.

例 6 试求例 2 中关于 X,关于 Y 的边缘分布律.

解 在例 2 中我们已求得在不放回抽取方式下 (X,Y) 的联合分布律为

X	Y	
	1	2
1	0	$\frac{1}{3}$
2	$\frac{1}{3}$	$\frac{1}{3}$

把上面表格中按行相加可得关于 X 的边缘分布律为

X	1	2
概率	$\frac{1}{3}$	$\frac{2}{3}$

同理在表格中按列相加可得关于 Y 的边缘分布律为

Y	1	2
概率	$\frac{1}{3}$	$\frac{2}{3}$

对上例中的有放回抽样情形,我们用同样的方法可求得关于 X,关于 Y 的边缘分布律分别为

X	1	2
概率	$\frac{1}{3}$	$\frac{2}{3}$

Y	1	2
概率	$\frac{1}{3}$	$\frac{2}{3}$

此例说明这样一个重要事实：虽然在不放回、有放回两种抽样方式下，(X,Y)的联合分布律不一样，但它们有相同的边缘分布律.这就是说关于X，关于Y的边缘分布律不能唯一确定(X,Y)的联合分布律.那么在什么条件下，可由关于X，关于Y的边缘分布律来唯一确定(X,Y)的联合分布律呢？关于这个问题的讨论我们将在下一节中展开.

三、边缘密度函数

设二维连续型随机变量(X,Y)有联合密度函数$f(x,y)$，由关于X的边缘分布函数的定义有

$$F_X(x)=P(X\leqslant x,Y<+\infty)=\int_{-\infty}^{x}\left[\int_{-\infty}^{+\infty}f(x,y)\,\mathrm{d}y\right]\mathrm{d}x\quad(-\infty<x<+\infty),$$

因此，我们称

$$f_X(x)=\int_{-\infty}^{+\infty}f(x,y)\,\mathrm{d}y\quad(-\infty<x<+\infty)\tag{11}$$

为关于X的边缘密度函数.类似地称

$$f_Y(y)=\int_{-\infty}^{+\infty}f(x,y)\,\mathrm{d}x\quad(-\infty<y<+\infty)\tag{12}$$

为关于Y的边缘密度函数.

典型例题精讲视频

二维连续型随机变量的边缘密度函数

例 7 求例 4 中的关于X，关于Y的边缘密度函数$f_X(x)$和$f_Y(y)$.

解 在例 4 中已求得(X,Y)的联合密度函数为

$$f(x,y)=\begin{cases}1, & 0<x<1,\ |y|<x,\\ 0, & \text{其他},\end{cases}$$

关于X的边缘密度函数为

$$f_X(x)=\int_{-\infty}^{+\infty}f(x,y)\,\mathrm{d}y=\begin{cases}\int_{-x}^{x}1\mathrm{d}y, & 0<x<1,\\ 0, & \text{其他}\end{cases}$$

$$=\begin{cases}2x, & 0<x<1,\\ 0, & \text{其他}.\end{cases}$$

从几何角度来观察，在$X=x$点处的边缘密度函数值即为图 5.4 中阴影部分D的面积值.

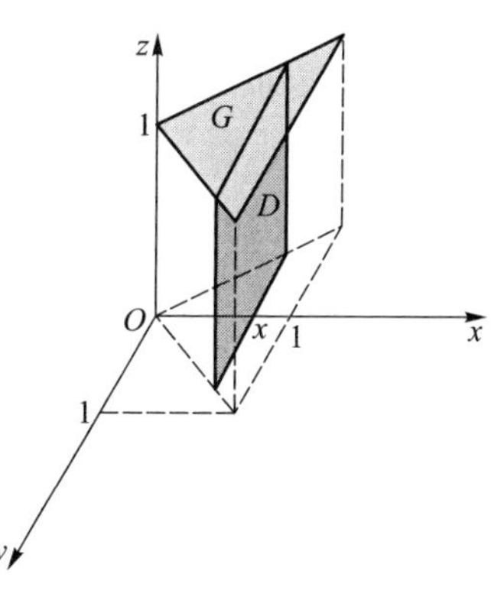

图 5.4

关于Y的边缘密度函数为

$$f_Y(y)=\int_{-\infty}^{+\infty}f(x,y)\,\mathrm{d}x=\begin{cases}\int_{-y}^{1}1\mathrm{d}x, & -1<y\leqslant 0,\\ \int_{y}^{1}1\mathrm{d}x, & 0<y<1,\\ 0, & \text{其他}\end{cases}$$

$$=\begin{cases}1+y, & -1<y\leqslant 0,\\ 1-y, & 0<y<1,\\ 0, & \text{其他}\end{cases}=\begin{cases}1-|y|, & |y|<1,\\ 0, & \text{其他}.\end{cases}$$

从几何角度来观察，在 $Y=y$ 点处的边缘密度函数值即为图 5.5 中阴影部分 D 的面积值.

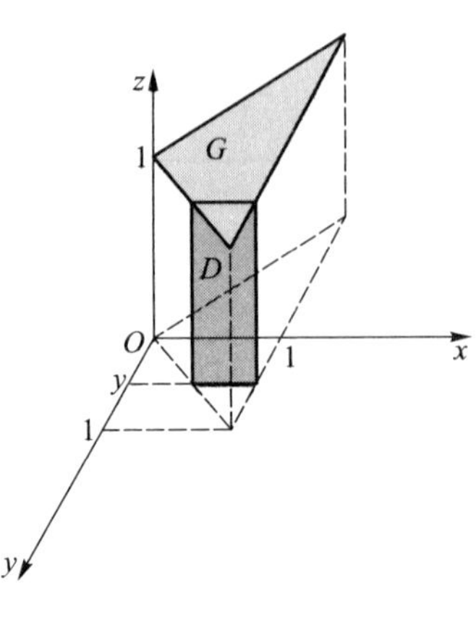

图 5.5

例 8 设二维随机变量 (X,Y) 服从二维正态分布，它的联合密度函数为

$$f(x,y)=\frac{1}{2\pi\sqrt{1-\rho^2}}\mathrm{e}^{-\frac{1}{2(1-\rho^2)}(x^2-2\rho xy+y^2)}\quad(-\infty<x,y<+\infty),\tag{13}$$

求关于 X 及关于 Y 的边缘密度函数.

解 关于 X 的边缘密度函数

$$\begin{aligned}f_X(x)&=\int_{-\infty}^{+\infty}f(x,y)\,\mathrm{d}y\\&=\int_{-\infty}^{+\infty}\frac{1}{2\pi\sqrt{1-\rho^2}}\mathrm{e}^{-\frac{1}{2(1-\rho^2)}(x^2-2\rho xy+y^2)}\,\mathrm{d}y\\&=\frac{\mathrm{e}^{-\frac{x^2}{2}}}{2\pi}\int_{-\infty}^{+\infty}\frac{1}{\sqrt{1-\rho^2}}\mathrm{e}^{-\frac{(y-\rho x)^2}{2(1-\rho^2)}}\,\mathrm{d}y.\end{aligned}$$

作代换 $v=\dfrac{y-\rho x}{\sqrt{1-\rho^2}}$，便得关于 X 的边缘密度函数为

$$f_X(x)=\frac{\mathrm{e}^{-\frac{x^2}{2}}}{2\pi}\int_{-\infty}^{+\infty}\mathrm{e}^{-\frac{v^2}{2}}\,\mathrm{d}v=\frac{1}{\sqrt{2\pi}}\mathrm{e}^{-\frac{x^2}{2}}\quad(-\infty<x<+\infty),$$

即 X 的边缘分布为标准正态分布.

同理可得关于 Y 的边缘密度函数为

$$f_Y(y)=\frac{1}{\sqrt{2\pi}}\mathrm{e}^{-\frac{y^2}{2}}\quad(-\infty<y<+\infty),$$

即 Y 的边缘分布也为标准正态分布.

关于二维正态分布还有下面更一般的结论：

设二维随机变量 (X,Y) 服从二维正态分布 $N(\mu_1,\mu_2,\sigma_1^2,\sigma_2^2,\rho)$，则关于 X 的边缘密度函数为

$$f_X(x)=\frac{1}{\sqrt{2\pi}\,\sigma_1}\mathrm{e}^{-\frac{(x-\mu_1)^2}{2\sigma_1^2}}\quad(-\infty<x<+\infty),$$

关于 Y 的边缘密度函数为

$$f_Y(y)=\frac{1}{\sqrt{2\pi}\,\sigma_2}\mathrm{e}^{-\frac{(y-\mu_2)^2}{2\sigma_2^2}}\quad(-\infty<y<+\infty).$$

即 $X\sim N(\mu_1,\sigma_1^2)$，$Y\sim N(\mu_2,\sigma_2^2)$.

习题 5.4

1. 盒中有 3 个红球、4 个黑球、5 个白球，不放回抽取 3 个球，用 X 表示 3 球中红球数，Y 表示 3 球中黑球数，求

（1）二维随机变量 (X,Y) 的联合分布律；（2）关于 X 及关于 Y 的边缘分布律.

2. 箱子中装有 10 件产品，其中 2 件为次品，每次从箱子中任取一件产品，共取 2 次，定义随机变量 X,Y 如下：

$$X=\begin{cases}1, & 若第一次取出正品,\\ 0, & 若第一次取出次品,\end{cases}\quad Y=\begin{cases}1, & 若第二次取出正品,\\ 0, & 若第二次取出次品,\end{cases}$$

分别就下面两种情况（i）有放回抽样，（ii）不放回抽样，求

（1）二维随机变量 (X,Y) 的联合分布律；（2）关于 X 及关于 Y 的边缘分布律.

3. 设二维随机变量 (X,Y) 的联合密度函数为 $f(x,y)=\begin{cases}\dfrac{1}{4\sqrt{xy}}, & 0<x<1,0<y<1,\\ 0, & 其他,\end{cases}$ 分别求关于 X 及关于 Y 的边缘密度函数 $f_X(x)$ 和 $f_Y(y)$.

4. （习题 5.3 第 4 题续）设二维随机变量 (X,Y) 服从区域 D 上的均匀分布，其中区域 D 为 x 轴、y 轴及直线 $y=2x+1$ 围成的三角形区域.分别求关于 X 及关于 Y 的边缘密度函数 $f_X(x)$ 和 $f_Y(y)$.

5. 已知二维随机变量 (X,Y) 的联合密度函数为 $f(x,y)=\begin{cases}k(1-x)y, & 0<x<1,0<y<x,\\ 0, & 其他.\end{cases}$ 求

（1）常数 k；（2）关于 X 及关于 Y 的边缘密度函数 $f_X(x)$ 和 $f_Y(y)$.

第五节 随机变量的独立性

在第三章中我们曾介绍了随机事件的独立性，下面，我们借助于随机事件的独立性概念，引进随机变量的相互独立性.

设 X,Y 为随机变量，如果对于任意实数 x,y，事件 $\{X\leqslant x\}$，$\{Y\leqslant y\}$ 是相互独立的，即

$$P(X\leqslant x,Y\leqslant y)=P(X\leqslant x)\cdot P(Y\leqslant y),\tag{14}$$

那么称 X 与 Y 相互独立.

设 (X,Y) 的联合分布函数以及关于 X,Y 的边缘分布函数依次为 $F(x,y)$，$F_X(x)$，$F_Y(y)$，那么对任意实数 x 及 y，上式可写成

$$F(x,y)=F_X(x)\cdot F_Y(y).\tag{15}$$

设二维离散型随机变量 (X,Y) 的联合分布律如 (2) 式所示，关于 X,Y 的边缘分布律分别由 (9)，(10) 式所给出，则可以证明 X 与 Y 相互独立等价于

$$P(X=x_i,Y=y_j)=P(X=x_i)P(Y=y_j)\ (i,j=1,2,\cdots),$$

即

$$p_{ij}=p_{i\cdot}\cdot p_{\cdot j}\ (i,j=1,2,\cdots),\tag{16}$$

这里$\{p_{i\cdot}\}$，$\{p_{\cdot j}\}$分别为关于 X,Y 的边缘分布律.

如果二维连续型随机变量(X,Y)的联合密度函数为$f(x,y)$，则可以证明 X 与 Y 相互独立等价于

$$f(x,y)=f_X(x)f_Y(y) \tag{17}$$

在$f(x,y)$，$f_X(x)$，$f_Y(y)$的一切公共连续点上成立.这里$f_X(x)$，$f_Y(y)$分别为关于 X,Y 的边缘密度函数.

从上面对随机变量 X,Y 的独立性的讨论我们知道：两个相互独立随机变量 X,Y 的边缘分布可唯一决定它们的联合分布.例如已知随机变量 X 的分布函数为 $F_X(x)$，随机变量 Y 的分布函数为 $F_Y(y)$，且 X 与 Y 相互独立，则(X,Y)的联合分布函数为

$$F(x,y)=F_X(x)F_Y(y).$$

随机变量 X 与 Y 相互独立的直观含义是 X 的取值与 Y 的取值的概率互不影响.因此在实际中判断 X 与 Y 是否相互独立，更多的是看 X 的取值与 Y 的取值是否有影响.

例 9 设二维随机变量(X,Y)的联合分布律为

X	Y		
	-1	0	2
0	$\frac{2}{20}$	$\frac{1}{20}$	$\frac{2}{20}$
1	$\frac{2}{20}$	$\frac{1}{20}$	$\frac{2}{20}$
2	$\frac{4}{20}$	$\frac{2}{20}$	$\frac{4}{20}$

证明 X 与 Y 相互独立.

证 关于 X,Y 的边缘分布律为

X	0	1	2
概率	$\frac{1}{4}$	$\frac{1}{4}$	$\frac{1}{2}$

Y	-1	0	2
概率	$\frac{2}{5}$	$\frac{1}{5}$	$\frac{2}{5}$

由于 $p_{11}=\frac{2}{20}$，而 $p_{1\cdot}=\frac{1}{4}$，$p_{\cdot 1}=\frac{2}{5}$，易见 $p_{11}=p_{1\cdot}\,p_{\cdot 1}$，类似可验证 $p_{ij}=p_{i\cdot}\,p_{\cdot j}$，$i,j=1,2,3$.因此，由定义知 X 与 Y 相互独立.

例 10 试证明例 1 中的两个随机变量 X 与 Y 相互独立.

证 在例 5 中我们已求得关于 X 与 Y 的边缘分布函数分别为

$$F_X(x)=\frac{1}{\pi}\left(\frac{\pi}{2}+\arctan x\right) \quad (-\infty<x<+\infty),$$

$$F_Y(y)=\frac{1}{\pi}\left(\frac{\pi}{2}+\arctan y\right)\quad(-\infty<y<+\infty),$$

易见

$$F(x,y)=F_X(x)F_Y(y)\quad(-\infty<x<+\infty,-\infty<y<+\infty),$$

所以 X 与 Y 相互独立.

例 11 证明例 4 中的两个随机变量 X 与 Y 不相互独立.

证 在例 7 中我们已得到

$$f_X(x)=\begin{cases}2x, & 0<x<1,\\ 0, & \text{其他},\end{cases}$$

$$f_Y(y)=\begin{cases}1-|y|, & |y|<1,\\ 0, & \text{其他}.\end{cases}$$

而 $f(x,y)=\begin{cases}1, & 0<x<1,|y|<x,\\ 0, & \text{其他}.\end{cases}$ 在 $f(x,y)$, $f_X(x)$, $f_Y(y)$ 的连续点 $x=\frac{1}{2}$, $y=\frac{1}{4}$ 处,

$$f\left(\frac{1}{2},\frac{1}{4}\right)=1,\ f_X\left(\frac{1}{2}\right)=1,\ f_Y\left(\frac{1}{4}\right)=\frac{3}{4}.$$

可见

$$f\left(\frac{1}{2},\frac{1}{4}\right)\neq f_X\left(\frac{1}{2}\right)f_Y\left(\frac{1}{4}\right).$$

因此 X 与 Y 不相互独立.

随机变量的独立性定义可推广到 n 个随机变量 $X_1,X_2,\cdots,X_n$ 上去.这在数理统计中非常有用.下面简单介绍一下.

设有 n 个随机变量 $X_1,X_2,\cdots,X_n$,如将 $X_1,X_2,\cdots,X_n$ 构成向量形式 $(X_1,X_2,\cdots,X_n)$,则称 $(X_1,X_2,\cdots,X_n)$ 为 n 维随机向量或 n 维随机变量,简称随机向量,称函数

$$F(x_1,x_2,\cdots,x_n)=P(X_1\leqslant x_1,X_2\leqslant x_2,\cdots,X_n\leqslant x_n)\quad(-\infty<x_1,x_2,\cdots,x_n<+\infty)$$

为随机向量 $(X_1,X_2,\cdots,X_n)$ 的联合分布函数.记 $F_{X_i}(x_i)$ 为关于 X_i 的边缘分布函数,$i=1,2,\cdots,n$.如果 $F(x_1,x_2,\cdots,x_n)=\prod\limits_{i=1}^{n}F_{X_i}(x_i)\ (-\infty<x_1,x_2,\cdots,x_n<+\infty)$,则称 n 个随机变量 $X_1,X_2,\cdots,X_n$ 相互独立.

当 $X_1,X_2,\cdots,X_n$ 为 n 个离散型随机变量时,可以证明 $X_1,X_2,\cdots,X_n$ 相互独立等价于

$$P(X_1=x_1,X_2=x_2,\cdots,X_n=x_n)=P(X_1=x_1)P(X_2=x_2)\cdots P(X_n=x_n).$$

这里的 x_i 可以取遍 X_i 的所有可能值 $(i=1,2,\cdots,n)$.

当 $X_1,X_2,\cdots,X_n$ 为 n 个连续型随机变量时,$X_1,X_2,\cdots,X_n$ 相互独立等价于 $f(x_1,x_2,\cdots,x_n)=f_{X_1}(x_1)f_{X_2}(x_2)\cdots f_{X_n}(x_n)$ 在 $f(x_1,x_2,\cdots,x_n)$, $f_{X_1}(x_1)$, $f_{X_2}(x_2)$, $\cdots$, $f_{X_n}(x_n)$ 的一切公共连续点上成立,其中 $f(x_1,x_2,\cdots,x_n)$ 是随机向量 $(X_1,X_2,\cdots,X_n)$ 的联合密度函数,$f_{X_i}(i=1,2,\cdots,n)$ 是关于 X_i 的边缘密度函数.

习题 5.5

1. 设 X,Y 相互独立且分别具有下列的分布律：

X	-2	-1	0	$\frac{1}{2}$
概率	$\frac{1}{4}$	$\frac{1}{3}$	$\frac{1}{12}$	$\frac{1}{3}$

Y	$-\frac{1}{2}$	1	3
概率	$\frac{1}{2}$	$\frac{1}{4}$	$\frac{1}{4}$

求 (X,Y) 的联合分布律.

2. 设随机变量 X,Y 相互独立，(X,Y) 的联合分布律为

X	Y		
	1	2	3
1	a	$\frac{1}{9}$	c
2	$\frac{1}{9}$	b	$\frac{1}{3}$

求常数 a,b,c 的值.

3.（习题 5.4 第 2 题续）箱子中装有 10 件产品，其中 2 件为次品，每次从箱子中任取一件产品，共取 2 次，定义随机变量 X,Y 如下：

$$X=\begin{cases}1, & \text{若第一次取出正品},\\ 0, & \text{若第一次取出次品},\end{cases}\quad Y=\begin{cases}1, & \text{若第二次取出正品},\\ 0, & \text{若第二次取出次品},\end{cases}$$

分别就下面两种情况(i) 放回抽样，(ii) 不放回抽样，讨论 X 与 Y 是否独立，为什么？

**4. 设随机变量 X 与 Y 相互独立，且 X 与 Y 的分布律分别为

X	0	1	2	3
概率	$\frac{1}{2}$	$\frac{1}{4}$	$\frac{1}{8}$	$\frac{1}{8}$

Y	-1	0	1
概率	$\frac{1}{3}$	$\frac{1}{3}$	$\frac{1}{3}$

求 $P(X+Y=2)$.

5. 设 X 与 Y 是相互独立的随机变量，X 服从 $[0,0.2]$ 上的均匀分布，Y 服从参数为 5 的指数分布，求 (X,Y) 的联合密度函数及 $P(X\geqslant Y)$.

6. 设二维随机变量 (X,Y) 的联合密度函数为 $f(x,y)=\begin{cases}k\mathrm{e}^{-(3x+4y)}, & x>0,y>0,\\ 0, & \text{其他},\end{cases}$ 证明 X 与 Y 相互独立.

7.（习题 5.4 第 5 题续）已知二维随机变量 (X,Y) 的联合密度函数为

$$f(x,y)=\begin{cases}k(1-x)y, & 0<x<1,0<y<x,\\ 0, & \text{其他},\end{cases}$$

讨论 X 与 Y 是否相互独立?

8. 设(X,Y)服从二维正态分布 $N(0,1,2,4,0)$.

(1) 分别求关于 X 及关于 Y 的边缘密度函数 $f_X(x)$ 和 $f_Y(y)$;

(2) 写出(X,Y)的联合密度函数;

(3) 求 $P(-\sqrt{2}\leqslant X\leqslant\sqrt{2},-\sqrt{2}\leqslant Y\leqslant\sqrt{2})$.

*9. 设进入邮局的人数服从参数为 λ 的泊松分布,每一个进入邮局的人是男性的概率为 $p(0<p<1)$,X 为进入邮局的男性人数,Y 为女性人数.

(1) 分别求关于 X 及关于 Y 的边缘分布律;

(2) 问 X 与 Y 是否独立,为什么?

*第六节 条件分布

一般情形下,两个随机变量之间并不相互独立,也就是说 X 与 Y 相互之间有联系.下面引进的条件分布可以在某种程度上刻画它们的联系.

第三章第一节中讨论过事件的条件概率.按那里的定义,在事件 B 发生的条件下事件 A 发生的概率为

$$P(A\mid B)=\frac{P(AB)}{P(B)},$$

这里,$P(B)>0$.我们将以此为基础来定义随机变量的"条件分布".

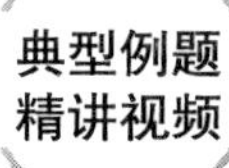

二维随机变量的独立性与条件分布

设(X,Y)为二维离散型随机变量,它的分布律由(2)式给出.假设$P(Y=y_j)>0$,则在条件$\{Y=y_j\}$下,$\{X=x_i\}$的条件概率为

$$P(\{X=x_i\}\mid\{Y=y_j\})=\frac{P(X=x_i,Y=y_j)}{P(Y=y_j)}$$

$$=\frac{p_{ij}}{p_{\cdot j}}\ (i=1,2,\cdots).$$

这组等式定出一个一维离散型分布.它表明了在事件$\{Y=y_j\}$出现的条件下 X 的取值规律.称这个分布为在给定 $Y=y_j$ 条件下 X 的条件分布律.

此条件分布律可用

$X\mid Y=y_j$	x_1	x_2	$\cdots$	x_i	$\cdots$
概率	$\frac{p_{1j}}{p_{\cdot j}}$	$\frac{p_{2j}}{p_{\cdot j}}$	$\cdots$	$\frac{p_{ij}}{p_{\cdot j}}$	$\cdots$

(18)

表示,其中 $p_{\cdot j}=P(Y=y_j)>0$.

类似地,可以规定在给定$\{X=x_i\}$条件下 Y 的条件分布,其条件分布律可用

$Y \mid X=x_i$	y_1	y_2	$\cdots$	y_j	$\cdots$
概率	$\dfrac{p_{i1}}{p_{i\cdot}}$	$\dfrac{p_{i2}}{p_{i\cdot}}$	$\cdots$	$\dfrac{p_{ij}}{p_{i\cdot}}$	$\cdots$

(19)

表示,其中 $p_{i\cdot}=P(X=x_i)>0$.

例 12 设二维随机变量(X,Y)的联合分布律为

X	Y		
	-1	1	2
0	$\dfrac{1}{12}$	0	$\dfrac{1}{4}$
$\dfrac{3}{2}$	$\dfrac{1}{6}$	$\dfrac{1}{12}$	$\dfrac{1}{12}$
2	$\dfrac{1}{4}$	$\dfrac{1}{12}$	0

试分别求 $Y \mid X=0$ 及 $X \mid Y=-1$ 的条件分布律.

解 易知

$$p_{\cdot 1}=P(Y=-1)=\frac{1}{12}+\frac{2}{12}+\frac{3}{12}=\frac{1}{2},$$

$$p_{1\cdot}=P(X=0)=\frac{1}{12}+0+\frac{3}{12}=\frac{1}{3}.$$

$X \mid Y=-1$	0	$\dfrac{3}{2}$	2
概率	$\dfrac{p_{11}}{p_{\cdot 1}}=\dfrac{1}{6}$	$\dfrac{p_{21}}{p_{\cdot 1}}=\dfrac{1}{3}$	$\dfrac{p_{31}}{p_{\cdot 1}}=\dfrac{1}{2}$

$Y \mid X=0$	-1	1	2
概率	$\dfrac{p_{11}}{p_{1\cdot}}=\dfrac{1}{4}$	$\dfrac{p_{12}}{p_{1\cdot}}=0$	$\dfrac{p_{13}}{p_{1\cdot}}=\dfrac{3}{4}$

由概率的乘法公式可得到

$$P(X=x_i,Y=y_j)=P(X=x_i)P(Y=y_j \mid X=x_i)=P(Y=y_j)P(X=x_i \mid Y=y_j) \quad (i,j=1,2,\cdots).$$

因此知道了关于 X 的边缘分布律以及给定 X 条件下,Y 的条件分布律(或者知道了关于 Y 的边缘分布律以及给定 Y 条件下,X 的条件分布律)可以唯一确定(X,Y)的联合分布律.

典型例题精讲视频

二维离散型随机变量综合例题

例 13 设某班车起点站有乘客人数 X,且 X 服从参数为 6 的泊松分布,每位乘客在中途下车的概率为 p,且中途下车与否相互独立.以 Y 表示在中途下车的人数,求:

(1) 该班车在起点站有 10 位乘客的条件下,中途有 m 个人下车的概率;

(2) (X,Y)的联合分布律.

解 (1) 据题意,所求概率为

$$P(Y=m \mid X=10)=\mathrm{C}_{10}^{m}p^{m}(1-p)^{10-m} \quad (m=0,1,\cdots,10).$$

(2) (X,Y)的联合分布律为

$$P(X=n,Y=m)=P(X=n)P(Y=m\mid X=n)=\frac{\mathrm{e}^{-6}}{n!}6^n\mathrm{C}_n^m p^m(1-p)^{n-m}$$

$$(n=0,1,2,\cdots,m=0,1,2,\cdots,n).$$

设(X,Y)为一个二维连续型随机变量，它的联合密度函数为$f(x,y)$. 怎样规定在给定$Y=y$条件下X的条件分布呢？由于这时Y服从连续型分布，$P(Y=y)=0$，因此不能直接利用条件概率公式来定义条件分布. 但是，从对离散型随机变量的条件分布律的计算中可得到，当Y为指定值y_j时，X的条件分布律为$\dfrac{P(X=\cdot,Y=y_{\cdot j})}{p_{\cdot j}}$. 如果将$(X,Y)$的联合分布律$\{p_{ij}\}$看成二元函数$f(\cdot,\cdot)\hat{=}P(X=\cdot,Y=\cdot)$，则条件分布律中的分子即为该函数的第二个变元固定在y_j上的一元函数$f(\cdot,y_j)$. 而$p_{\cdot j}$就是关于Y的边缘分布律在y_j处的值. 这就启发我们，对于二维连续型分布，规定在给定$Y=y$条件下X的条件分布为一个连续型分布，它的条件密度函数$f_{X\mid Y}(x\mid y)$为

$$f_{X\mid Y}(x\mid y)=\frac{f(x,y)}{\int_{-\infty}^{+\infty}f(x,y)\,\mathrm{d}x}=\frac{f(x,y)}{f_Y(y)},\tag{20}$$

这里假定$f_Y(y)>0$.

类似地，规定在给定$X=x$条件下Y的条件分布为一个连续型分布，它的条件密度函数为

$$f_{Y\mid X}(y\mid x)=\frac{f(x,y)}{\int_{-\infty}^{+\infty}f(x,y)\,\mathrm{d}y}=\frac{f(x,y)}{f_X(x)},\tag{21}$$

这里假定$f_X(x)>0$.

例 14 求例 8 中X及Y的条件密度函数.

解 由例 8 知，关于Y的边缘密度函数为

$$f_Y(y)=\frac{1}{\sqrt{2\pi}}\mathrm{e}^{-\frac{y^2}{2}}\quad(-\infty<y<+\infty).$$

按(20)式，给定$Y=y\ (-\infty<y<+\infty)$，X的条件密度函数为

$$f_{X\mid Y}(x\mid y)=\frac{\dfrac{1}{2\pi\sqrt{1-\rho^2}}\mathrm{e}^{-\frac{1}{2(1-\rho^2)}(x^2-2\rho xy+y^2)}}{\dfrac{1}{\sqrt{2\pi}}\mathrm{e}^{-\frac{y^2}{2}}}$$

$$=\frac{1}{\sqrt{2\pi}\sqrt{1-\rho^2}}\mathrm{e}^{-\frac{(x-\rho y)^2}{2(1-\rho^2)}}\quad(-\infty<x<+\infty).$$

即这条件分布为$N(\rho y,1-\rho^2)$.

按(21)式，同理可得给定$X=x\ (-\infty<x<+\infty)$，Y的条件密度函数为

$$f_{Y\mid X}(y\mid x)=\frac{1}{\sqrt{2\pi}\sqrt{1-\rho^2}}\mathrm{e}^{-\frac{(y-\rho x)^2}{2(1-\rho^2)}}\quad(-\infty<y<+\infty).$$

即这条件分布为 $N(\rho x, 1-\rho^2)$.

*习题 5.6

1. (习题 5.2 第 2 题续) 一口袋中有四个球,它们依次标有数字 1,2,2,3.从这口袋中任取一球后,不放回口袋中,再从口袋中任取一球.设每次取球时,口袋中每个球被取到的可能性相同.以 X,Y 分别记第一、二次取到的球上标有的数字,求

(1) $P(Y=2 \mid X=2)$;(2) 当 $X=2$ 时 Y 的条件分布律.

2. (习题 5.2 第 3 题续)从 3 名数据处理经理、2 名高级系统分析师和 2 名质量控制工程师中随机挑选 4 人组成一个委员会,研究某项目的可行性.设 X 表示从委员会选出来的数据处理经理人数,Y 表示选出来的高级系统分析师的人数,求给定 $Y=1$ 时 X 的条件分布律.

3. (习题 5.2 第 4 题续)盒中有 4 个红球 4 个黑球,不放回抽取 4 次,每次取 1 个,用 X 表示前 2 次抽中红球数,Y 表示 4 次共抽中红球数,求给定 $X=1$ 时 Y 的条件分布律.

小结

二维随机变量的分布是用联合分布函数来描述的,联合分布函数具有性质(i)—(v),特别要注意性质(iv)、(v)与一维情况的区别.边缘分布函数是另一个重要概念,它包含了单一分量的信息,但不能反映两个变量 X 与 Y 之间的相互关系,而只有联合分布才能全面反映作为整体的二维随机变量 (X,Y) 的信息.联合分布函数能完全确定边缘分布函数,但反之不然.

当 (X,Y) 为二维离散型随机变量时,其分布可用联合分布律 $\{p_{ij}\}$ 来描述,$\{p_{ij}\}$ 满足

$$0 \leqslant p_{ij} \leqslant 1, \sum_i \sum_j p_{ij} = 1 \quad (i,j=1,2,\cdots).$$

当 (X,Y) 为二维连续型随机变量时,其分布可用联合密度函数 $f(x,y)$ 来刻画,$f(x,y)$ 有如下性质:

(i) $f(x,y) \geqslant 0 (-\infty < x, y < +\infty)$;

(ii) $\iint\limits_{\mathbf{R}^2} f(x,y)\,\mathrm{d}x\mathrm{d}y = 1$;

(iii) $P((X,Y) \in D) = \iint\limits_D f(x,y)\,\mathrm{d}x\mathrm{d}y$,$D$ 为平面区域.

二维正态分布是最重要的连续分布,它含有五个参数 $\mu_1,\mu_2,\sigma_1^2,\sigma_2^2,\rho$.

边缘分布律是通过下述关系由联合分布律所确定的:

$$p_{i\cdot} = \sum_j p_{ij}, \quad p_{\cdot j} = \sum_i p_{ij}.$$

边缘密度函数是直接用联合密度函数来定义的,即

$$f_X(x) = \int_{-\infty}^{+\infty} f(x,y)\,\mathrm{d}y, \quad f_Y(y) = \int_{-\infty}^{+\infty} f(x,y)\,\mathrm{d}x.$$

对于随机变量 X 与 Y,如果对于任何 x,y,有

$$F(x,y)=F_X(x)F_Y(y)$$

成立，则称 X 与 Y 是相互独立的，其中 $F(x,y)$，$F_X(x)$，$F_Y(y)$ 分别是 (X,Y) 的联合分布函数，关于 X 的边缘分布函数以及关于 Y 的边缘分布函数.

前文已指出，知道了边缘分布不能确定联合分布，但如果知道边缘分布和条件分布，就能完全确定联合分布.当 (X,Y) 为二维离散型变量时，$Y\mid X$的条件分布可用条件分布律$\left\{\dfrac{p_{ij}}{p_{i\cdot}},j=1,2,\cdots\right\}$来描述，而为二维连续型变量时，则可由条件密度函数刻画条件分布.注意到联合密度函数与条件密度函数有如下关系

$$f(x,y)=f_X(x)f_{Y\mid X}(y\mid x)\ \ (=f_Y(y)f_{X\mid Y}(x\mid y)).$$

第五章综合题

1. 设事件 A,B 满足 $P(A)=\dfrac{1}{3}$，$P(B\mid A)=P(A\mid B)=0.5$.如下定义随机变量 X 与 Y

$$X=\begin{cases}1, & 若\ A\ 发生,\\ 0, & 若\ A\ 不发生,\end{cases}\quad Y=\begin{cases}1, & 若\ B\ 发生,\\ 0, & 若\ B\ 不发生.\end{cases}$$

(1) 求 (X,Y) 的联合分布律；

(2) 分别求关于 X 与关于 Y 的边缘分布律；

(3) 问 X 与 Y 是否相互独立？请说明理由；

(4) 求概率 $P(X\geqslant Y)$.

2. 设随机变量 X 与 Y 的联合分布律为

X	Y	
	0	1
0	$\dfrac{2}{25}$	b
1	a	$\dfrac{3}{25}$
2	$\dfrac{1}{25}$	$\dfrac{2}{25}$

且 $P(Y=1\mid X=0)=\dfrac{3}{5}$.

(1) 求常数 a,b 的值；

(2) 当 a,b 取(1)中的值时，X 与 Y 是否独立？为什么？

**3. 设随机变量 X 与 Y 的分布律分别为

X	0	1
概率	$\dfrac{1}{3}$	$\dfrac{2}{3}$

Y	-1	0	1
概率	$\dfrac{1}{3}$	$\dfrac{1}{3}$	$\dfrac{1}{3}$

且 $P(X^2=Y^2)=1$.求二维随机变量(X,Y)的联合分布律.

**4. 设随机变量 X 的分布律为 $P(X=1)=P(X=2)=\dfrac{1}{2}$,在给定 $X=i$ 的条件下,随机变量 Y 服从均匀分布 $R(0,i)$,$i=1,2$.求 Y 的分布函数.

5. 设二维随机变量(X,Y)服从在区域 D 上的均匀分布,其中 D 为由直线 $x+y=1$,$x+y=-1$,$x-y=1$,$x-y=-1$ 围成的区域.

(1) 分别求关于 X 及关于 Y 的边缘密度函数 $f_X(x)$ 和 $f_Y(y)$;

(2) 求 $P(|X|\leqslant Y)$;

(3) 问 X 与 Y 是否独立,为什么?

6. 设二维随机变量(X,Y)的联合密度函数为

$$f(x,y)=\begin{cases}a\mathrm{e}^{-(x+2y)}, & x>0 \text{ 且 } y>0,\\ 0, & \text{其他},\end{cases}$$

其中 a 为常数.

(1) 求常数 a 的值;

(2) 分别求关于 X 及关于 Y 的边缘密度函数 $f_X(x)$ 和 $f_Y(y)$;

(3) 问 X 和 Y 是否相互独立?请说明理由.

**7. 设二维随机变量(X,Y)服从区域 G 上的均匀分布,其中 G 是由 $x-y=0$,$x+y=2$ 与 $y=0$ 所围成的三角形区域.

(1) 求 X 的边缘密度函数 $f_X(x)$;

(2) 求条件密度函数 $f_{X|Y}(x\mid y)$.

**8. 设(X,Y)是二维随机变量,X 的边缘密度函数为 $f_X(x)=\begin{cases}3x^2, & 0<x<1,\\ 0, & \text{其他},\end{cases}$ 在给定 $X=x(0<x<1)$ 的条件下,Y 的条件密度函数为 $f_{Y|X}(y\mid x)=\begin{cases}\dfrac{3y^2}{x^3}, & 0<y<x,\\ 0, & \text{其他}.\end{cases}$

(1) 求(X,Y)的联合密度函数 $f(x,y)$;

(2) Y 的边缘密度函数 $f_Y(y)$.

9. 设二维随机变量(X,Y)的联合密度函数为

$$f(x,y)=\frac{1}{2\pi}\mathrm{e}^{-\frac{1}{2}(x^2+y^2)}+\frac{1}{2\pi}\mathrm{e}^{-\frac{1}{2}(x^2+y^2)}\sin x\cdot\sin y,x,y\in(-\infty,+\infty).$$

(1) 分别求关于 X 及关于 Y 的边缘密度函数 $f_X(x)$ 和 $f_Y(y)$;

(2) 问 X 和 Y 是否相互独立?请说明理由;

*10. 设(X,Y)为二维连续型随机变量,证明:对任何 x,有

$$P(X\leqslant x)=\int_{-\infty}^{+\infty}P(X\leqslant x\mid Y=y)f_Y(y)\,\mathrm{d}y,$$

其中 $f_Y(y)$ 为 Y 的边缘密度函数.

第五章自测题

第五章习题参考答案

第六章 随机变量的函数及其分布

在分析及解决实际问题时，经常要用到由一些随机变量经过运算或变换而得到的某些新变量——随机变量的函数，它们也是随机变量. 例如某商店某种商品的销售量是一个随机变量 X，销售该商品的利润 Y 也是随机变量，它是 X 的函数 $g(X)$，即 $Y=g(X)$. 再例如，射击靶子上的目标 O 时，实际击中的点的坐标 (X,Y) 是二维随机变量. 我们往往对于点 (X,Y) 与点 O 的距离 Z 感兴趣. 这里，$Z=\sqrt{X^2+Y^2}$ 是 (X,Y) 的函数. 它是一个新的随机变量.

本章将主要说明如何从一些随机变量的分布来导出这些随机变量的函数的分布.

第一节 一维随机变量的函数及其分布

设 X 为一维随机变量，$g(x)$ 为一元函数，那么 $Y=g(X)$ 也是随机变量. 现在要根据 X 的分布给出 Y 的分布. 下面我们依据 X 为离散型、连续型的不同情况给出 $Y=g(X)$ 的分布.

一、X 为离散型随机变量

设 X 是一个离散型随机变量，其分布律为

X	x_1	x_2	$\cdots$	x_i	$\cdots$
概率	p_1	p_2	$\cdots$	p_i	$\cdots$

典型例题精讲视频

离散型随机变量函数的分布

$g(x)$ 是一个已知的函数，$Y=g(X)$ 是随机变量 X 的函数，则随机变量 Y 仍然是离散型变量，其分布律可以描述为

$Y=g(X)$	$g(x_1)$	$g(x_2)$	$\cdots$	$g(x_i)$	$\cdots$
概率	p_1	p_2	$\cdots$	p_i	$\cdots$

但要注意，若 $g(x_i)$ 的值中有相等的，则应把那些相等的值分别合并，同时把对应的概率 p_i 相加，详而言之，若改记数串 $\{g(x_1),g(x_2),\cdots\}$ 中不同值的集合为 $\{y_k\}$，则 Y 的分布律为 $\{y_k,p_k'\}$，其中 $p_k'=P(Y=y_k)=P\left(\bigcup\limits_{i:g(x_i)=y_k}\{X=x_i\}\right)=\sum\limits_{i:g(x_i)=y_k}P(X=x_i)=$

$\sum_{i:g(x_i)=y_k} p_i, k=1,2,\cdots.$

例 1 设随机变量 X 的分布律为

X	-1	0	1	2	$\frac{5}{2}$
概率	$\frac{1}{5}$	$\frac{1}{10}$	$\frac{1}{10}$	$\frac{3}{10}$	$\frac{3}{10}$

求以下随机变量的分布律：

(1) $X-1$； (2) $-2X$； (3) X^2.

解 由 X 的分布律可列出下表：

概率	$\frac{1}{5}$	$\frac{1}{10}$	$\frac{1}{10}$	$\frac{3}{10}$	$\frac{3}{10}$
X	-1	0	1	2	$\frac{5}{2}$
$X-1$	-2	-1	0	1	$\frac{3}{2}$
$-2X$	2	0	-2	-4	-5
X^2	1	0	1	4	$\frac{25}{4}$

我们以随机变量函数 X^2 为例，注意到此处集合 $\{x_k\}$ 包含了 $-1,0,1,2,\frac{5}{2}$ 五个元素，但对函数 $g(x)=x^2$，数串 $\{g(x_k)\}$ 只有 4 个不同值，即集合 $\{y_k\}=\{0,1,4,\frac{25}{4}\}$，因此

$$p_1'=P(X^2=0)=P(X=0)=\frac{1}{10},$$

$$p_2'=P(X^2=1)=P(X=1)+P(X=-1)=\frac{1}{10}+\frac{1}{5}=\frac{3}{10},$$

$$p_3'=P(X^2=4)=P(X=2)=\frac{3}{10},$$

$$p_4'=P\left(X^2=\frac{25}{4}\right)=P\left(X=\frac{5}{2}\right)=\frac{3}{10}.$$

因此由上表可定出：

(1) $X-1$ 的分布律为

$X-1$	-2	-1	0	1	$\frac{3}{2}$
概率	$\frac{1}{5}$	$\frac{1}{10}$	$\frac{1}{10}$	$\frac{3}{10}$	$\frac{3}{10}$

(2) $-2X$ 的分布律为

$-2X$	2	0	-2	-4	-5
概率	$\frac{1}{5}$	$\frac{1}{10}$	$\frac{1}{10}$	$\frac{3}{10}$	$\frac{3}{10}$

(3) X^2的分布律为

X^2	0	1	4	$\frac{25}{4}$
概率	$\frac{1}{10}$	$\frac{3}{10}$	$\frac{3}{10}$	$\frac{3}{10}$

二、X 为连续型随机变量

设 X 为连续型随机变量,其密度函数为 $f_X(x)$,$g(x)$ 是一个已知的连续函数,$Y=g(X)$ 是随机变量 X 的函数.下面通过先求 Y 的分布函数 $F_Y(y)$,然后进一步再求出 Y 的密度函数 $f_Y(y)$.

由分布函数的定义得 Y 的分布函数为

$$F_Y(y)=P(Y\leqslant y)=P(g(X)\leqslant y)=P(X\in I_g)=\int_{I_g} f_X(x)\,\mathrm{d}x,$$

其中 $I_g=\{x\mid g(x)\leqslant y\}$ 是实数轴上的某个集合.

随机变量 Y 的密度函数 $f_Y(y)$ 可由下式得到:

$$f_Y(y)=F'_Y(y).$$

典型例题精讲视频

一维连续型随机变量函数的分布

例 2 设随机变量 X 服从区间 $(0,1)$ 上的均匀分布,求 $Y=X^2$ 的密度函数.

解 当 $y<0$ 时,$P(X^2\leqslant y)=0$.

当 $y\geqslant 0$ 时,

$$P(X^2\leqslant y)=P(-\sqrt{y}\leqslant X\leqslant\sqrt{y})=\int_{-\sqrt{y}}^{\sqrt{y}} f_X(x)\,\mathrm{d}x,$$

其中

$$f_X(x)=\begin{cases}1, & 0<x<1,\\ 0, & \text{其他},\end{cases}$$

因此

$$P(X^2\leqslant y)=\begin{cases}\int_0^{\sqrt{y}} 1\cdot\mathrm{d}x=\sqrt{y}, & 0\leqslant y<1,\\ 1, & y\geqslant 1,\end{cases}$$

即 X^2的分布函数为

$$F_Y(y)=\begin{cases}0, & y<0,\\ \sqrt{y}, & 0\leqslant y<1,\\ 1, & y\geqslant 1,\end{cases}$$

所以,X^2的密度函数为

$$f_Y(y)=F'_Y(y)=\begin{cases}\dfrac{1}{2\sqrt{y}}, & 0<y<1,\\ 0, & \text{其他}.\end{cases}$$

例 3 设随机变量 X 服从正态分布 $N(0,1)$，试求随机变量的函数 $Y=|X|$ 的密度函数 $f_Y(y)$.

解 X 的密度函数为

$$f_X(x)=\frac{1}{\sqrt{2\pi}}e^{-\frac{x^2}{2}}\quad(-\infty<x<+\infty),$$

于是 Y 的分布函数为

$$F_Y(y)=P(Y\leqslant y)=P(|X|\leqslant y)=\begin{cases}P(-y\leqslant X\leqslant y), & y\geqslant 0,\\ 0, & y<0.\end{cases}$$

而

$$P(-y\leqslant X\leqslant y)=\int_{-y}^{y}f_X(x)\,dx=\int_{-y}^{y}\frac{1}{\sqrt{2\pi}}e^{-\frac{x^2}{2}}dx,$$

因此

$$f_Y(y)=F'_Y(y)=\begin{cases}\sqrt{\dfrac{2}{\pi}}e^{-\frac{y^2}{2}}, & y\geqslant 0,\\ 0, & \text{其他}.\end{cases}$$

如果 $y=g(x)$ 是一个严格单调且有一阶连续导数的函数，则随机变量的函数 $Y=g(X)$ 的密度函数有如下性质：

设连续型随机变量 X 的密度函数为 $f_X(x)$，$y=g(x)$ 是一严格单调函数，且具有一阶连续导数，$x=h(y)$ 是 $y=g(x)$ 的反函数，则 $Y=g(X)$ 的密度函数为

$$f_Y(y)=f_X(h(y))\,|h'(y)|. \tag{1}$$

典型例题精讲视频

一维连续型随机变量单调函数的分布

上述性质的证明只要用求 Y 的密度函数 $f_Y(y)$ 的基本方法即可得到.

利用上述这条性质，我们还可得到一条关于服从正态分布的随机变量 X 的线性函数的分布性质，具体结果如下：

设随机变量 $X\sim N(\mu,\sigma^2)$，$Y=kX+b$，$k\neq 0$，则 $Y\sim N(k\mu+b,k^2\sigma^2)$，特别当 $k=\dfrac{1}{\sigma}$，$b=-\dfrac{\mu}{\sigma}$ 时，$Y=kX+b\sim N(0,1)$，即 $\dfrac{X-\mu}{\sigma}\sim N(0,1)$.

典型例题精讲视频

服从正态分布的随机变量的线性函数的分布

证 由于 $y=kx+b$ 为一个严格单调函数，且具有一阶连续导数，$x=h(y)=\dfrac{y-b}{k}$，因此 $h'(y)=\dfrac{1}{k}$. 由(1)式得

$$\begin{aligned}f_Y(y)&=f_X(h(y))\,|h'(y)|=\frac{1}{\sqrt{2\pi}\sigma}e^{-\frac{\left(\frac{y-b}{k}-\mu\right)^2}{2\sigma^2}}\left|\frac{1}{k}\right|\\&=\frac{1}{\sqrt{2\pi}|k|\sigma}e^{-\frac{(y-k\mu-b)^2}{2k^2\sigma^2}}\quad(-\infty<y<+\infty),\end{aligned}$$

因此 $Y\sim N(k\mu+b,k^2\sigma^2)$.

特别当 $k=\dfrac{1}{\sigma},b=-\dfrac{\mu}{\sigma}$时,$Y\sim N(0,1)$.

例 4 设随机变量 X 服从参数 $\lambda=1$ 的指数分布,求随机变量函数 $Y=\mathrm{e}^X$的密度函数 $f_Y(y)$.

解 由于 X 服从参数为 1 的指数分布,因此其密度函数为

$$f_X(x)=\begin{cases}\mathrm{e}^{-x}, & x>0,\\ 0, & \text{其他}.\end{cases}$$

函数 $y=\mathrm{e}^x$为一个严格单调增加且具有一阶连续导数的函数,其反函数 $x=h(y)=\ln y$, $h'(y)=\dfrac{1}{y}$.由(1)式可得 Y 的密度函数为

$$f_Y(y)=f_X(h(y))\,|h'(y)|=\begin{cases}\dfrac{1}{y^2}, & y>1,\\ 0, & y\leqslant 1.\end{cases}$$

有时还会碰到这样一类随机变量的函数,X 是一个连续型随机变量,但$y=g(x)$不连续,这样导致随机变量的函数 $Y=g(X)$也不是一个连续型随机变量,此时,Y 的分布如何确定?下面我们通过一个具体的例子来说明.

例 5 假设由自动生产线加工的某种零件的内径 X(单位:mm)服从正态分布 $N(11,1)$,内径小于 10 或大于 12 均为不合格品,其余为合格品,销售每件合格品获利,销售每件不合格品则亏损,已知销售利润 Y(单位:元)与销售零件的内径 X 有如下关系:

$$Y=\begin{cases}-1, & X<10,\\ 20, & 10\leqslant X\leqslant 12,\\ -5, & X>12.\end{cases}$$

试求 Y 的分布律.

解 易见 $y=g(x)$不是一个连续函数,因此,Y 也不是一个连续型随机变量,事实上很容易看到,这里 Y 是一个离散型随机变量,它可能的取值为$-5,-1,20$,并有

$$P(Y=-5)=P(X>12)=1-P(X\leqslant 12)=1-\Phi\left(\frac{12-11}{1}\right)=1-\Phi(1)=1-0.841\ 3=0.158\ 7.$$

$$P(Y=-1)=P(X<10)=\Phi\left(\frac{10-11}{1}\right)=\Phi(-1)=1-\Phi(1)=1-0.841\ 3=0.158\ 7.$$

$$\begin{aligned}P(Y=20)&=P(10\leqslant X\leqslant 12)=\Phi\left(\frac{12-11}{1}\right)-\Phi\left(\frac{10-11}{1}\right)\\&=\Phi(1)-\Phi(-1)=2\Phi(1)-1=2\times 0.841\ 3-1=0.682\ 6.\end{aligned}$$

综合起来得 Y 的分布律为

Y	-5	-1	20
概率	0.158 7	0.158 7	0.682 6

习题 6.1

1. 设随机变量 X 的分布律为

X	-2	$-\frac{1}{2}$	0	2	4
概率	$\frac{1}{8}$	$\frac{1}{4}$	$\frac{1}{8}$	$\frac{1}{6}$	$\frac{1}{3}$

求以下随机变量的分布律，

(1) $X+2$;(2) $-X+1$;(3) X^2.

2. 设随机变量 X 服从参数 $\lambda=1$ 的泊松分布，记随机变量 $Y=\begin{cases}0, & X\leqslant 1,\\ 1, & X>1,\end{cases}$ 求随机变量 Y 的分布律.

3. 设随机变量 X 的密度函数为 $f(x)=\begin{cases}2x, & 0<x<1,\\ 0, & \text{其他},\end{cases}$ 求以下随机变量的密度函数：

(1) $Z=2X$;(2) $Z=-X+1$;(3) $Z=X^2$.

4. 对圆片直径进行测量，测量值 X 服从(5,6)上的均匀分布，求圆片面积 Y 的密度函数 $f_Y(y)$.

5. 设随机变量 X 的密度函数为 $f(x)=\begin{cases}\mathrm{e}^{-x}, & x>0,\\ 0, & \text{其他},\end{cases}$ 分别求下列随机变量的密度函数：

(1) $Y=2X+1$;(2) $Z=\mathrm{e}^X$.

6. 设随机变量 X 服从标准正态分布 $N(0,1)$，求随机变量的函数 $Y=X^2$ 的密度函数 $f_Y(y)$.

7. 设随机变量 X 服从标准正态分布 $N(0,1)$，记 $Y=|X|$.求 Y 的密度函数 $f_Y(y)$.

8. 设随机变量 X 服从标准正态分布 $N(0,1)$，证明 $\sigma X+a$ 服从 $N(a,\sigma^2)$，其中 a,σ 为两个常数且 $\sigma>0$.

9. 设随机变量 X 在区间$[-1,2]$上服从均匀分布，随机变量 $Y=\begin{cases}-1, & X<0,\\ 0, & X=0,\\ 1, & X>0,\end{cases}$ 求随机变量函数 Y 的分布律.

第二节　多维随机变量的函数的分布

上一节中的内容可以推广到多维随机变量上去.譬如说，设(X,Y)为二维随机变量，$g(x,y)$为二元函数，那么 $Z=g(X,Y)$是一维随机变量，且由(X,Y)的分布就可定出 Z 的分布.本节着重介绍二维随机变量的函数的分布，而对多维情况，只介绍多维随机变量的一些特殊函数的分布.

一、二维离散型情形

设(X,Y)为二维离散型随机变量，其分布律为

$$p_{ij}=P(X=x_i,Y=y_j)\ (i,j=1,2,\cdots),$$

$g(x,y)$是一个二元函数,$Z=g(X,Y)$是二维随机变量(X,Y)的函数,则随机变量 Z 的分布律为

$$P(Z=g(x_i,y_j))=p_{ij}\ (i,j=1,2,\cdots).$$

但要注意,取相同 $g(x_i,y_j)$值对应的那些概率要合并相加.

例 6 设二维离散型随机变量(X,Y)的联合分布律为

X	Y		
	-1	1	2
-1	$\frac{5}{20}$	$\frac{1}{10}$	$\frac{3}{10}$
2	$\frac{3}{20}$	$\frac{3}{20}$	$\frac{1}{20}$

求:(1) $X+Y$ 的分布律;(2) $X-Y$ 的分布律.

解 由(X,Y)的联合分布律可列出下表:

概率	$\frac{5}{20}$	$\frac{1}{10}$	$\frac{3}{10}$	$\frac{3}{20}$	$\frac{3}{20}$	$\frac{1}{20}$
(X,Y)	$(-1,-1)$	$(-1,1)$	$(-1,2)$	$(2,-1)$	$(2,1)$	$(2,2)$
$X+Y$	-2	0	1	1	3	4
$X-Y$	0	-2	-3	3	1	0

从而得到:

(1) $X+Y$ 的分布律为

$X+Y$	-2	0	1	3	4
概率	$\frac{5}{20}$	$\frac{1}{10}$	$\frac{9}{20}$	$\frac{3}{20}$	$\frac{1}{20}$

(2) $X-Y$ 的分布律为

$X-Y$	-3	-2	0	1	3
概率	$\frac{3}{10}$	$\frac{1}{10}$	$\frac{3}{10}$	$\frac{3}{20}$	$\frac{3}{20}$

例 7 设离散型随机变量 X 与 Y 相互独立且依次服从泊松分布 $P(\lambda_1)$,$P(\lambda_2)$.证明:$X+Y\sim P(\lambda_1+\lambda_2)$.

证 现在,$X+Y$ 可能取的值为 $0,1,2,\cdots$,则

$$\begin{aligned}&P(X+Y=i)\\=&P(X=0,Y=i)+P(X=1,Y=i-1)+\cdots+P(X=i,Y=0)\end{aligned}$$

$$=P(X=0)P(Y=i)+P(X=1)P(Y=i-1)+\cdots+P(X=i)P(Y=0)$$

$$=\mathrm{e}^{-\lambda_1}\frac{\lambda_2^i\mathrm{e}^{-\lambda_2}}{i!}+\lambda_1\mathrm{e}^{-\lambda_1}\cdot\frac{\lambda_2^{i-1}\mathrm{e}^{-\lambda_2}}{(i-1)!}+\cdots+\frac{\lambda_1^i\mathrm{e}^{-\lambda_1}}{i!}\cdot\mathrm{e}^{-\lambda_2}$$

$$=\frac{\mathrm{e}^{-(\lambda_1+\lambda_2)}}{i!}(\lambda_2^i+\mathrm{C}_i^1\lambda_2^{i-1}\lambda_1+\mathrm{C}_i^2\lambda_2^{i-2}\lambda_1^2+\cdots+\mathrm{C}_i^{i-1}\lambda_2\lambda_1^{i-1}+\lambda_1^i)$$

$$=\frac{\mathrm{e}^{-(\lambda_1+\lambda_2)}}{i!}(\lambda_1+\lambda_2)^i\quad(i=0,1,2,\cdots).$$

从而 $X+Y\sim P(\lambda_1+\lambda_2)$.

例 7 的结果也称泊松分布具有可加性.

二、二维连续型情形

设 (X,Y) 为二维连续型随机变量,其联合密度函数为 $f(x,y)$, $g(x,y)$ 是一个已知的连续函数, $Z=g(X,Y)$ 是随机变量 (X,Y) 的函数.同一维连续型随机变量的函数的分布求法相同,先求 Z 的分布函数 $F_Z(z)$,然后通过 $F'_Z(z)=f_Z(z)$ 得到 Z 的密度函数 $f_Z(z)$.

由分布函数的定义知

$$F_Z(z)=P(Z\leqslant z)=P(g(X,Y)\leqslant z)=P((X,Y)\in D_z)=\iint_{D_z}f(x,y)\,\mathrm{d}x\mathrm{d}y,$$

其中区域 $D_z=\{(x,y)\mid g(x,y)\leqslant z\}$.

Z 的密度函数为 $f_Z(z)=F'_Z(z)$.

从上面的推导过程中看到,虽然理论上对函数 $g(x,y)$ 的任何形式都可计算随机变量 $Z=g(X,Y)$ 的密度函数,但在具体实施中会遇到计算上的麻烦,因此下面我们仅举一些非常简单的 $g(x,y)$,如 $g(x,y)=x+y$ 等形式的例子.

典型例题精讲视频

二维连续型随机变量函数 $X+Y$ 的密度函数求法

例 8 设随机变量 X 与 Y 相互独立且它们的密度函数依次为

$$f_X(x)=\frac{1}{\sqrt{2\pi}}\mathrm{e}^{-\frac{x^2}{2}},\ f_Y(y)=\frac{1}{\sqrt{2\pi}}\mathrm{e}^{-\frac{y^2}{2}}\quad(-\infty<x,y<+\infty).$$

求 $X+Y$ 的密度函数.

解 (X,Y) 的联合密度函数为

$$f(x,y)=f_X(x)\cdot f_Y(y)=\frac{1}{2\pi}\mathrm{e}^{-\frac{1}{2}(x^2+y^2)}\quad(-\infty<x,y<+\infty),$$

因此, $X+Y$ 的分布函数 $F_Z(z)$ 为

$$F_Z(z)=P(X+Y\leqslant z)=\iint_{D_z}f(x,y)\,\mathrm{d}x\mathrm{d}y$$

$$=\iint_{D_z}\frac{1}{2\pi}\mathrm{e}^{-\frac{1}{2}(x^2+y^2)}\mathrm{d}x\mathrm{d}y,$$

其中 D_z 为 xOy 面内由不等式 $x+y\leqslant z$ 所定的区域(如图 6.1 所示).把上述二重积分化为二次积分,然后作代换 $y=v-x$,得

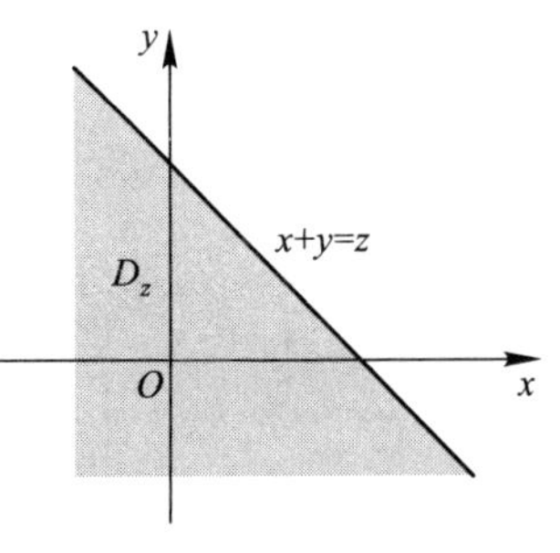

图 6.1

$$F_Z(z)=\int_{-\infty}^{+\infty}\left[\int_{-\infty}^{z-x}\frac{1}{2\pi}e^{-\frac{1}{2}(x^2+y^2)}dy\right]dx=\int_{-\infty}^{+\infty}\left\{\int_{-\infty}^{z}\frac{1}{2\pi}e^{-\frac{1}{2}[x^2+(v-x)^2]}dv\right\}dx$$
$$=\int_{-\infty}^{z}\left[\int_{-\infty}^{+\infty}\frac{1}{2\pi}e^{-\frac{1}{2}(2x^2-2xv+v^2)}dx\right]dv.$$

再令 $u=\sqrt{2}x$，则

$$F_Z(z)=\int_{-\infty}^{z}\left[\int_{-\infty}^{+\infty}\frac{1}{\sqrt{2\pi}}e^{-\frac{1}{2}\left(u-\frac{1}{\sqrt{2}}v\right)^2}du\right]\frac{1}{\sqrt{2\pi}\cdot\sqrt{2}}e^{-\frac{v^2}{4}}dv=\frac{1}{\sqrt{2\pi}\cdot\sqrt{2}}\int_{-\infty}^{z}e^{-\frac{v^2}{2\cdot 2}}dv.$$

因此，$X+Y$ 的密度函数为

$$f_Z(z)=\frac{1}{\sqrt{2\pi}\sqrt{2}}e^{-\frac{z^2}{2\cdot 2}}\quad(-\infty<z<+\infty),$$

即 $X+Y\sim N(0,2)$.

对例 8 的结果还有下面更一般的结论：

设随机变量 X 与 Y 相互独立，且 $X\sim N(\mu_1,\sigma_1^2)$，$Y\sim N(\mu_2,\sigma_2^2)$，则 $X+Y\sim N(\mu_1+\mu_2,\sigma_1^2+\sigma_2^2)$.

用数学归纳法不难把上面的结论推广到 n 个相互独立的随机变量上去，这条性质在统计中经常用到.

例 9 设二维随机变量(X,Y)的联合密度函数为 $f(x,y)=\frac{1}{2\pi}e^{-\frac{1}{2}(x^2+y^2)}$（$-\infty<x,y<+\infty$）. 求 $Z=\sqrt{X^2+Y^2}$ 的密度函数.

解 设 Z 的分布函数为 $F_Z(z)=P(Z\leqslant z)$.

当 $z<0$ 时，

$$F_Z(z)=P(\sqrt{X^2+Y^2}\leqslant z)=0;$$

当 $z\geqslant 0$ 时，

$$F_Z(z)=P(\sqrt{X^2+Y^2}\leqslant z)=\iint_{D_z}f(x,y)dxdy=\iint_{D_z}\frac{1}{2\pi}e^{-\frac{1}{2}(x^2+y^2)}dxdy,$$

其中 D_z 为 xOy 面内由不等式 $\sqrt{x^2+y^2}\leqslant z$ 所定的区域（如图 6.2 所示）. 利用极坐标，得

$$F_Z(z)=\int_0^{2\pi}\left(\int_0^z\frac{1}{2\pi}e^{-\frac{r^2}{2}}rdr\right)d\theta=\frac{1}{2\pi}\int_0^{2\pi}\left(\int_0^z e^{-\frac{r^2}{2}}rdr\right)d\theta$$
$$=\frac{1}{2\pi}\int_0^{2\pi}\left(-e^{-\frac{r^2}{2}}\Big|_0^z\right)d\theta=\frac{1}{2\pi}\int_0^{2\pi}(1-e^{-\frac{z^2}{2}})d\theta$$
$$=1-e^{-\frac{z^2}{2}},$$

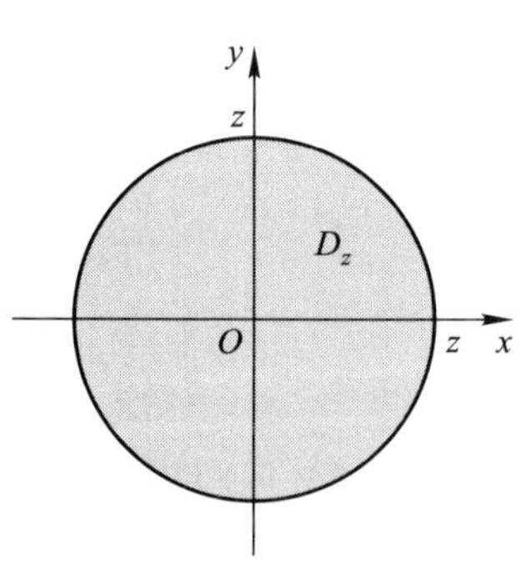

图 6.2

即

$$F_Z(z)=\begin{cases}0, & z<0,\\ 1-e^{-\frac{z^2}{2}}, & z\geqslant 0.\end{cases}$$

从而 $Z=\sqrt{X^2+Y^2}$ 的密度函数为

$$f_Z(z)=\begin{cases}0, & z<0,\\ z\mathrm{e}^{-\frac{z^2}{2}}, & z\geqslant 0.\end{cases}$$

本章开始提出过的射击问题中距离 Z 的分布,可以仿照例 9 的解法来计算.这是因为一般总假定:命中点的坐标分量 X 与 Y 相互独立且服从同样的正态分布 $N(0,\sigma^2)$.

三、多维随机变量的极大、极小分布

以下都假定随机变量 $X_1,X_2,\cdots,X_n$ 相互独立,且 X_i 有分布函数 $F_{X_i}(x_i)$,$i=1,2,\cdots,n$.首先介绍一个多维随机变量函数的性质,即设 $g_1(x_1),g_2(x_2),\cdots,g_n(x_n)$ 是给定的一元实值函数,$Y_i=g_i(X_i)$,$i=1,2,\cdots,n$,则作为独立随机变量的函数,$Y_1,Y_2,\cdots,Y_n$ 也是相互独立的.

下面考察多维随机变量的一类特殊函数,即极大、极小变量:

$$Y=\min_{1\leqslant i\leqslant n}X_i,\quad Z=\max_{1\leqslant i\leqslant n}X_i,$$

它们作为随机变量的函数,仍然是随机变量,为导出 Y 及 Z 的分布,注意到独立性,

$$\begin{aligned}F_Z(z)&=P(Z\leqslant z)=P(X_i\leqslant z,i=1,2,\cdots,n)\\&=P(X_1\leqslant z)P(X_2\leqslant z)\cdots P(X_n\leqslant z)\\&=F_{X_1}(z)F_{X_2}(z)\cdots F_{X_n}(z),\quad -\infty<z<+\infty.\end{aligned}\tag{2}$$

我们得到 Z 的分布函数.同样地,

$$\begin{aligned}F_Y(y)&=P(Y\leqslant y)=1-P(\min_{1\leqslant i\leqslant n}X_i>y)\\&=1-P(X_1>y,X_2>y,\cdots,X_n>y)\\&=1-P(X_1>y)P(X_2>y)\cdots P(X_n>y)\\&=1-(1-F_{X_1}(y))(1-F_{X_2}(y))\cdots(1-F_{X_n}(y)),\quad -\infty<y<+\infty,\end{aligned}\tag{3}$$

此即 Y 的分布函数.

作为特例,如果 $X_1,\cdots,X_n$ 有相同的分布函数 $F(x)$,则 Y,Z 分别有分布函数

$$\begin{aligned}F_Y(y)&=1-[1-F(y)]^n,\quad -\infty<y<+\infty,\\F_Z(z)&=[F(z)]^n,\quad -\infty<z<+\infty.\end{aligned}\tag{4}$$

又若 $X_1,\cdots,X_n$ 为连续型随机变量,且有相同密度函数 $f(x)$,则 Y,Z 也是连续型随机变量,其密度函数可通过(4)式,对分布函数求导得到,

$$\begin{aligned}f_Y(y)&=n[1-F(y)]^{n-1}f(y),\quad -\infty<y<+\infty,\\f_Z(z)&=n[F(z)]^{n-1}f(z),\quad -\infty<z<+\infty.\end{aligned}\tag{5}$$

例 10 设相互独立的两个随机变量 X,Y 具有同一分布律,且 X 的分布律为

X	0	1
概率	0.5	0.5

试求随机变量 $Z=\max\{X,Y\}$ 的分布律.

解 随机变量 Z 可能取的值为 0,1,而

$P(Z=0)=P(\max\{X,Y\}=0)=P(X=0,Y=0)$

$$
\begin{aligned}
&= P(X=0)P(Y=0) = 0.5\times 0.5 = 0.25, \\
P(Z=1) &= P(\max\{X,Y\}=1) \\
&= P(X=1,Y=0)+P(X=0,Y=1)+P(X=1,Y=1) \\
&= P(X=1)P(Y=0)+P(X=0)P(Y=1)+P(X=1)P(Y=1) \\
&= 0.5\times 0.5+0.5\times 0.5+0.5\times 0.5 = 0.75.
\end{aligned}
$$

当然,事件$\{Z=1\}$的概率也可通过 $P(Z=1)=1-P(Z=0)=1-0.25=0.75$ 得到.

因此,Z 的分布律为

Z	0	1
概率	0.25	0.75

例 11 设有两个系统如图 6.3 所示.

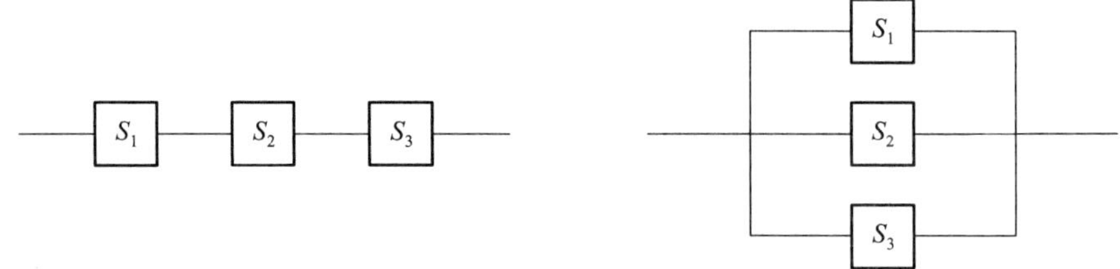

系统Ⅰ:由元件 S_1,S_2,S_3 串联组成　　系统Ⅱ:由元件 S_1,S_2,S_3 并联组成

图 6.3

每个系统都由同型号的三个元件组成,假设每个元件的寿命都服从参数为 1 的指数分布,分别求两个系统的寿命分布.

解 记三个元件的寿命分别为 X_1,X_2,X_3,则 X_1,X_2,X_3 相互独立,且服从公共的参数为 1 的指数分布,今用 Y,Z 分别表示系统Ⅰ,Ⅱ的寿命,则易知

$$Y=\min_{1\leqslant i\leqslant 3} X_i,\ Z=\max_{1\leqslant i\leqslant 3} X_i,$$

在此

$$F(x)=\begin{cases}1-\mathrm{e}^{-x}, & x>0,\\ 0, & x\leqslant 0,\end{cases}\quad f(x)=\begin{cases}\mathrm{e}^{-x}, & x>0,\\ 0, & x\leqslant 0.\end{cases}$$

使用公式(5),可知 Y,Z 分别有密度函数

$$f_Y(y)=\begin{cases}3\mathrm{e}^{-3y}, & y>0,\\ 0, & y\leqslant 0,\end{cases}\quad f_Z(z)=\begin{cases}3\,(1-\mathrm{e}^{-z})^2\mathrm{e}^{-z}, & z>0,\\ 0, & z\leqslant 0.\end{cases}$$

例 12 设二维随机变量(X,Y)服从单位圆盘上的均匀分布,$U=\begin{cases}1, & X+Y\geqslant 0,\\ 0, & X+Y<0,\end{cases}$ $V=\begin{cases}1, & X-Y\leqslant 0,\\ 0, & X-Y>0,\end{cases}$求$(U,V)$的联合分布律.

解 依假设(X,Y)有联合密度函数

$$f(x,y)=\begin{cases}\dfrac{1}{\pi}, & x^2+y^2\leqslant 1,\\ 0, & \text{其他}.\end{cases}$$

又(U,V)的可能值为$(0,0)$,$(0,1)$,$(1,0)$,$(1,1)$,且

$$P((U,V)=(0,1))=P(X+Y<0,X-Y\leqslant 0)=P((X,Y)\in G_1)=\frac{1}{4},$$

$$P((U,V)=(1,1))=P(X+Y\geqslant 0,X-Y\leqslant 0)=P((X,Y)\in G_2)=\frac{1}{4},$$

$$P((U,V)=(0,0))=P(X+Y<0,X-Y>0)=P((X,Y)\in G_3)=\frac{1}{4},$$

$$P((U,V)=(1,0))=P(X+Y\geqslant 0,X-Y>0)=P((X,Y)\in G_4)=\frac{1}{4},$$

其中 G_1,G_2,G_3,G_4 如图 6.4 所示.因此(U,V)有联合分布律

U	V	
	0	1
0	$\frac{1}{4}$	$\frac{1}{4}$
1	$\frac{1}{4}$	$\frac{1}{4}$

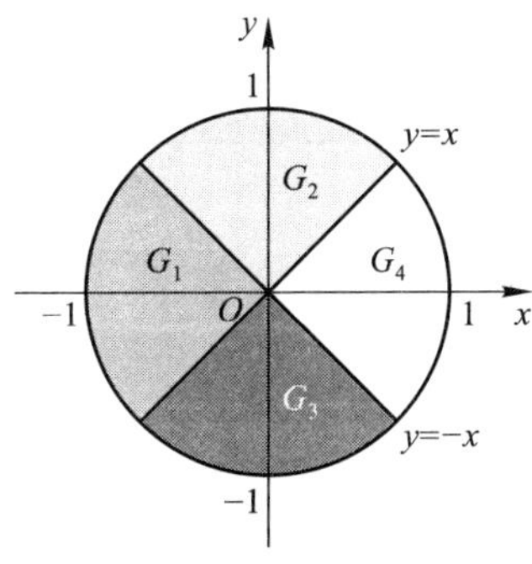

图 6.4

习题 6.2

1. 设二维随机变量(X,Y)的联合分布律为

X	Y		
	1	2	3
1	$\frac{1}{4}$	$\frac{1}{4}$	$\frac{1}{8}$
2	$\frac{1}{8}$	0	0
3	$\frac{1}{8}$	$\frac{1}{8}$	0

求以下随机变量的分布律：

（1）$X+Y$；（2）$X-Y$；（3）$2X$；（4）XY.

2. 设随机变量 X,Y 相互独立，且 $X\sim B\left(1,\frac{1}{4}\right)$，$Y\sim B\left(1,\frac{1}{4}\right)$.

（1）记随机变量 $Z=X+Y$，求 Z 的分布律；

（2）记随机变量 $U=2X$，求 U 的分布律.

从而证实：即使 X,Y 服从同样的分布，$X+Y$ 与 $2X$ 的分布也并不一定相同.

*3. 设 X_1,X_2 相互独立且服从相同的分布，X_1 服从泊松分布 $P(2)$. 记 $Z=X_1+X_2$.

（1）求 Z 的分布律；

（2）求 (X_1,Z) 的联合分布律；

（3）求条件概率 $P(X_1=2\mid Z=3)$.

4. 设二维随机变量 (X,Y) 的联合分布律为

X	Y		
	1	2	3
1	$\frac{1}{9}$	0	0
2	$\frac{2}{9}$	$\frac{1}{9}$	0
3	$\frac{2}{9}$	$\frac{2}{9}$	$\frac{1}{9}$

求（1）$U=\max\{X,Y\}$ 的分布律；

（2）$V=\min\{X,Y\}$ 的分布律；

（3）(U,V) 的联合分布律.

5. 设二维随机变量 (X,Y) 服从区域 G 上的均匀分布，其中区域 G 是以点 $(0,2)$，$(2,0)$，$(0,0)$ 为顶点的三角形区域. 记 $Z=X+Y$，求 Z 的密度函数 $f_Z(z)$.

**6. 设二维随机变量 (X,Y) 的联合密度函数为

$$f(x,y)=\begin{cases}2-x-y, & 0<x<1,0<y<1,\\ 0, & \text{其他}.\end{cases}$$

求（1）$P(X+Y>1)$；

（2）$Z=X+Y$ 的密度函数 $f_Z(z)$.

7. 设二维随机变量 (X,Y) 服从区域 D 上的均匀分布，其中 D 为直线 $x=0,y=0,x=2,y=2$ 所围成的区域，求 $X-Y$ 的分布函数及密度函数.

8. 设二维随机变量 (X,Y) 的联合密度函数为 $f(x,y)$，用函数 f 表示随机变量 $X+Y$ 的密度函数.

9. 设随机变量 $X\sim N(a,\sigma^2)$，$Y\sim N(b,\tau^2)$，且 X,Y 相互独立，$Z=X+Y$，求在给定条件 $X=x$ 下 Z 的条件分布密度函数.

**10. 设随机变量 X 与 Y 相互独立且分别服从正态分布 $N(\mu,\sigma^2)$ 与 $N(\mu,2\sigma^2)$，设 $Z=X-Y$，求 Z 的密度函数 $f(z)$.

11. 用于计算机接线柱上的保险丝寿命服从参数为 $\lambda=0.2$ 的指数分布. 每个接线柱要求两个这样的保险丝，这两个保险丝有独立的寿命 X,Y.

（1）其中一个充当备用件，仅当第一个保险丝失效时投入使用，求总的有效寿命 $Z=X+Y$ 的密度

函数.

(2) 这两个保险丝同时独立使用,求有效寿命 $U=\max\{X,Y\}$ 的密度函数.

** 12. 设随机变量 X 与 Y 相互独立,且都服从区间(0,1)上的均匀分布,记 Z 是以 X,Y 为边长的矩形的面积,求 Z 的密度函数 $f_Z(z)$.

* 13. 设随机变量 X 与 Y 相互独立,且都服从区间(0,1)上的均匀分布,求 $Z=\dfrac{X}{Y}$ 的密度函数 $f_Z(z)$.

(提示:使用 $F_Z(z)=P(Z\leqslant z)=\int_0^1 P(Z\leqslant z\mid Y=y)f_Y(y)\mathrm{d}y=\int_0^1 P(X\leqslant yz)\mathrm{d}y$,其中用到 X 与 Y 的独立性.)

小　结

设 $g(x)$ 为一元实值函数,$Y=g(X)$ 作为随机变量的函数,仍然是随机变量.当 $y=g(x)$ 为严格单调函数时(不妨假定 $g(x)$ 为单调增加的),Y 的分布函数为

$$F_Y(y)=P(Y\leqslant y)=P(g(X)\leqslant y)=P(X\leqslant g^{-1}(y))=F_X(g^{-1}(y)),\ -\infty<y<+\infty,$$

其中 $g^{-1}(y)$ 为 $g(x)$ 的反函数,$F_X(x)$ 为 X 的分布函数.

在一般情况下,当 X 是离散型随机变量时,$Y=g(X)$ 也是离散型随机变量,Y 的分布律可以用表格形式来描述.

当 X 是连续型随机变量,且函数 $y=g(x)$ 严格单调有连续导数时,$Y=g(X)$ 也是连续型随机变量,且 Y 有密度函数为

$$f_Y(y)=f_X(h(y))\left|h'(y)\right|,\ -\infty<y<+\infty,$$

其中 $h(y)$ 为 $g(x)$ 的反函数.在文献中,将此称为密度变换公式,由此公式可导出:服从正态分布的随机变量的线性函数仍然服从正态分布.

并不是所有二维随机变量的函数都能精确地求出其分布.书中对离散型和连续型两种情况,给出某些二维随机变量函数分布的例子.

对于多个随机变量的情况,假定随机变量 $X_1,X_2,\cdots,X_n$ 是相互独立的,且 X_i 有分布函数 $F_{X_i}(x)$.我们讨论了两个常用的随机变量函数,即极小、极大变量 Y,Z 的分布,其中

$$Y=\min_{1\leqslant i\leqslant n}X_i,\ Z=\max_{1\leqslant i\leqslant n}X_i,$$

它们分别有分布函数

$$F_Y(y)=1-(1-F_{X_1}(y))(1-F_{X_2}(y))\cdots(1-F_{X_n}(y)),$$
$$F_Z(z)=F_{X_1}(z)F_{X_2}(z)\cdots F_{X_n}(z).$$

作为特例,如果 $X_1,X_2,\cdots,X_n$ 有相同的分布函数 $F(x)$,或是有相同的密度函数 $f(x)$,则 Y,Z 有分布函数

$$F_Y(y)=1-[1-F(y)]^n,\ F_Z(z)=[F(z)]^n,$$

或密度函数

$$f_Y(y)=n[1-F(y)]^{n-1}f(y),\ f_Z(z)=n[F(z)]^{n-1}f(z).$$

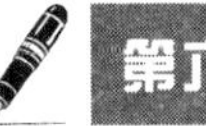

第六章综合题

1. 从$\{1,2,3\}$中任意取出一正整数，记为X.再从$\{1,2,\cdots,X\}$中任意取出一正整数，记为Y.

(1) 求(X,Y)的联合分布律；

(2) 求$Z=X+Y$的分布律.

2. 设随机变量X服从参数为λ的泊松分布，给定$X=k$，Y的条件分布是参数为k,p的二项分布$(0<p<1,k$为非负整数)，求

(1) Y服从的分布；(2) $X-Y$服从的分布；(3) 证明Y与$X-Y$相互独立.

(提示：$P(Y=y)=\sum\limits_{k=y}^{+\infty}P(Y=y\mid X=k)P(X=k),y=0,1,\cdots.$)

3. 设X,Y为随机变量，且$P(X\geqslant 0,Y\geqslant 0)=\dfrac{3}{7}$，$P(X\geqslant 0)=P(Y\geqslant 0)=\dfrac{4}{7}$，求

(1) $P(\min\{X,Y\}<0)$；(2) $P(\max\{X,Y\}\geqslant 0)$.

4. 设随机变量X服从区间$(-1,1)$上的均匀分布，求$Y=1-X$的密度函数$f_Y(y)$.

5. 设随机变量(X,Y)服从区域$D=\{(x,y)\mid 0<x<1,|y|<x\}$上的均匀分布.

(1) 分别求关于X及关于Y的边缘密度函数$f_X(x)$和$f_Y(y)$；

(2) 问X,Y是否相互独立？请说明理由；

(3) 求$Z=X+Y$的概率密度函数$f_Z(z)$.

6. 设随机变量$X_1,X_2,\cdots,X_n$相互独立且都服从均匀分布$R(0,1)$，求$Y=\min\{X_1,X_2,\cdots,X_n\}$的密度函数$f_Y(y)$.

**7. 设随机变量X与Y相互独立，且都服从标准正态分布$N(0,1)$，$U=X-Y$，$V=|X-Y|$，求

(1) U的密度函数；(2) V的密度函数.

**8. 设二维随机变量(X,Y)服从二维正态分布$N(1,0,1,1,0)$，求$P(XY-Y<0)$.

第六章自测题

第六章习题参考答案

第七章　随机变量的数字特征

随机变量的分布全面描述了随机现象的统计规律，然而对许多实际问题，随机变量的分布并不容易求得；另一方面，有一些实际问题往往并不直接对分布感兴趣，而只感兴趣分布的少数几个特征指标，例如分布的中心位置、散布程度等，文献上称之为随机变量的数字特征.本章讨论随机变量的数字特征，其中最主要的是随机变量的期望和方差，也讨论两个随机变量之间的协方差和相关系数.

第一节　数学期望与中位数

一、数学期望的定义

从数据的平均数说起，设有数据集{2,3,2,4,2,3,4,5,3,2}，其平均数(设为μ)

$$\mu=\frac{2+3+2+4+2+3+4+5+3+2}{10}$$
$$=\frac{2\times4+3\times3+4\times2+5\times1}{10}$$
$$=2\times\frac{4}{10}+3\times\frac{3}{10}+4\times\frac{2}{10}+5\times\frac{1}{10}=3.$$

可以将之一般地概括成简单公式

$$\mu=\sum_i x_i f_i, \tag{1}$$

其中$\{x_i\}$为数据集中所有可能的不同值，在上例中即为 2,3,4,5；而f_i即为取值x_i的频率，在上例中即为$\frac{4}{10},\frac{3}{10},\frac{2}{10},\frac{1}{10}$，平均数$\mu$描述数据集的中心位置.

现在将公式(1)推广到随机变量的情况.设离散型随机变量X有分布律

X	x_1	x_2	…	x_i	…
概率	p_1	p_2	…	p_i	…

其中$p_i=P(X=x_i)$，将公式(1)中f_i的值代换为p_i，并改记μ为$E(X)$，即得到

$$E(X)=\sum_i x_i p_i ,\tag{2}$$

称 $E(X)$ 为随机变量 X 的数学期望,简称期望或均值.当求和为无限项时,要求

$$\sum_i |x_i| p_i < +\infty .\tag{3}$$

条件(3)只是个数学上的要求,保证 $E(X)$ 值不因求和次序改变而改变.期望公式(2)实际上是随机变量 X 的取值以概率为权的加权平均,它也有一个物理的解释,即质量为单位 1 的一根金属细棒,其质量散布在坐标为 $x_1,x_2,\cdots$ 的质点 $M_1,M_2,\cdots$ 上,其中质点 M_i 有质量 p_i,则金属细棒的质心的位置就是 $\sum_i x_i p_i$,因此用期望刻画分布的中心位置是合理的.

例 1 设随机变量 $X\sim B(1,p)$,求 $E(X)$.

解 因 X 有分布律

X	0	1
概率	$1-p$	p

故由公式(2), $E(X)=0\times(1-p)+1\times p=p$.

例 2 设随机变量 $X\sim B(n,p)$,求 $E(X)$.

解 因 $p_i=P(X=i)=\mathrm{C}_n^i p^i q^{n-i}, i=0,1,\cdots,n, q=1-p$,故由公式(2),

$$\begin{aligned}E(X)&=\sum_{i=0}^{n} ip_i=\sum_{i=1}^{n} i\mathrm{C}_n^i p^i q^{n-i}=\sum_{i=1}^{n}\frac{n!}{(i-1)!\ (n-i)!}p^i q^{n-i}\\&=np\sum_{i=1}^{n}\frac{(n-1)!}{(i-1)!\ [n-1-(i-1)]!}p^{i-1}q^{n-1-(i-1)}\\&\xlongequal{\text{令 } i'=i-1} np\sum_{i'=0}^{n-1}\mathrm{C}_{n-1}^{i'}p^{i'}q^{n-1-i'}\\&=np(p+q)^{n-1}\\&=np.\end{aligned}$$

例 3 设随机变量 $X\sim P(\lambda)$,求 $E(X)$.

解 注意 $p_i=P(X=i)=\dfrac{\lambda^i}{i!}\mathrm{e}^{-\lambda}\quad (i=0,1,2,\cdots)$,因此

$$E(X)=\sum_{i=0}^{\infty} ip_i=\sum_{i=1}^{\infty} i\frac{\lambda^i}{i!}\mathrm{e}^{-\lambda}=\mathrm{e}^{-\lambda}\lambda\sum_{i=1}^{\infty}\frac{\lambda^{i-1}}{(i-1)!}=\mathrm{e}^{-\lambda}\lambda\mathrm{e}^{\lambda}=\lambda.$$

例 4 设随机变量 X 的分布律为

X	0	1	2
概率	$\frac{1}{4}$	$\frac{1}{4}$	$\frac{1}{2}$

求 $E(X),E(X^2),E(X^3)$.

解 $E(X)=0\times P(X=0)+1\times P(X=1)+2\times P(X=2)$

$$=1\times\frac{1}{4}+2\times\frac{1}{2}=\frac{5}{4},$$

$$E(X^2)=0^2\times P(X=0)+1^2\times P(X=1)+2^2\times P(X=2)$$

$$=1\times\frac{1}{4}+2^2\times\frac{1}{2}=\frac{9}{4},$$

$$E(X^3)=0^3\times P(X=0)+1^3\times P(X=1)+2^3\times P(X=2)$$

$$=1\times\frac{1}{4}+2^3\times\frac{1}{2}=\frac{17}{4}.$$

例 4 可以推广到以下一般情形：设 X 有分布律 $p_i=P(X=x_i)\ (i=1,2,\cdots)$，$g(x)$ 为实值函数，则 $Y=g(X)$ 有期望

$$E(g(X))=\sum_i g(x_i)p_i, \tag{4}$$

当上式的求和号项数为无限时，在数学上还要求

$$\sum_i |g(x_i)|p_i<+\infty.$$

下面的例子是历史上有名的分赌本问题的一个简化形式.

例 5（分赌本问题（point problem）） 甲乙二人各有赌本 a 元，约定谁先胜三局就赢得全部赌本 $2a$ 元.假定甲乙二人在每一局取胜的概率是相等的.现在已赌三局，结果甲是二胜一负，由于某种原因赌博中止，问如何分 $2a$ 元赌本才合理？

解 如果甲乙二人平均分，对甲是不合理的，能否依据现在的胜负结果 2∶1 来分呢？仔细推算也是不合理的.当时著名数学家和物理学家帕斯卡（Pascal）提出一个合理的分法是：如果赌局继续下去，它们各自的期望所得就是他们应该分得的.

易知，最多只需再赌两局，就能决出胜负，其可能的结果为甲甲，甲乙，乙甲，乙乙（“甲乙”表示第一局甲胜第二局乙胜，其余类推），由等可能性可知

$$P(\text{甲最终获胜})=\frac{3}{4},\quad P(\text{乙最终获胜})=\frac{1}{4}.$$

记 X 为甲最终所得，Y 为乙最终所得，则 X,Y 的分布律分别为

X	0	$2a$
概率	$\frac{1}{4}$	$\frac{3}{4}$

Y	0	$2a$
概率	$\frac{3}{4}$	$\frac{1}{4}$

依期望的定义，甲乙的期望所得分别为

$$E(X)=0\times\frac{1}{4}+2a\times\frac{3}{4}=\frac{3}{2}a,$$

$$E(Y)=0\times\frac{3}{4}+2a\times\frac{1}{4}=\frac{a}{2},$$

这就是甲乙应该分到的赌本.

*例 6　（期望的尾部求解法）设离散型随机变量 X 的可能取值来自非负整数 $\{0,1,2,\cdots\}$，其分布律为 $P(X=i)=p_i, i=0,1,2,\cdots$，若 X 的期望存在，则 $E(X)=\sum_{k=1}^{+\infty} P(X\geqslant k)$.

证明　由期望的定义得

$$
\begin{aligned}
E(X) &= \sum_{i=0}^{+\infty} x_i p_i = p_1+2p_2+3p_3+4p_4+\cdots \\
&= (p_1+p_2+p_3+p_4+\cdots)+(p_2+p_3+p_4+\cdots)+(p_3+p_4+\cdots)+(p_4+\cdots)+\cdots \\
&= P(X\geqslant 1)+P(X\geqslant 2)+P(X\geqslant 3)+P(X\geqslant 4)+\cdots \\
&= \sum_{k=1}^{+\infty} P(X\geqslant k).
\end{aligned}
$$

在这个例子中，随机变量 X 的取值并非必须取遍所有的自然数，可以是只取其中的某些值，结论依然成立.

这个结论可以帮助我们很容易求解服从几何分布的随机变量的期望.

设随机变量 X 服从参数为 p 的几何分布，则 X 的取值为 $1,2,\cdots,n,\cdots$，相应的分布律为

$$P(X=k)=(1-p)^{k-1}p,\quad 0<p<1,\quad k=1,2,\cdots,n,\cdots.$$

不难得到，$P(X\geqslant n)=\sum_{i=n}^{+\infty}(1-p)^{i-1}p=\frac{p(1-p)^{n-1}}{1-(1-p)}=(1-p)^{n-1}$. 因此服从几何分布的随机变量的期望 $E(X)=\sum_{k=1}^{+\infty}P(X\geqslant k)=\sum_{k=1}^{+\infty}(1-p)^{k-1}=\frac{(1-p)^0}{1-(1-p)}=\frac{1}{p}$.

现在再考虑 X 为连续型随机变量的情形，此时假设 X 有密度函数 $f(x)$，其期望定义很容易从（2）式推广得到，即用 $f(x)$ 替代其中的 p_i，用积分号替代（2）式中的求和号，即得到连续型随机变量的期望公式

$$E(X)=\int_{-\infty}^{+\infty} xf(x)\,\mathrm{d}x, \tag{5}$$

其中数学上要求 $\int_{-\infty}^{+\infty}|x|f(x)\,\mathrm{d}x<+\infty$.

我们也可将（4）式推广到连续型随机变量情形：对任一实值函数 $g(x)$，

$$E(g(X))=\int_{-\infty}^{+\infty} g(x)f(x)\,\mathrm{d}x, \tag{6}$$

其中 $f(x)$ 为 X 的密度函数，且数学上要求 $\int_{-\infty}^{+\infty}|g(x)|f(x)\,\mathrm{d}x<+\infty$.

例 7　设随机变量 $X\sim R(a,b)\ (a<b)$，求 $E(X), E(X^2)$.

解　注意到 X 有密度函数

$$f(x)=\begin{cases}\dfrac{1}{b-a}, & a<x<b,\\ 0, & \text{其他}.\end{cases}$$

故由公式（5），（6）有

$$E(X)=\int_a^b \frac{x}{b-a}\mathrm{d}x=\frac{b^2-a^2}{2(b-a)}=\frac{a+b}{2},$$

$$E(X^2)=\int_a^b \frac{x^2}{b-a}\mathrm{d}x=\frac{b^3-a^3}{3(b-a)}=\frac{a^2+b^2+ab}{3}.$$

例 8 设随机变量 $X\sim N(\mu,\sigma^2)$,求 $E(X)$,$E(X^2)$.

解

$$\begin{aligned}E(X)&=\frac{1}{\sqrt{2\pi}\,\sigma}\int_{-\infty}^{+\infty} x\mathrm{e}^{\frac{-(x-\mu)^2}{2\sigma^2}}\mathrm{d}x\\&\xlongequal{令\ t=\frac{x-\mu}{\sigma}}\frac{1}{\sqrt{2\pi}}\int_{-\infty}^{+\infty}(\mu+\sigma t)\mathrm{e}^{\frac{-t^2}{2}}\mathrm{d}t\\&=\mu+\frac{1}{\sqrt{2\pi}}\int_{-\infty}^{+\infty}\sigma t\mathrm{e}^{\frac{-t^2}{2}}\mathrm{d}t\\&=\mu,\end{aligned}$$

其中用到:奇函数关于对称区间积分为 0,因此 $\int_{-\infty}^{+\infty} t\mathrm{e}^{\frac{-t^2}{2}}\mathrm{d}t=0$.

同理

$$\begin{aligned}E(X^2)&=\frac{1}{\sqrt{2\pi}\,\sigma}\int_{-\infty}^{+\infty} x^2\mathrm{e}^{\frac{-(x-\mu)^2}{2\sigma^2}}\mathrm{d}x\\&\xlongequal{令\ t=\frac{x-\mu}{\sigma}}\frac{1}{\sqrt{2\pi}}\int_{-\infty}^{+\infty}(\mu+\sigma t)^2\mathrm{e}^{\frac{-t^2}{2}}\mathrm{d}t\\&=\mu^2+\frac{1}{\sqrt{2\pi}}\int_{-\infty}^{+\infty}(\sigma t)^2\mathrm{e}^{\frac{-t^2}{2}}\mathrm{d}t+\frac{2}{\sqrt{2\pi}}\int_{-\infty}^{+\infty}\mu\sigma t\mathrm{e}^{\frac{-t^2}{2}}\mathrm{d}t\\&=\mu^2+\frac{1}{\sqrt{2\pi}}\int_{-\infty}^{+\infty}(\sigma t)^2\mathrm{e}^{\frac{-t^2}{2}}\mathrm{d}t,\end{aligned}$$

注意到

$$\begin{aligned}\frac{1}{\sqrt{2\pi}}\int_{-\infty}^{+\infty} t^2\mathrm{e}^{\frac{-t^2}{2}}\mathrm{d}t&=-\frac{1}{\sqrt{2\pi}}\int_{-\infty}^{+\infty} t\mathrm{d}\mathrm{e}^{\frac{-t^2}{2}}\\&=-\frac{1}{\sqrt{2\pi}}t\mathrm{e}^{\frac{-t^2}{2}}\Big|_{-\infty}^{+\infty}+\frac{1}{\sqrt{2\pi}}\int_{-\infty}^{+\infty}\mathrm{e}^{\frac{-t^2}{2}}\mathrm{d}t=1,\end{aligned}$$

所以 $E(X^2)=\mu^2+\sigma^2$.

例 9 设随机变量 X 服从参数为 λ 的指数分布,即 X 有密度函数

$$f(x)=\begin{cases}\lambda\mathrm{e}^{-\lambda x}, & x>0,\\ 0, & 其他.\end{cases}$$

求 $E(X)$,$E(X^2)$.

解

$$\begin{aligned}E(X)&=\lambda\int_0^{+\infty} x\mathrm{e}^{-\lambda x}\mathrm{d}x=-\int_0^{+\infty} x\mathrm{d}(\mathrm{e}^{-\lambda x})\\&=-x\mathrm{e}^{-\lambda x}\Big|_0^{+\infty}+\int_0^{+\infty}\mathrm{e}^{-\lambda x}\mathrm{d}x=\frac{1}{\lambda},\end{aligned}$$

$$
\begin{aligned}
E(X^2) &= \lambda\int_0^{+\infty} x^2 e^{-\lambda x}dx \\
&= -\int_0^{+\infty} x^2 d(e^{-\lambda x}) = -x^2 e^{-\lambda x}\Big|_0^{+\infty} + 2\int_0^{+\infty} x e^{-\lambda x}dx \\
&= \frac{2}{\lambda}\lambda\int_0^{+\infty} x e^{-\lambda x}dx = \frac{2}{\lambda^2}.
\end{aligned}
$$

例 10 某公司生产的机器无故障工作时间 X(单位:万小时)有密度函数

$$
f(x)=\begin{cases}\dfrac{1}{x^2}, & x\geqslant 1,\\ 0, & \text{其他}.\end{cases}
$$

公司每售出一台机器可获利 1 600 元,若机器售出后使用 1.2 万小时之内出故障,则应予以更换,这时每台亏损 1 200 元;若在 1.2 万到 2 万小时之间出故障,则予以维修,由公司负担维修费 400 元;在使用 2 万小时以后出故障,则用户自己负责.求该公司售出每台机器的平均获利.

解 设 Y 表示售出一台机器的获利,则 Y 是 X 的函数,即

$$
Y=g(X)=\begin{cases}-1\ 200, & 0\leqslant X<1.2,\\ 1\ 600-400=1\ 200, & 1.2\leqslant X\leqslant 2,\\ 1\ 600, & X>2.\end{cases}
$$

于是

$$
\begin{aligned}
E(Y) &= E(g(X)) \\
&= \int_1^{1.2}(-1\ 200)\cdot\frac{1}{x^2}dx+\int_{1.2}^{2} 1\ 200\cdot\frac{1}{x^2}dx+\int_2^{+\infty} 1\ 600\cdot\frac{1}{x^2}dx \\
&= 1\ 000.
\end{aligned}
$$

即该公司售出每台机器平均获利 1 000 元.

下面我们讨论二维随机变量 (X,Y) 的函数的期望,设 (X,Y) 为二维离散型随机变量,有联合分布律

$$
p_{ij}=P(X=i,Y=j) \qquad (i,j=1,2,\cdots),
$$

则 (X,Y) 的实值函数 $g(X,Y)$ 的期望为

$$
E(g(X,Y))=\sum_{ij} g(x_i,y_j)p_{ij},
$$

其中数学上要求

$$
\sum_{ij}|g(x_i,y_j)|p_{ij}<+\infty.
$$

又若 (X,Y) 为二维连续型随机变量,有联合密度函数 $f(x,y)$,则 $g(X,Y)$ 的期望为

$$
E(g(X,Y))=\int_{-\infty}^{+\infty}\int_{-\infty}^{+\infty} g(x,y)f(x,y)dxdy,
$$

其中数学上要求

$$
\int_{-\infty}^{+\infty}\int_{-\infty}^{+\infty}|g(x,y)|f(x,y)dxdy<+\infty.
$$

例 11　设二维随机变量(X,Y)服从区域 A 上的二维均匀分布,其中区域 A 为由 x 轴、y 轴及直线 $x+\frac{y}{2}=1$ 围成的平面三角形区域(如图 7.1 所示),求 $E(XY)$.

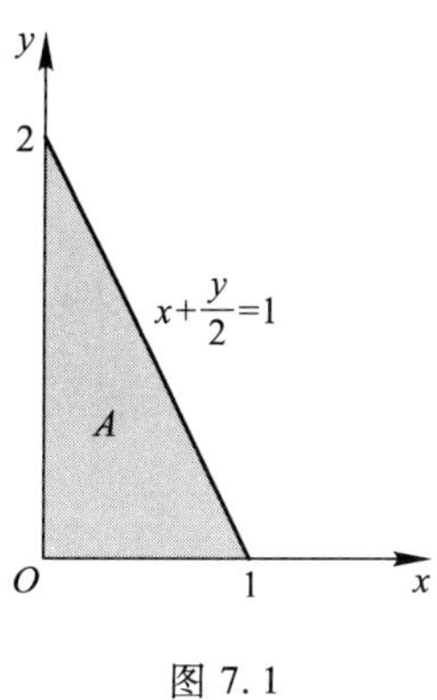

图 7.1

解　$E(XY)=\iint\limits_A xy\mathrm{d}x\mathrm{d}y$

$$=\int_0^1 x\int_0^{2(1-x)} y\mathrm{d}y\mathrm{d}x$$

$$=2\int_0^1 x(1-x)^2\mathrm{d}x=\frac{1}{6}.$$

二、数学期望的性质

期望有如下重要性质:

(i) $E(c)=c$,c 为常数;

(ii) $E(aX+bY)=aE(X)+bE(Y)$,a,b 为常数;

(iii) 如 X 与 Y 相互独立,则 $E(XY)=E(X)E(Y)$.

这些性质都可以从定义出发直接证明,此处从略.

性质(ii)和(iii)都可以推广到任意有限个随机变量的情形.

例 12　将 n 个球随机地放入 M 个盒子中去,设每个球放入各个盒子是等可能的,求有球盒子数 X 的期望.

解　记 $X_i=\begin{cases}1, & \text{第 } i \text{ 个盒有球},\\ 0, & \text{第 } i \text{ 个盒无球},\end{cases}$ $i=1,2,\cdots,M$,则 $X=\sum\limits_{i=1}^{M}X_i$.

注意到 $P(X_i=1)=P$(第 i 个盒子有球),$P(X_i=0)=P$(第 i 个盒子无球),但

$$P(\text{第 } i \text{ 个盒子无球})=\frac{(M-1)^n}{M^n}=\left(1-\frac{1}{M}\right)^n,$$

所以

$$P(X_i=1)=1-\left(1-\frac{1}{M}\right)^n,$$

因而

$$E(X_i)=1\times P(X_i=1)+0\times P(X_i=0)$$

$$=1-\left(1-\frac{1}{M}\right)^n.$$

由期望的性质(ii),可以得到

$$E(X)=\sum_{i=1}^{M}E(X_i)=M\left[1-\left(1-\frac{1}{M}\right)^n\right].$$

三、中位数

前已指出,数学期望是随机变量分布的中心位置的一个数字特征,也是随机变量取

值的平均,但作为分布的中心位置的特征,还有一个重要的指标,即中位数,它在应用中扮演了一个重要的角色.

设 X 是一个连续型随机变量,具有分布函数 $F(x)$.我们称满足条件 $P(X\leqslant\mu_{0.5})=F(\mu_{0.5})=\frac{1}{2}$的实数 $\mu_{0.5}$为 X 或分布 F 的中位数.注意到 X 是连续型的,因此 $P(X=\mu_{0.5})=0$,于是上式还可写成等价的形式

$$P(X\leqslant\mu_{0.5})=\frac{1}{2}=P(X\geqslant\mu_{0.5}).$$

这表明中位数 $\mu_{0.5}$是这样一个位置:它将 X 的分布分成相等的两部分,点 $\mu_{0.5}$的左边与右边各占一半.也就是说,从概率意义上,点 $\mu_{0.5}$正好居于中间位置.

例 13 设随机变量 $X\sim R(a,b)$,由$\frac{1}{b-a}\int_a^{\mu_{0.5}}\mathrm{d}x=\frac{1}{2}$解得 $\mu_{0.5}=\frac{a+b}{2}$,因此均匀分布的中位数与数学期望重合.事实上,具有对称分布的连续型随机变量都具有此特点,读者可以对正态分布加以验证.

例 14 设随机变量 X 服从参数为 λ 的指数分布.由定义知中位数 $\mu_{0.5}$是方程

$$1-\mathrm{e}^{-\lambda x}=\frac{1}{2}$$

的解,即

$$\mu_{0.5}=\frac{\ln 2}{\lambda}.$$

我们知道 $E(X)=\frac{1}{\lambda}$,因此,在指数分布情形,中位数并不等于数学期望.中位数在社会资料统计中用得很多,例如,在居民收入统计中中位数较数学期望更具代表性.

当 X 为离散型随机变量时,虽然也可定义其中位数,但往往已不具备"中间位置"这样的含义.

四、分位数

分位数是统计中时常要用到的一个概念,设 X 为连续型随机变量,对给定 $0<\alpha<1$,若有实数 x_α 使得 $P(X\leqslant x_\alpha)=\alpha$,则称 x_α 为随机变量 X (或 X 对应的分布)的 α 分位数.分位数的记号 x_α 可以按分布的不同而不同,例如 u_α 是标准正态分布的 α 分位数,而 $t_\alpha(n)$是自由度为 n 的 t 分布的 α 分位数.本书书末所附的几个连续分布的分布表就是分位数的数值表.

也有不少统计教科书中的分布表使用了上侧分位数.这是一个与分位数类似的概念.我们用 x'_α 表示上侧 α 分位数,它是满足 $P(X\geqslant x'_\alpha)=\alpha$ 的实数.对于同一随机变量及给定 $0<\alpha<1$,其分位数和上侧分位数有如下关系(如图 7.2 所示):

$$x'_\alpha=x_{1-\alpha},\ x_\alpha=x'_{1-\alpha}.$$

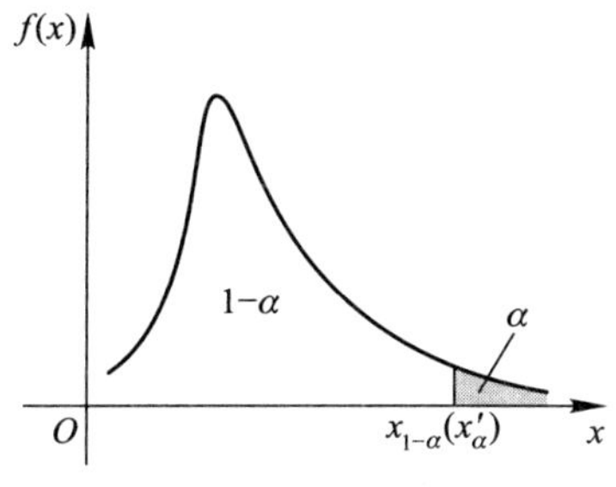

图 7.2

习题 7.1

1. 设随机变量 X 的分布律为

X	-1	0	$\frac{1}{2}$	1	2
概率	$\frac{1}{3}$	$\frac{1}{6}$	$\frac{1}{6}$	$\frac{1}{12}$	$\frac{1}{4}$

求(1) EX;(2) $E(-X+1)$;(3) $E(X^2)$.

2. 设随机变量 X 服从参数为 $\lambda(\lambda>0)$ 的泊松分布,且已知 $E[(X-1)(X-2)]=1$,求 λ 的值.

**3. 设 X 表示 10 次独立重复射击命中目标的次数,每次射击命中目标的概率为 0.4,试求 X^2 的数学期望 $E(X^2)$.

4. 保险公司欲推出一款关于航班延误的新险种.如果航班延误 4 小时以上,赔偿金为 300 元;如果延误时间在 2 小时至 4 小时,赔偿金为 100 元;如果延误 2 小时以内,没有赔偿.根据历史资料,航班延误时间在 4 小时以上的概率为 0.3,在 2 小时至 4 小时的概率为 0.5,请问保险公司应该如何定价,才能保证不亏本?

*5. 一台设备由三大部件构成,在设备运转过程中各部件需要调整的概率分别为 0.1,0.2,0.3,假设各部件的状态相互独立,以 X 表示同时需要调整的部件数,试求 X 的数学期望 $E(X)$.

*6. 设随机变量 X 服从参数为 p 的几何分布,求 EX.

**7. 设随机变量 X 的密度函数为 $f(x)=\frac{1}{2}e^{-|x|}$,求(1) $E(X)$;(2) $E(X^2)$.

8. 某商店经销商品的利润率 X 的密度函数为 $f(x)=\begin{cases}2(1-x), & 0<x<1,\\ 0, & 其他,\end{cases}$ 求(1) $E(X)$;(2) $E(X^2)$.

*9. 设随机变量 X 服从参数为 λ 的泊松分布,求 $E(X+1)^{-1}$.

**10. 设随机变量 X 的密度函数为 $f(x)=\begin{cases}e^{-x}, & x>0,\\ 0, & x\leqslant 0,\end{cases}$ 求 $E(X)$,$E(2X)$,$E(X+e^{-2X})$.

**11. 设随机变量 Y 的密度函数为 $f(y)=\begin{cases}2y, & 0<y<1,\\ 0, & 其他,\end{cases}$ 求 $P(Y\leqslant EY)$.

12. 国际市场每年对我国出口的某种商品的需求量 X 是一个随机变量,它在[2 000,4 000](单位:t)上服从均匀分布.若每售出一吨,可得外汇 3 万美元,若销售不出而积压,则每吨需保养费 1 万美元.问应组织多少货源,才能使平均收益最大?

13. 设二维随机变量(X,Y)的联合分布律为

X	Y	
	0	1
0	0.3	0.2
1	0.4	0.1

求 $E(X)$,$E(Y)$,$E(X-2Y)$,$E(3XY)$.

14. 设二维随机变量(X,Y)服从区域 A 上的均匀分布,其中区域 A 为由 x 轴、y 轴及直线 $x+y+1=0$ 所围成的区域,求(1) $E(X)$;(2) $E(-3X+2Y)$;(3)$E(XY)$.

15. 设二维随机变量(X,Y)的联合密度函数为 $f(x,y)=\begin{cases}12y^2, & 0\leqslant y\leqslant x\leqslant 1,\\ 0, & \text{其他},\end{cases}$ 求$E(X)$,$E(Y)$,$E(XY)$,$E(X^2+Y^2)$.

16. 设随机变量 X 的密度函数为 $f(x)=\begin{cases}x+\dfrac{1}{2}, & 0<x<1,\\ 0, & \text{其他},\end{cases}$ 求 X 的中位数.

第二节 方差和标准差

先看一个例子.

例 15 有两批钢筋(每批 10 根),它们的抗拉强度为:

第一批 110,120,120,125,125,125,130,130,135,140;

第二批 90,100,120,125,125,130,135,145,145,145.

可计算出两批数据的平均数都是 126,但直观上第二批数据比第一批数据与平均数 126 有较大的偏离.因此,欲描述一组数据的分布仅有中心位置的指标是不够的,还需有一个描述相对于中心位置的偏离程度的指标.对于随机变量也有相同的问题,除了使用期望描述分布的中心位置以外,还需一个描述相对于期望的分散程度的指标.通常可用$(X-E(X))^2$ 或$|X-E(X)|$描述相对于期望的偏离,但后者不便于计算,通常采用前者.由于$(X-E(X))^2$ 是个随机变量,因而需要对它求期望得到一个确定的指标值,称之为随机变量 X 的方差,并记为 $D(X)$.因而,

$$D(X)=E[(X-E(X))^2]. \tag{7}$$

依期望的性质,

$$\begin{aligned}D(X)&=E[(X-E(X))^2].\\&=E[X^2-2XE(X)+(E(X))^2]\\&=E(X^2)-2(E(X))^2+(E(X))^2\\&=E(X^2)-(E(X))^2.\end{aligned} \tag{8}$$

例 16 设随机变量 $X\sim P(\lambda)$,求 $D(X)$.

解 $$E(X^2)=E[X(X-1)]+E(X)=E[X(X-1)]+\lambda.$$

注意到

$$\begin{aligned}E[X(X-1)]&=\sum_{i=0}^{\infty}\frac{i(i-1)}{i!}\lambda^i e^{-\lambda}\\&=\left(\sum_{i=2}^{\infty}\frac{\lambda^{i-2}}{(i-2)!}\right)e^{-\lambda}\cdot\lambda^2\\&=e^{\lambda}e^{-\lambda}\lambda^2=\lambda^2,\end{aligned}$$

所以

$$E(X^2)=\lambda+\lambda^2,$$

从而依简算公式(8)得到

$$D(X)=\lambda+\lambda^2-\lambda^2=\lambda.$$

典型例题精讲视频

服从重要分布的随机变量的期望和方差

例 17 设随机变量 $X\sim N(\mu,\sigma^2)$,由例 8 知 $E(X^2)=\mu^2+\sigma^2$,$E(X)=\mu$,因此依简算公式知 $D(X)=\sigma^2$,所以正态分布 $N(\mu,\sigma^2)$ 两个参数 μ,σ^2 都有明确的意义,前者是期望,后者是方差.

例 18 设随机变量 $X\sim E(\lambda)$,即参数为 λ 的指数分布,由例 9

$$E(X)=\frac{1}{\lambda},\quad E(X^2)=\frac{2}{\lambda^2}.$$

因而,随机变量 $D(X)=E(X^2)-(E(X))^2=\dfrac{2}{\lambda^2}-\dfrac{1}{\lambda^2}=\dfrac{1}{\lambda^2}$.

方差具有下列性质:

(i) $D(c)=0$,c 为常数;

(ii) $D(aX)=a^2D(X)$,a 为常数;

(iii) $D(X\pm Y)=D(X)\pm 2E[(X-E(X))(Y-E(Y))]+D(Y)$,若 X 与 Y 相互独立,则 $D(X\pm Y)=D(X)+D(Y)$.

典型例题精讲视频

方差

(i),(ii)的证明比较容易,留给读者作为练习,此处只给出(iii)的证明:

由定义

$$\begin{aligned}D(X\pm Y)&=E[((X-E(X))\pm(Y-E(Y)))^2]\\&=E[(X-E(X))^2]\pm 2E[(X-E(X))(Y-E(Y))]+E[(Y-E(Y))^2]\\&=D(X)\pm 2E[(X-E(X))(Y-E(Y))]+D(Y).\end{aligned}\tag{9}$$

注意到若 X 与 Y 相互独立,可知 $X-E(X)$ 与 $Y-E(Y)$ 也相互独立,因而由期望性质(iii)知

$$E[(X-E(X))(Y-E(Y))]=E(X-E(X))\cdot E(Y-E(Y))=0,$$

于是得到

$$D(X\pm Y)=D(X)+D(Y).$$

性质(iii)得证.

结合性质(ii)和(iii)可以推知:对任意 n ($\geqslant 2$)个相互独立的随机变量 $X_1,X_2,\cdots,X_n$ 及常数 $k_1,k_2,\cdots,k_n$,有

$$D\left(\sum_{i=1}^{n} k_i X_i\right) = \sum_{i=1}^{n} k_i^2 D(X_i).$$

下面是一个利用该性质的例子.

例 19 设随机变量 $X \sim B(n,p)$,求 $D(X)$.

解 先考虑 $n=1$ 的情况,此时 $P(X=1)=p, P(X=0)=1-p$,

$$E(X)=0\times(1-p)+1\times p=p,$$

因此

$$E(X^2)=0^2\times(1-p)+1^2\times p=p,$$
$$D(X)=E(X^2)-(E(X))^2=p-p^2=p(1-p).$$

再考虑一般的 n,此时有 $X=\sum_{i=1}^{n} X_i$,其中 $X_1, X_2, \cdots, X_n$ 相互独立并且同服从 $B(1,p)$ 分布,应用方差的性质立即可得,

$$D(X)=D\left(\sum_{i=1}^{n} X_i\right)=\sum_{i=1}^{n} D(X_i)=\sum_{i=1}^{n} p(1-p)=np(1-p).$$

例 20 设随机变量 $X_1, X_2, \cdots, X_n$ 独立且服从同一分布,$E(X_1)=\mu, D(X_1)=\sigma^2$.记 $\overline{X}=\frac{1}{n}\sum_{i=1}^{n} X_i$,证明:$E(\overline{X})=\mu, D(\overline{X})=\frac{\sigma^2}{n}$.

证 由期望性质,$E\left(\sum_{i=1}^{n} X_i\right)=\sum_{i=1}^{n} E(X_i)=n\mu$,可得第一个结论.

又由独立性及方差的性质,有 $D\left(\sum_{i=1}^{n} X_i\right)=\sum_{i=1}^{n} D(X_i)=n\sigma^2$,因而,

$$D(\overline{X})=\frac{1}{n^2}D\left(\sum_{i=1}^{n} X_i\right)=\frac{\sigma^2}{n},$$

得证第二个结论.

注 若用 $X_1, X_2, \cdots, X_n$ 表示对某物件质量的 n 次重复测量的误差,而 σ^2 为测量误差大小的度量,公式 $D(\overline{X})=\frac{\sigma^2}{n}$ 表明 n 次重复测量的平均误差是单次测量误差的 $\frac{1}{n}$,换言之,重复测量的平均精度要比单次测量的精度高.

方差 $D(X)$ 作为分散程度的一个指标,有一个缺陷,即方差的单位是 X 单位的平方.为了单位的一致,常常使用衡量分散程度的另一个指标——标准差.

定义随机变量 X 的标准差 $\sigma(X)$ 为方差的算术平方根,因此

$$\sigma(X)=\sqrt{D(X)}.$$

例如,服从正态分布 $N(\mu,\sigma^2)$ 的随机变量的标准差为 σ.

最后,顺便给出往后将要用到的原点矩和中心矩的概念,一般地,我们称 $E(X^k)$ 为 X 的 k 阶原点矩,称 $E[(X-E(X))^k]$ 为 X 的 k 阶中心矩,其中 k 是正整数.例如,期望 $E(X)$ 是一阶原点矩,方差 $D(X)$ 是二阶中心矩.

习题 7.2

1. (习题 7.1 第 1 题续)设随机变量 X 的分布律为

X	-1	0	$\frac{1}{2}$	1	2
概率	$\frac{1}{3}$	$\frac{1}{6}$	$\frac{1}{6}$	$\frac{1}{12}$	$\frac{1}{4}$

求 $D(X)$.

2. (习题 7.1 第 5 题续)一台设备由三大部件构成,在设备运转过程中各部件需要调整的概率相应为 0.1,0.2,0.3,假设各部件的状态相互独立,以 X 表示同时需要调整的部件数,试求 X 的方差 $D(X)$.

3. (习题 7.1 第 8 题续)某商店经销商品的利润率 X 的密度函数为 $f(x)=\begin{cases}2(1-x), & 0<x<1,\\ 0, & \text{其他},\end{cases}$ 求 $D(X)$.

4. (习题 7.1 第 10 题续)设随机变量 X 的密度函数为 $f(x)=\begin{cases}e^{-x}, & x>0,\\ 0, & x\leqslant 0,\end{cases}$ 求 $D(X)$.

5. (习题 7.1 第 13 题续)设二维随机变量 (X,Y) 的联合分布律为

X	Y	
	0	1
0	0.3	0.2
1	0.4	0.1

求 $D(X)$,$D(Y)$.

6. (习题 7.1 第 14 题续)设二维随机变量 (X,Y) 服从区域 A 上的均匀分布,其中区域 A 为由 x 轴、y 轴及直线 $x+y+1=0$ 所围成的区域,求 $D(X)$,$D(Y)$.

7. (习题 7.1 第 15 题续)设二维随机变量 (X, Y) 的联合密度函数为 $f(x, y)=\begin{cases}12y^2, & 0\leqslant y\leqslant x\leqslant 1,\\ 0, & \text{其他},\end{cases}$ 求 $D(X)$,$D(Y)$.

8. 设随机变量 X 与 Y 相互独立,且 $E(X)=E(Y)=1$,$D(X)=2$,$D(Y)=3$,求

(1) EX^2,EY^2;(2) $D(XY)$.

9. 设随机变量 X 与 Y 相互独立,$X\sim N(1,1)$,$Y\sim N(-2,1)$,求 $E(2X+Y)$,$D(2X+Y)$.

第三节　协方差和相关系数

本节讨论用什么样的数字特征来描述两个随机变量之间的相关关系.

我们已知:随机变量 X 与 Y 相互独立是 X 与 Y 之间的一种关系,并且有

$$E[(X-E(X))(Y-E(Y))]=0.$$

由此可见,如果上式不成立,那么 X 与 Y 肯定不相互独立.而有一些随机变量尽管两者之间不相互独立,但仍然可使上式成立.

例 21　设随机变量 $\theta\sim R(-\pi,\pi)$,$X=\sin\theta$,$Y=\cos\theta$,则由 $X^2+Y^2=1$,显然 X 和 Y 不相互独立,但

$$E(X)=\frac{1}{2\pi}\int_{-\pi}^{\pi}\sin x\mathrm{d}x=0,\quad E(Y)=\frac{1}{2\pi}\int_{-\pi}^{\pi}\cos y\mathrm{d}y=0,$$

$$E[(X-E(X))(Y-E(Y))]=E(XY)=\frac{1}{2\pi}\int_{-\pi}^{\pi}\cos x\sin x\mathrm{d}x=0.$$

此例可见,$E[(X-E(X))(Y-E(Y))]$ 可以从某一侧面刻画 X 与 Y 之间的相关关系,我们称之为 X 与 Y 的协方差,并记为 $\mathrm{cov}(X,Y)$.因而依定义

$$\mathrm{cov}(X,Y)=E[(X-E(X))(Y-E(Y))].\tag{10}$$

(10)式的意义可解释如下:如果 $\mathrm{cov}(X,Y)>0$,则平均来说,当变量 X 相对于 $E(X)$ 变大时,变量 Y 也有相对于 $E(Y)$ 随之变大的趋势;同样地,如果 X 相对于 $E(X)$ 变小,则随之,Y 也有相对于 $E(Y)$ 变小的趋势;而如 $\mathrm{cov}(X,Y)<0$,则平均来说 X 与 Y 的变化趋势正好相反.经过一个简单计算可得

$$\mathrm{cov}(X,Y)=E(XY)-E(X)E(Y).\tag{11}$$

例 22　设二维随机变量 (X,Y) 有联合分布律

X	Y		和
	0	1	
0	$\frac{1}{4}$	$\frac{1}{4}$	$\frac{1}{2}$
1	$\frac{1}{3}$	$\frac{1}{6}$	$\frac{1}{2}$
和	$\frac{7}{12}$	$\frac{5}{12}$	1

求 $\mathrm{cov}(X,Y)$.

解　$E(X)=0\times\frac{1}{2}+1\times\frac{1}{2}=\frac{1}{2}$,　$E(Y)=0\times\frac{7}{12}+1\times\frac{5}{12}=\frac{5}{12}$,

$$E(XY)=1\times\frac{1}{6}=\frac{1}{6}.$$

由公式(11)即得

$$\operatorname{cov}(X,Y)=E(XY)-E(X)E(Y)=\frac{1}{6}-\frac{1}{2}\times\frac{5}{12}=-\frac{1}{24}.$$

例 23 设二维随机变量 (X,Y) 服从二维正态分布 $N(\mu_1,\mu_2,\sigma_1^2,\sigma_2^2,\rho)$，求 $\operatorname{cov}(X,Y)$.

解 因 $X\sim N(\mu_1,\sigma_1^2)$，$Y\sim N(\mu_2,\sigma_2^2)$，所以 $E(X)=\mu_1$，$E(Y)=\mu_2$，

$$\begin{aligned}
&\operatorname{cov}(X,Y)\\
&=E[(X-\mu_1)(Y-\mu_2)]\\
&=\frac{1}{2\pi\sigma_1\sigma_2\sqrt{1-\rho^2}}\int_{-\infty}^{+\infty}\int_{-\infty}^{+\infty}(x-\mu_1)(y-\mu_2)\times\\
&\quad\exp\left\{-\frac{1}{2(1-\rho^2)}\left[\left(\frac{x-\mu_1}{\sigma_1}\right)^2-2\rho\left(\frac{x-\mu_1}{\sigma_1}\right)\left(\frac{y-\mu_2}{\sigma_2}\right)+\left(\frac{y-\mu_2}{\sigma_2}\right)^2\right]\right\}\mathrm{d}x\mathrm{d}y\\
&\xlongequal{u=\frac{x-\mu_1}{\sigma_1},v=\frac{y-\mu_2}{\sigma_2}}\frac{\sigma_1\sigma_2}{2\pi\sqrt{1-\rho^2}}\int_{-\infty}^{+\infty}\int_{-\infty}^{+\infty}uv\exp\left[-\frac{1}{2(1-\rho^2)}(u^2-2\rho uv+v^2)\right]\mathrm{d}u\mathrm{d}v\\
&=\frac{\sigma_1\sigma_2}{2\pi\sqrt{1-\rho^2}}\int_{-\infty}^{+\infty}u\exp\left[-\frac{u^2}{2(1-\rho^2)}\right]\left\{\int_{-\infty}^{+\infty}v\exp\left[-\frac{1}{2(1-\rho^2)}(v-\rho u)^2\right]\mathrm{d}v\right\}\times\\
&\quad\exp\left[\frac{\rho^2u^2}{2(1-\rho^2)}\right]\mathrm{d}u\\
&=\frac{\sigma_1\sigma_2}{\sqrt{2\pi}}\int_{-\infty}^{+\infty}u\exp\left(-\frac{u^2}{2}\right)\left\{\frac{1}{\sqrt{2\pi}\sqrt{1-\rho^2}}\int_{-\infty}^{+\infty}v\exp\left[-\frac{1}{2(1-\rho^2)}(v-\rho u)^2\right]\mathrm{d}v\right\}\mathrm{d}u\\
&=\frac{\rho\sigma_1\sigma_2}{\sqrt{2\pi}}\int_{-\infty}^{+\infty}u^2\exp\left(-\frac{u^2}{2}\right)\mathrm{d}u=\rho\sigma_1\sigma_2,
\end{aligned}$$

其中用到

$$\frac{1}{\sqrt{2\pi}\sqrt{1-\rho^2}}\int_{-\infty}^{+\infty}v\exp\left[-\frac{1}{2(1-\rho^2)}(v-\rho u)^2\right]\mathrm{d}v=\rho u.$$

此处若记 $U\sim N(\rho u,1-\rho^2)$，则上述积分 $=E(U)=\rho u$.

容易验证协方差有如下性质：

(i) $\operatorname{cov}(X,Y)=\operatorname{cov}(Y,X)$；

(ii) $\operatorname{cov}(X,X)=D(X)$；

(iii) $\operatorname{cov}(aX+b,cY+d)=ac\operatorname{cov}(X,Y)$，$a,b,c,d$ 为常数.

注意到协方差 $\operatorname{cov}(X,Y)$ 的单位是 X 和 Y 的单位的乘积，当 X,Y 使用不同的量纲时，其意义不太明确.为此可令

$$X'=\frac{X}{\sigma(X)},\ Y'=\frac{Y}{\sigma(Y)},$$

此时 X',Y' 已是无量纲的纯量，由性质(iii)知

$$\operatorname{cov}(X',Y')=\frac{1}{\sigma(X)\sigma(Y)}\operatorname{cov}(X,Y).$$

上式右边可理解为单位标准差的协方差，也是纯量.我们定义上式右端的量为 X 与 Y 的相关系数，并记为 $\rho_{X,Y}$，它是刻画 X 与 Y 的相关程度的数字特征.依定义，有

$$\rho_{X,Y}=\frac{\operatorname{cov}(X,Y)}{\sigma(X)\sigma(Y)}. \tag{12}$$

典型例题精讲视频

随机变量的独立性与相关性

可以证明相关系数有如下性质：

(i) $|\rho_{X,Y}|\leqslant 1$；

(ii) 若 $\rho_{X,Y}=0$，则称 X 与 Y 不相关；

(iii) 若 $|\rho_{X,Y}|=1$，则称 X 与 Y 完全相关，其充要条件为，存在常数 a,b 使得 $P(Y=aX+b)=1$.

从性质(i)可知：相关系数定量地刻画了 X 与 Y 的相关程度，即 $|\rho_{X,Y}|$ 越大，相关程度越大，$\rho_{X,Y}=0$ 对应相关程度最低；又从性质(iii)知，X 与 Y 相关的含义是存在线性关系，因此，若 X 与 Y 不相关，则只能说明不存在线性关系，但并不能排除 X 与 Y 之间可能有其他关系，如例 21，$\operatorname{cov}(X,Y)=0$，$X$ 与 Y 不相关，但 X 与 Y 之间有关系 $X^2+Y^2=1$.

此外，还要注意到，显然 X 与 Y 相互独立包含了 $\rho_{X,Y}=0$，因而不相关；但反过来，X 与 Y 不相关，X 与 Y 可以不相互独立.因此，“不相关”是一个比“相互独立”要弱的一个概念.

然而有一个例外，即下例的正态分布的情形.

例 24 设二维随机变量 (X,Y) 服从二维正态分布 $N(\mu_1,\mu_2,\sigma_1^2,\sigma_2^2,\rho)$，则

$$\rho_{X,Y}=0 \Leftrightarrow X \text{ 与 } Y \text{ 相互独立}.$$

解 首先由例 23 知 $\operatorname{cov}(X,Y)=\rho\,\sigma_1\sigma_2$，因而 $\rho_{X,Y}=\rho$，这就是二维正态分布参数 ρ 的实际意义.

因为相互独立包含了不相关，故只需证 $\rho=0\Rightarrow X$ 与 Y 相互独立.

注意到 $X\sim N(\mu_1,\sigma_1^2)$，$Y\sim N(\mu_2,\sigma_2^2)$，并记密度函数为 $f_X(x)$，$f_Y(y)$，而记 (X,Y) 的联合密度函数为 $f(x,y)$.

设 $\rho=0$，有

$$\begin{aligned} f(x,y)&=\frac{1}{2\pi\sigma_1\sigma_2}\exp\left\{-\frac{1}{2}\left[\left(\frac{x-\mu_1}{\sigma_1}\right)^2+\left(\frac{y-\mu_2}{\sigma_2}\right)^2\right]\right\}\\ &=\frac{1}{\sqrt{2\pi}\sigma_1}\exp\left\{-\frac{1}{2}\left(\frac{x-\mu_1}{\sigma_1}\right)^2\right\}\frac{1}{\sqrt{2\pi}\sigma_2}\exp\left\{-\frac{1}{2}\left(\frac{y-\mu_2}{\sigma_2}\right)^2\right\}\\ &=f_X(x)f_Y(y) \end{aligned}$$

对每一实数 x,y 成立，因此 X 与 Y 相互独立.

最后考虑 n 个 $(n\geqslant 2)$ 随机变量 $X_1,X_2,\cdots,X_n$ 之间的相互关系.先引入一些记号，设 $\boldsymbol{A}=(a_{ij})$ 为 $t\times s$ 随机矩阵，定义 $\boldsymbol{A}$ 的期望矩阵为 $E(\boldsymbol{A})=(E(a_{ij}))$，即期望矩阵 $E(\boldsymbol{A})$ 是以 $\boldsymbol{A}$ 的元的期望为元的矩阵.特别地，当 $s=1$ 时，称 $E(\boldsymbol{A})=\begin{pmatrix} E(a_{11})\\ \vdots \\ E(a_{t1})\end{pmatrix}$ 为随机向量 $\boldsymbol{A}$ 的期望向量.现设 $\boldsymbol{X}=(X_1,X_2,\cdots,X_n)^{\mathrm{T}}$ 为 n 维随机向量，定义

$$\mathrm{cov}(\boldsymbol{X},\boldsymbol{X})=E[(\boldsymbol{X}-E(\boldsymbol{X}))(\boldsymbol{X}-E(\boldsymbol{X}))^{\mathrm{T}}] \tag{13}$$

为随机向量 $\boldsymbol{X}$ 的协方差矩阵.

注意到随机矩阵 $(\boldsymbol{X}-E(\boldsymbol{X}))(\boldsymbol{X}-E(\boldsymbol{X}))^{\mathrm{T}}$ 的第 (i,j) 元为

$$(X_i-E(X_i))(X_j-E(X_j)),$$

因而

$$\mathrm{cov}(\boldsymbol{X},\boldsymbol{X})=(\mathrm{cov}(X_i,X_j)),$$

即协方差矩阵 $\mathrm{cov}(\boldsymbol{X},\boldsymbol{X})$ 的主对角线元是 $\boldsymbol{X}$ 各分量的方差,而非主对角线元是相应分量的协方差.

如果对任何 $1\leqslant i<j\leqslant n$,$\mathrm{cov}(X_i,X_j)=0$,那么称 $\boldsymbol{X}=(X_1,X_2,\cdots,X_n)^{\mathrm{T}}$ 的 n 个分量 $X_1,X_2,\cdots,X_n$ 为不相关的,因此,$\boldsymbol{X}$ 的 n 个分量不相关的充要条件是:$\boldsymbol{X}$ 的协方差矩阵 $\mathrm{cov}(\boldsymbol{X},\boldsymbol{X})$ 为对角矩阵.

例 25 设 (X,Y) 服从二维正态分布 $N(\mu_1,\mu_2,\sigma_1^2,\sigma_2^2,\rho)$,求二维随机向量 $\mathbf{Z}=\begin{pmatrix}X\\Y\end{pmatrix}$ 的协方差矩阵.

解 注意到 $D(X)=\sigma_1^2$,$D(Y)=\sigma_2^2$,$\mathrm{cov}(X,Y)=\rho\,\sigma_1\sigma_2$,因而

$$\boldsymbol{\Sigma}\xlongequal{\text{def}}\mathrm{cov}(\mathbf{Z},\mathbf{Z})=\begin{pmatrix}\sigma_1^2 & \rho\,\sigma_1\sigma_2\\ \rho\,\sigma_1\sigma_2 & \sigma_2^2\end{pmatrix}.$$

而且当 $|\rho|<1$ 时,

$$\boldsymbol{\Sigma}^{-1}=\frac{1}{1-\rho^2}\begin{pmatrix}\dfrac{1}{\sigma_1^2} & -\dfrac{\rho}{\sigma_1\sigma_2}\\ -\dfrac{\rho}{\sigma_1\sigma_2} & \dfrac{1}{\sigma_2^2}\end{pmatrix}.$$

习题 7.3

1. (习题 7.2 第 5 题续)设二维随机变量 (X,Y) 的联合分布律为

X	Y	
	0	1
0	0.3	0.2
1	0.4	0.1

求 $\mathrm{cov}(X,Y)$,$\rho_{X,Y}$.

2. 盒中有 3 个白球和 2 个黑球,从中随机抽取 2 个,X,Y 分别是抽到的 2 个球中的白球数和黑球数,求 X,Y 之间的相关系数 $\rho_{X,Y}$.

3. (习题 7.2 第 6 题续)设二维随机变量 (X,Y) 服从区域 A 上的均匀分布,其中区域 A 为由 x 轴、y 轴及直线 $x+y+1=0$ 所围成的区域,求 $\mathrm{cov}(X,Y)$,$\rho_{X,Y}$.

4. (习题 7.2 第 7 题续)设二维随机变量 (X,Y) 的联合密度函数为 $f(x,y)=$

$\begin{cases} 12y^2, & 0\leqslant y\leqslant x\leqslant 1, \\ 0, & \text{其他}, \end{cases}$ 求 $\text{cov}(X,Y)$, $\rho_{X,Y}$.

5. 设 $D(X)=25$, $D(Y)=36$, $\rho_{X,Y}=0.4$, 求 $D(X+Y)$, $D(X-Y)$.

6. 随机变量 X,Y 的数学期望和方差分别为 $E(X)=2$, $E(Y)=-2$, $D(X)=4$, $D(Y)=25$, X,Y 的相关系数为 $\rho_{X,Y}=-0.5$, 求 (1) $\text{cov}(X,Y)$; (2) $D(X+Y)$; (3) $D(X-Y)$.

**7. 设随机变量 X 与 Y 不相关,且 $E(X)=2$, $E(Y)=1$, $D(X)=3$, 求 $E(X(X+Y-1))$.

8. 设二维随机变量 $(X,Y)\sim N(1,2,4,9,0)$, 求 $\text{cov}(X,Y)$, $D(X+Y)$, $D(XY)$.

*第四节　切比雪夫不等式及大数律

在第二章讲述概率的定义时,提到概率的统计定义,即事件 A 的概率 $P(A)$ 是用 A 发生的频率的稳定值来定义的,现在可以仔细地考察这个定义,记

$$X_i=\begin{cases}1,\text{第 } i \text{ 次试验中 } A \text{ 发生}, \\ 0,\text{第 } i \text{ 次试验中 } \overline{A} \text{ 发生}\end{cases}\quad (i=1,2,\cdots),$$

则 $\frac{1}{n}\sum\limits_{i=1}^{n}X_i$ 为 A 在 n 次独立试验中发生的频率.概率的统计定义可以在形式上表示为

$$P(A)=\lim_{n\to\infty}\frac{1}{n}\sum_{i=1}^{n}X_i. \tag{14}$$

但这一公式在理论上存在两个问题:(i) $\left\{\frac{1}{n}\sum\limits_{i=1}^{n}X_i\right\}$ 是随机变量序列,极限的意义是什么?(ii)为什么此极限正好等于概率 $P(A)$?伯努利(Bernoulli,1703 年)以较为一般的形式建立了理论结果(包含在伯努利所著的《猜度术》一书的第四部分),对这两个问题给出了回答,文献中称之为伯努利大数律.

现将伯努利大数律的一般形式表述如下:

设 $X_1,X_2,\cdots$ 独立同分布,且 $\mu=E(X_i)$, $\sigma^2=D(X_i)$ $(i=1,2,\cdots)$ 存在,则对任何 $\varepsilon>0$,

$$\lim_{n\to\infty}P(|\overline{X}_n-\mu|\leqslant\varepsilon)=1, \tag{15}$$

其中 $\overline{X}_n=\frac{1}{n}\sum\limits_{i=1}^{n}X_i$.

典型例题精讲视频 随机变量序列依概率收敛

注意到前例中 $X_1,X_2,\cdots$ 相互独立同服从 $B(1,\mu)$ 分布, $\mu=P(A)=E(X_1)$, 因此是大数律的特例.又若(15)式对任何 $\varepsilon>0$ 成立,则称 $\{\overline{X}_n\}$ 依概率收敛于 μ,且可表示为 $\overline{X}_n\xrightarrow{P}\mu$ (当 $n\to\infty$).

典型例题精讲视频 切比雪夫不等式

为证大数律,需要一个简单的不等式,即切比雪夫不等式:

设 $\mu=E(X)$, $\sigma^2=D(X)$ 存在,则对 $\forall\,\varepsilon>0$,

$$P(|X-\mu|>\varepsilon)\leqslant\frac{\sigma^2}{\varepsilon^2}. \tag{16}$$

现只在给定 X 有密度函数 $f(x)$ 的情况下,证明(16)式.

注意到 $\sigma^2=\int_{-\infty}^{+\infty}|x-\mu|^2 f(x)\,\mathrm{d}x$,因而

$$P(|X-\mu|>\varepsilon)=\int_{|x-\mu|>\varepsilon} f(x)\,\mathrm{d}x \leqslant \frac{1}{\varepsilon^2}\int_{|x-\mu|>\varepsilon}|x-\mu|^2 f(x)\,\mathrm{d}x \leqslant \frac{\sigma^2}{\varepsilon^2}.$$

此即(16)式成立.

现在我们可以给出伯努利大数律的证明:

注意到由例 20 知 $E(\overline{X}_n)=\mu$, $D(\overline{X}_n)=\dfrac{\sigma^2}{n}$, 因而由切比雪夫不等式,当 $n\to\infty$ 时,对任何 $\varepsilon>0$ 有

$$P(|\overline{X}_n-\mu|>\varepsilon)=P(|\overline{X}_n-E(\overline{X}_n)|>\varepsilon)\leqslant \frac{D(\overline{X}_n)}{\varepsilon^2}=\frac{\sigma^2}{n\varepsilon^2}\to 0,$$

即得

$$\lim_{n\to\infty} P(|\overline{X}_n-\mu|>\varepsilon)=0.$$

此即(15)式成立,大数律得证.

更一般地,我们有下列切比雪夫大数律:

设 $X_1,X_2,\cdots$ 是相互独立的随机变量序列,其期望与方差都存在,且存在常数 C,使 $D(X_i)\leqslant C\ (i=1,2,\cdots)$,则对任何 $\varepsilon>0$,

$$\lim_{n\to\infty} P\left(\left|\frac{1}{n}\sum_{i=1}^{n} X_i-\frac{1}{n}\sum_{i=1}^{n} E(X_i)\right|\leqslant \varepsilon\right)=1. \tag{17}$$

证明 由期望和方差的性质知

$$E\left(\frac{1}{n}\sum_{i=1}^{n} X_i\right)=\frac{1}{n}\sum_{i=1}^{n} E(X_i),$$

$$D\left(\frac{1}{n}\sum_{i=1}^{n} X_i\right)=\frac{1}{n^2}\sum_{i=1}^{n} D(X_i)\leqslant \frac{1}{n^2}\cdot nC=\frac{C}{n}.$$

利用切比雪夫不等式,当 $n\to\infty$ 时,对任何 $\varepsilon>0$ 有

$$P\left(\left|\frac{1}{n}\sum_{i=1}^{n} X_i-\frac{1}{n}\sum_{i=1}^{n} E(X_i)\right|>\varepsilon\right)\leqslant \frac{1}{\varepsilon^2}D\left(\frac{1}{n}\sum_{i=1}^{n} X_i\right)\leqslant \frac{C}{n\varepsilon^2}\to 0,$$

即得(17)式成立.

* 习题 7.4

1. 设随机变量 X 的方差为 2.5,利用切比雪夫不等式估计 $P(|X-E(X)|\geqslant 7.5)$ 的值.

** 2. 设随机变量 X 和 Y 的数学期望分别为 -2 和 2,方差分别为 1 和 4,而相关系数为 -0.5,根据切比雪夫不等式估计 $P(|X+Y|\geqslant 6)$ 的值.

3. 设随机变量 $X_1,X_2,\cdots,X_9$ 相互独立,且已知 $E(X_i)=0$, $D(X_i)=1$, $1\leqslant i\leqslant 9$,记 $\overline{X}=\dfrac{1}{9}\sum_{i=1}^{9} X_i$,根据切比雪夫不等式估计 $P(|\overline{X}|\geqslant 1)$ 的值.

第五节 中心极限定理

在数理统计中经常要用到 n 个独立同分布的随机变量 $X_1,X_2,\cdots,X_n$ 的和 $\sum_{i=1}^{n} X_i$ 的分布，但要给出其精确分布有时很困难.然而当诸 X_i 为二值变量，即 $X_i\sim B(1,p)$ 时，可以给出独立随机变量的和 $\sum_{i=1}^{n} X_i$ 的精确分布，并能用正态分布逼近，后者就是中心极限定理的一种特殊形式，这就是本节要讨论的内容.

设随机变量 $X_1,X_2,\cdots,X_n$ 相互独立且每个都服从相同的 0-1 分布

X	0	1
概率	$1-p$	p

$(0<p<1)$.

现在来求出 $Y_n=X_1+X_2+\cdots+X_n$ 的分布.

这里，每个 X_i 只能取 0,1，因此，Y_n 只能取 $0,1,2,\cdots,n$.设 i 为这些数字中的任一个.Y_n 取值 i 等价于 $X_1,X_2,\cdots,X_n$ 中恰好有 i 个取 1 而其余的取 0.在 $X_1,X_2,\cdots,X_n$ 中有 i 个取 1 而其余的取 0 共有 C_n^i 种方式，这些方式两两互斥.按诸 X_i 的相互独立性，每种方式出现的概率为 $p^i(1-p)^{n-i}$.因此

$$P(Y_n=i)=C_n^ip^i(1-p)^{n-i}\quad(i=0,1,2,\cdots,n).$$

即 Y_n 服从 $B(n,p)$ 分布.

上面的结果也可简单总结为：

设随机变量 $X_1,X_2,\cdots,X_n$ 独立同分布，且 $X_i\sim B(1,p)$，则 $\sum_{i=1}^{n} X_i\sim B(n,p)$.

用上面的性质还可证明：

如果随机变量 X 与 Y 相互独立，且 $X\sim B(m,p)$，$Y\sim B(n,p)$，则 $X+Y\sim B(m+n,p)$.即二项分布具有可加性.

为了就非常大的 n 对二项分布 $B(n,p)$ 做理论上的探讨及做具体计算，需要考虑当 n 趋向无穷大时，服从二项分布 $B(n,p)$ 的随机变量 Y_n 的取值规律的变化趋势.

不妨观察图 7.3 与图 7.4，每张图的横轴都表示服从二项分布 $B(n,p)$ 的随机变量 Y_n 的取值，纵轴都表示 Y_n 取值的概率.图 7.3 给出了当 $p=0.5$ 时，随着 n 的值从 10 增加到 100，二项分布 $B(n,p)$ 的取值分布规律.可以看到，每个分布的图形都关于 $np=0.5n$ 对称，随着 n 的增大，二项分布越来越接近正态分布.图 7.4 给出了当 $n=100$ 时，p 从 0.1 增加到 0.9，二项分布 $B(n,p)$ 的取值分布规律.不难发现，每个分布的图形仍然关于 $np=100p$ 对称，也都呈现和正态分布的分布规律相似的对称倒钟形.当 $p=0.5$ 时，图形最为平坦，不论 p 变小还是 p 变大，图形都越来越陡峭.

典型例题精讲视频

中心极限定理

棣莫弗-拉普拉斯中心极限定理 设 $X_1,X_2,\cdots$ 是一个独立同分布的随机变量序列，且 $X_i\sim B(1,p)$ $(i=1,2,\cdots)$，$Y_n=\sum_{i=1}^{n} X_i$，则对任意一个 x，$-\infty<x<+\infty$，总有

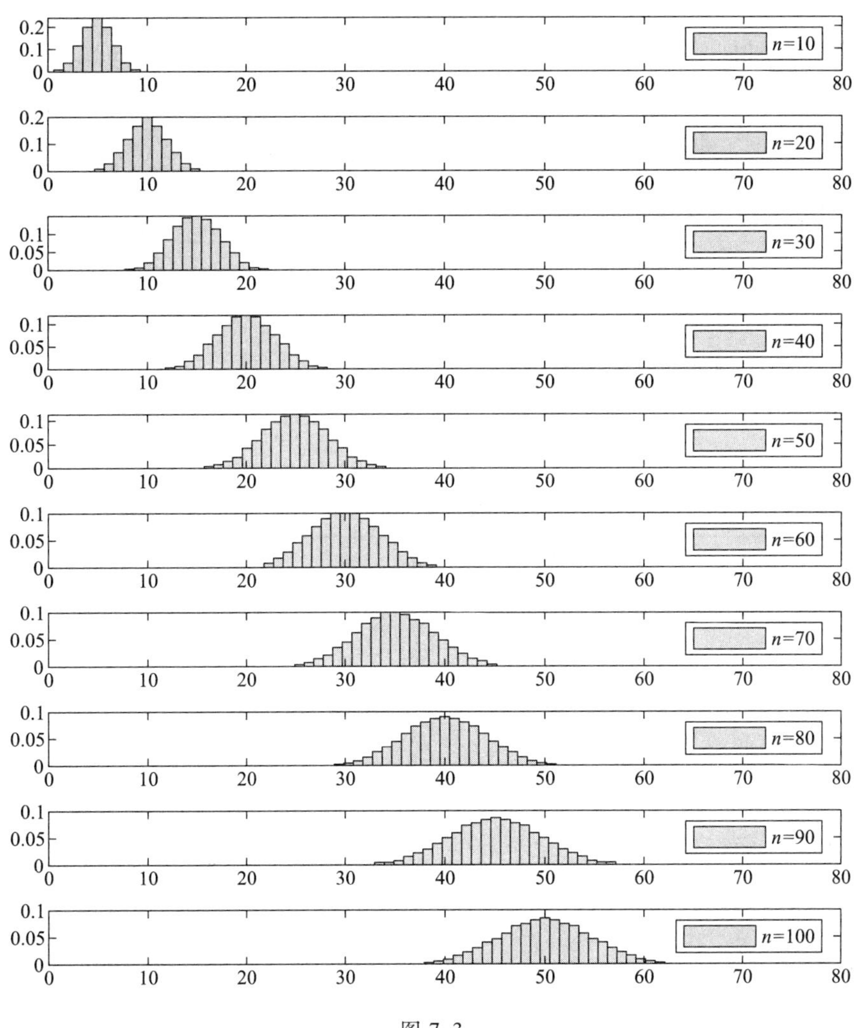

图 7.3

$$\lim_{n\to\infty} P\left(\frac{Y_n - np}{\sqrt{np(1-p)}} \leqslant x\right) = \frac{1}{\sqrt{2\pi}}\int_{-\infty}^{x} \mathrm{e}^{-\frac{t^2}{2}}\,\mathrm{d}t.$$

由此定理可知:当 n 很大时,可认为 Y_n 近似服从正态分布 $N(np, np(1-p))$,因此该定理可用于二项分布的近似计算.

例 26 设一个车间里有 400 台同类型的机器,每台机器的电功率为 Q 瓦.由于工艺关系,每台机器并不连续开动,开动的时间只占工作总时间的$\frac{3}{4}$.问应该供应多少瓦电功率才能以 99%的概率保证该车间的机器正常工作? 这里,假定各台机器的停、开是相互独立的.

解 令 X 为考察的时刻正在开动的机器的台数,那么 X 可以看作是 400 次相互独立的重复试验中事件"开动"出现的次数.在每次试验中,"开动"的概率为$\frac{3}{4}$.因此,

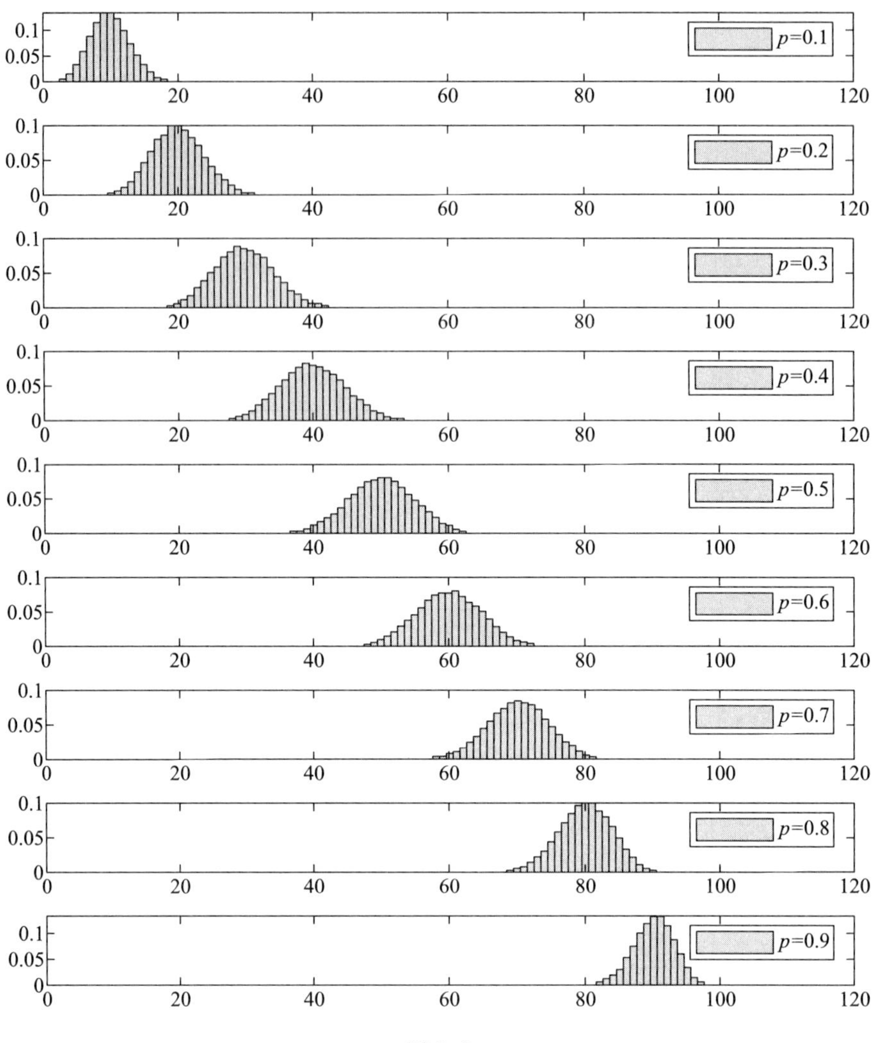

图 7.4

$X \sim B\left(400, \frac{3}{4}\right)$.

因为 $n=400$ 比较大,所以按上述定理,对于任一实数 x,有

$$P\left(\frac{X-400 \cdot \frac{3}{4}}{\sqrt{400 \cdot \frac{3}{4}\left(1-\frac{3}{4}\right)}} \leqslant x\right) \approx \Phi(x).$$

现在希望 $\Phi(x)=0.99$.从标准正态分布表中查得满足这个等式的 x 为 2.33.因此

$$P\left(\frac{X-400 \cdot \frac{3}{4}}{\sqrt{400 \cdot \frac{3}{4}\left(1-\frac{3}{4}\right)}} \leqslant 2.33\right)=0.99,$$

即

$$X \leqslant 400 \cdot \frac{3}{4} + 2.33\sqrt{400 \cdot \frac{3}{4}\left(1-\frac{3}{4}\right)}$$

$$= 300 + 2.33 \times 20 \times \frac{\sqrt{3}}{4} = 300 + 20 = 320.$$

从而,只要供应 $320Q$ 瓦电功率便能以 99%的概率保证该车间的机器正常工作.

如果在棣莫弗-拉普拉斯中心极限定理中去掉 X_i 服从 $B(1,p)$ 分布的限制,只保留 X_i $(i=1,2,\cdots)$ 独立同分布,则有下面的定理.

独立同分布的中心极限定理　设 $X_1, X_2, \cdots$ 是一个独立同分布的随机变量序列,且 $E(X_i)=\mu, D(X_i)=\sigma^2>0$ $(i=1,2,\cdots)$,则对任意一个 x, $-\infty<x<+\infty$,总有

$$\lim_{n\to\infty} P\left(\frac{\sum_{i=1}^{n} X_i - n\mu}{\sqrt{n}\,\sigma} \leqslant x\right) = \Phi(x).$$

例 27　为了测定一台机床的质量,把它分解成 75 个部件来称量.假定每个部件的称量误差(单位:kg)服从区间(−1,1)上的均匀分布,且每个部件的称量误差相互独立,试求机床质量的总误差的绝对值不超过 10 的概率.

解　设第 i 个部件的称量误差为 X_i $(i=1,2,\cdots,75)$,由题意知 X_i $(i=1,2,\cdots,75)$ 相互独立且都服从区间(−1,1)上的均匀分布,并有

$$E(X_i)=0,\ D(X_i)=\frac{1}{3}\ (i=1,2,\cdots,75).$$

由独立同分布的中心极限定理,可以近似地认为

$$\sum_{i=1}^{75} X_i \sim N\left(75\times 0, 75\times\frac{1}{3}\right) = N(0,25).$$

于是,所求概率为

$$P\left(\left|\sum_{i=1}^{75} X_i\right| \leqslant 10\right) = P\left(-10 \leqslant \sum_{i=1}^{75} X_i \leqslant 10\right)$$

$$\approx \Phi\left(\frac{10-0}{5}\right) - \Phi\left(\frac{-10-0}{5}\right) = 2\Phi(2)-1$$

$$= 2\times 0.977\,2 - 1 = 0.954\,4.$$

因此机床质量的总误差的绝对值不超过 10 kg 的概率近似为 0.954 4.

例 28(随机游走)　设一质点每一步等可能地有三种选择:留在原处、向左移动一个单位或向右移动一个单位.求 60 000 步以后,该质点距离初始位置右侧 100 个单位之外的概率.

解　设

$$X_i = \begin{cases} -1, & \text{第 } i \text{ 步向左移动一个单位}, \\ 0, & \text{第 } i \text{ 步留在原处}, \\ 1, & \text{第 } i \text{ 步向右移动一个单位}, \end{cases}$$

其中 $i=1,\cdots,60\,000$,则

$$P(X_i=-1)=P(X_i=0)=P(X_i=1)=\frac{1}{3},$$

所以

$$E(X_i)=0,\quad D(X_i)=E(X_i^2)-0^2=\frac{(-1)^2}{3}+\frac{0^2}{3}+\frac{1^2}{3}=\frac{2}{3}.$$

由独立同分布的中心极限定理,可以近似地认为

$$\sum_{i=1}^{60\,000} X_i \sim N\left(60\,000\cdot 0,60\,000\cdot\frac{2}{3}\right)=N(0,40\,000),$$

于是所求概率为

$$P\left(\sum_{i=1}^{60\,000} X_i > 100\right) \approx 1-\Phi\left(\frac{100-0}{200}\right)=1-0.691\,5=0.308\,5.$$

例 29(高尔顿钉板实验) 如图 7.5 所示,小球从上端入口处放入,在下落过程中小球碰到钉子后以相等的可能性向左或向右偏离,碰到下一层相邻的两个钉子中的一个.如此继续下去,直到落入底部隔板中的某一格中.若有大量的小球从上端依次放入,任其自由下落,小球最终在底板中堆积的形态则类似正态分布的对称倒钟形.

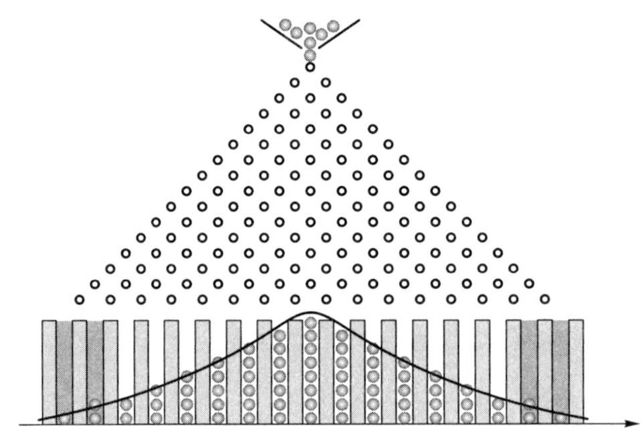

图 7.5

在某学校嘉年华的活动现场,假设钉板共有 16 层,在底板两端距离中心格左右分别 7 格和 8 格的位置放置了有趣的书籍来吸引小朋友,试用中心极限定理来求解小朋友能赢得书籍的概率值.

解 设钉子有 16 层,

$$X_i=\begin{cases}-1, & \text{小球碰到第 } i \text{ 排钉子向左下落},\\ 1, & \text{小球碰到第 } i \text{ 排钉子向右下落},\end{cases}$$

其中 $i=1,2,\cdots,16$.显然 $X_1,X_2,\cdots,X_{16}$相互独立且同分布,且 $X=\sum\limits_{i=1}^{16} X_i$.$X_i$ 的分布律为

X_i	-1	1
概率	0.5	0.5

$$E(X_i)=-1\times0.5+1\times0.5=0,$$
$$E(X_i^2)=(-1)^2\times0.5+1^2\times0.5=1,$$
$$D(X_i)=E(X_i^2)-(E(X_i))^2=1,$$
$$E\left(\sum_{i=1}^{16}X_i\right)=16\times0=0,\quad D\left(\sum_{i=1}^{16}X_i\right)=16\times1=16,$$

由独立同分布的中心极限定理知

$$X=\sum_{i=1}^{16}X_i\overset{\text{近似}}{\sim}N(0,16).$$
$$P(|X|\geqslant7)=P(X\geqslant7)+P(X\leqslant-7)$$
$$\approx1-\Phi\left(\frac{7-0}{\sqrt{16}}\right)+\Phi\left(\frac{-7-0}{\sqrt{16}}\right)=2[1-\Phi(1.75)]=0.080\ 2,$$

说明小朋友能中奖赢得书籍的可能性为 0.080 2.

习题 7.5

1. 在次品率为$\frac{1}{6}$的一大批产品中,任意抽取 300 件产品,利用中心极限定理计算抽取的产品中次品件数在 40 与 60 之间的概率.

2. 有一批钢材,其中 80%的长度不小于 3 m,现从钢材中随机取出 100 根,试用中心极限定理求小于 3 m 的钢材不超过 30 根的概率.

3. 有 3 000 个同龄的人参加某保险公司的人寿保险,保险期限为 1 年.假设在 1 年内每人的死亡率为 0.1%,参加保险的人在投保日须交付保费 10 元,被保险人在保险期间死亡时家属可以从保险公司领取 2 000 元.试用中心极限定理求保险公司亏本的概率.

4. 某种电器有 100 个独立的电源可供使用,每个电源的寿命服从均值为 10 h 的指数分布,求这个电器的使用总寿命大于 1 200 h 的概率.

5. 设某商务网站一天内被访问的次数 X 服从参数为 λ 的泊松分布,有人根据近三年该网站的日被访问次数的数据推算出 $\bar{X}=\frac{1}{n}\sum_{i=1}^{n}X_i=10\ 000$. 根据该网站和广告商的协议,该网站每被访问一次网站获利 0.1 元.假设该网站每天被访问的次数相互独立且服从相同的分布.试以 95%的概率测算该网站在未来的 100 天里至少可以获利多少元?

6. 某咨询公司受托调查某大型股份制银行员工的月收入(单位:万元)情况,假设随机调查 n 个银行员工的月收入$X_1,X_2,\cdots,X_n$,已知 $D(X_i)=1$,且$X_1,X_2,\cdots,X_n$相互独立,记 $E(X_i)=\mu,\bar{X}=\frac{1}{n}\sum_{i=1}^{n}X_i$. 为了使 $P(|\bar{X}-\mu|\leqslant0.02)\geqslant0.90$,问:需要调查的员工数 n 至少为多大?

7. 为确定某市成年男子中吸烟者的比例 p,准备调查这个城市中的 n 个成年男子,记这 n 个成年男子中的吸烟人数为 X.

(1) 问:n 至少为多大才能使 $P\left(\left|\frac{X}{n}-p\right|<0.02\sqrt{p(1-p)}\right)\geqslant0.95$(要求用中心极限定理);

(2) 试证明:对于(1)中求得的 n,成立 $P\left(\left|\frac{X}{n}-p\right|<0.01\right)\geqslant0.95$.

小结

随机变量的数字特征是用以描述随机变量分布的某些特征指标的，其中数学期望和方差是最主要的两个数字特征.

随机变量的数学期望(也被称为期望或均值)刻画了分布的中心位置.若 X 为离散型随机变量，具有分布律 $P(X=x_i)=p_i$，则随机变量函数 $Y=g(X)$ 有期望 $E[g(X)]=\sum\limits_{i=1}^{n}g(x_i)p_i$，其中 $g(x)$ 为一元实值函数.若 X 为连续型随机变量，具有密度函数 $f(x)$，则 $Y=g(X)$ 有期望 $E[g(X)]=\int_{-\infty}^{+\infty}g(x)f(x)\mathrm{d}x$.作为特例，当 $g(x)=x$ 时，即得 X 的期望的计算公式.

然而如作为期望的定义，还要求上述无穷级数或积分绝对收敛.

期望有性质

(i) $E(c)=c$(c 为常数)；

(ii) $E(aX+bY)=aE(X)+bE(Y)$(a,b 为常数)；

(iii) 若 X 与 Y 相互独立，则有 $E(XY)=E(X)E(Y)$，

其中性质(iii)的独立性是一个充分不必要条件.

随机变量的中位数是刻画分布的中心位置(或中间位置)的另一个数字特征.对连续型随机变量，称满足

$$P(X\leqslant\mu_{1/2})=\frac{1}{2}=P(X\geqslant\mu_{1/2})$$

的实数 $\mu_{1/2}$ 为 X 的中位数.中位数在社会资料统计中用得很多.

方差刻画了随机变量分布相对于期望值的分散度，其简算公式为 $D(X)=E[X-E(X)]^2=E(X^2)-(E(X))^2$.方差有三个性质，特别要注意的是，性质(iii) $D(X\pm Y)=D(X)+D(Y)$，必须 X 与 Y 不相关(读者试与期望性质做比较).

本章还给出了几个常用分布的期望和方差的计算实例.我们将结果列表如下：

X 的分布	期望	方差
二项分布 $B(n,p)$	np	$np(1-p)$
泊松分布 $P(\lambda)$	λ	λ
参数为 p 的几何分布	$\frac{1}{p}$	$\frac{1-p}{p^2}$
参数为 (n,N,m) 的超几何分布	$\frac{nm}{N}$	$\frac{nm}{N}\left[\frac{(n-1)(m-1)}{N-1}+1-\frac{mn}{N}\right]$
负二项分布 $NB(r,p)$	$\frac{r}{p}$	$\frac{r(1-p)}{p^2}$

续表

X 的分布	期望	方差
均匀分布 $R(a,b)$	$\dfrac{a+b}{2}$	$\dfrac{(b-a)^2}{12}$
指数分布 $E(\lambda)$	$1/\lambda$	$1/\lambda^2$
正态分布 $N(\mu,\sigma^2)$	μ	σ^2
χ^2 分布①$\chi^2(n)$	n	$2n$

① 此分布出现在第八章

两个随机变量 X,Y 之间的相关关系的特征是用协方差和相关系数来描述的.协方差有简算公式 $\operatorname{cov}(X,Y)=E[(X-E(X))(Y-E(Y))]=E(XY)-E(X)E(Y)$.

相关系数定义为 $\rho_{X,Y}=\dfrac{\operatorname{cov}(X,Y)}{\sqrt{D(X)D(Y)}}$.

相关系数总是介于-1 与 1 之间,若 $\rho_{X,Y}=0$,则 X 与 Y 不相关;若 $|\rho_{X,Y}|=1$,则存在常数 a,b,使得 $P(Y=aX+b)=1$.对于二维正态分布,X,Y 不相关等价于 X 与 Y 相互独立,但对于一般情况,不相关与相互独立不等价.

对于独立同分布的随机变量 $X_1,X_2,\cdots,X_n$,当 n 很大时,可以用中心极限定理描述随机变量和 $\sum\limits_{i=1}^{n}X_i$ 的渐近分布.因此可用于相关概率的近似计算,特别地当诸 X_i 服从参数为 p 的 0-1 分布时,若 n 很大,则随机变量 $\sum\limits_{i=1}^{n}X_i$ 有渐近分布 $N(np,np(1-p))$,因此可用于二项分布的近似计算.

第七章综合题

**1. 设随机变量 X 服从参数为 1 的泊松分布,求 $P(X=E(X^2))$.

**2. 已知离散型随机变量 $X\sim P(2)$,即 $P(X=k)=\mathrm{e}^{-2}\dfrac{2^k}{k!},k=0,1,2,\cdots$,且 $Z=2X-3$,求 $E(Z)$.

**3. 设随机变量 X 的分布律为 $P(X=-2)=0.5,P(X=1)=a,P(X=3)=b$.若 $E(X)=0$,求 $D(X)$.

4. 设随机变量 X 的密度函数为 $f(x)=\begin{cases}cx, & 0<x<2,\\ 0, & \text{其他},\end{cases}$ 求

(1) 常数 c 的值;(2) $E(X)$;(3) X 的中位数.

5. 设随机变量 X 分布函数为 $F(x)=\begin{cases}0, & x<0,\\ \dfrac{x^2}{9}, & 0\leqslant x<3,\\ 1, & x\geqslant 3.\end{cases}$ 求 X 的数学期望 $E(X)$ 和中位数 $\mu_{0.5}$.

6. 设随机变量 X 服从参数为 1 的指数分布,求数学期望 $E(2X\mathrm{e}^{-X})$.

*7. 设随机变量 X 服从参数为 p 的几何分布,$M>0$ 为整数,$Y=\max\{X,M\}$,求 $E(Y)$.

**8. 设二维离散型随机变量 (X,Y) 的联合分布律为

X	Y		
	0	1	2
0	$\frac{1}{4}$	0	$\frac{1}{4}$
1	0	$\frac{1}{3}$	0
2	$\frac{1}{12}$	0	$\frac{1}{12}$

求 $\operatorname{cov}(X-Y,Y)$.

9. 设随机变量 X 的密度函数为 $f(x)=\frac{1}{2}\mathrm{e}^{-|x|},-\infty<x<+\infty$.

(1) 求 X 的数学期望 $E(X)$ 和方差 $D(X)$;

(2) 求 X 与 $|X|$的协方差,并问 X 与 $|X|$是否相关?

*10. 设随机变量 $X_1,X_2,\cdots,X_n$ 相互独立,同服从(0,1)上的均匀分布,令 $Y=\min\limits_{1\leqslant i\leqslant n}X_i$,求 $E(Y)$, $D(Y)$.

*11. 设随机变量 X 有密度函数 $f(x)=\begin{cases}\frac{\lambda^{\alpha}}{\Gamma(\alpha)}x^{\alpha-1}\mathrm{e}^{-\lambda x}, & x>0,\\ 0, & \text{其他},\end{cases}$ 其中 $\lambda>0,\alpha>0$ 为常数,则称 X 服从具有参数(α,λ)的伽马分布,记为 $X\sim\Gamma(\alpha,\lambda)$,其中 $\Gamma(\alpha)=\int_0^{+\infty}y^{\alpha-1}\mathrm{e}^{-y}\mathrm{d}y$,有性质:对任意实数 x 有 $\Gamma(x+1)=x\Gamma(x)$,特别对正整数 n 有 $\Gamma(n+1)=n!$.(1) 求 $E(X),D(X)$;(2) 今设 $Y\sim\Gamma(\alpha_1,\lambda)$,$Z\sim\Gamma(\alpha_2,\lambda)$,且 Y 与 Z 独立,$W=\frac{Z}{Y}$,求 $E(W)$.

$\left(\text{提示:由独立性,有 } E(W)=E\left(\frac{Z}{Y}\right)=E(Z)E\left(\frac{1}{Y}\right).\right)$

*12. 设随机变量 X 服从参数为(a,b)的贝塔分布,即有密度函数 $f(x)=\begin{cases}\frac{\Gamma(a+b)}{\Gamma(a)\Gamma(b)}x^{a-1}(1-x)^{b-1}, & 0<x<1,\\ 0, & \text{其他},\end{cases}$ 求 $E(X),D(X)$.

$\left(\text{提示:已知 B 函数 } \mathrm{B}(\alpha,\beta)=\int_0^1 t^{\alpha-1}(1-t)^{\beta-1}\mathrm{d}t,\text{有关系式 } \mathrm{B}(\alpha,\beta)=\frac{\Gamma(\alpha)\Gamma(\beta)}{\Gamma(\alpha+\beta)}.\right)$

13. 验证:当(X,Y)为二维连续型随机变量时,按公式 $EX=\int_{-\infty}^{+\infty}\int_{-\infty}^{+\infty}xf(x,y)\,\mathrm{d}y\mathrm{d}x$ 及按公式 $EX=\int_{-\infty}^{+\infty}xf(x)\,\mathrm{d}x$ 算得的 EX 值相等.这里,$f(x,y)$,$f(x)$依次表示(X,Y),X 的密度函数.

*14. 袋中有 2^n 个外形完全相同的球,其中 C_n^k 个标有数字 $k(k=0,1,\cdots,n)$,从中不放回抽取 m 次(每次取 1 个),以 X 表示取到的 m 个球上的数字之和,求 $E(X)$.

$\left(\text{提示:记 } X_i \text{ 为第 } i \text{ 次抽到的球上的数字,则 } X=\sum_{i=1}^{m}X_i,E(X)=\sum_{i=1}^{m}E(X_i).\right)$

15. 某检验员逐个对产品进行检验,检验一个产品所需的时间 X(单位:s)是个随机变量,且 $P(X=10)=\frac{2}{3}$,$P(X=20)=\frac{1}{3}$.如果该检验员一天内有效的工作时间为 6.7 h,试求该检验员在一天有效工作时间内能检验的产品数量不少于 1 800 个的概率的近似值.

16. 设 X_i 表示某快递公司收到的第 i 个包裹的质量(单位:g),$X_1,X_2,\cdots$是独立同分布的随机变量序列,现该快递公司收到 10 000 个邮件,总质量为 $\sum\limits_{i=1}^{10\,000} X_i$.

(1) 若 X_1 服从正态分布 $N(20,81)$,求 $P\left(\sum\limits_{i=1}^{10\,000} X_i \leqslant 200\,900\right)$;

(2) 若 X_1 服从指数分布 $E\left(\dfrac{1}{20}\right)$,求 $P\left(\sum\limits_{i=1}^{10\,000} X_i \leqslant 200\,900\right)$.

*17. 设随机变量 X 有分布律

$$p_k=P(X=k)=\frac{C_M^k C_{N-M}^{n-k}}{C_N^n},k=0,1,2,\cdots,\min\{n,M\},$$

求 $E(X),D(X)$.

$\left(\text{提示:使用 } C_n^m=\dfrac{n}{m}C_{n-1}^{m-1}=\dfrac{n(n-1)}{m(m-1)}C_{n-2}^{m-2}.\right)$

*18. 将已写好的 n 封信的信纸随机地装入已写好的 n 个收信人对应地址的信封,若有一封信的信纸的收信人与信封的一致,则称为有一个配对.今 X 为 n 封已随机装好的信的配对数,求 $E(X)$,$D(X)$.

$\left(\text{提示:记 } X_i=\begin{cases}1, & \text{第 } i \text{ 封信配对},\\ 0, & \text{其他},\end{cases} i=1,2,\cdots,n, \text{有 } X=\sum\limits_{i=1}^{n}X_i. \text{先求 } E(X_i),E(X_iX_j) \text{ 及 } \operatorname{cov}(X_i,X_j), \text{使用公式 } D(X)=\sum\limits_{i=1}^{n}D(X_i)+2\sum\limits_{i=1}^{n-1}\sum\limits_{j=i+1}^{n}\operatorname{cov}(X_i,X_j).\right)$

第七章自测题

第七章习题参考答案

第八章　统计量和抽样分布

前面七章我们讨论了概率论的基本内容.从本章起,将讲述统计的基本知识以及初步应用.着眼点在于让读者懂得一点统计知识,熟悉统计语言和具有统计思想,掌握几种主要的统计方法,以便能够理解和掌握现代社会所提供的统计信息的特性.

概率论是统计学的数学基础,统计学从某种角度上也可看成概率论的重要应用,然而统计学作为一门独立的学科有它自身的特点和规律,特别是统计学有着广泛的应用领域.本章将首先陈述统计学的基本概念以及统计方法的特点.

统计量是统计推断的重要工具,在往后展开的种种统计方法中将扮演主要角色.因此本章要介绍的另一内容是:统计量的概念、性质以及常用统计量的分布.

第一节　统计与统计学

一、统计的研究对象

先看两个例子.

例 1　某厂生产大批某种型号的元件,从某天生产的元件中随机抽取若干个进行寿命试验,检验该厂生产的元件是否合格.

例 2　在美国总统选举年,从所有合法选民中随机抽出一部分进行民意测验,评估两党候选人获胜的机会.

这两个例子有以下几个共同特点:首先都涉及经济、社会现象,在例 1 中是某天生产的大批元件寿命,在例 2 是美国在该选举年的所有合法选民意向;其二,它们都有相应的数量特征,称之为统计指标,它可以是数,也可以是向量,或者是定性指标的量化,如例 2 中选举意向是个定性指标,但是可以将其量化为:选共和党的标记为 1,选民主党的标记为-1,弃权的标记为 0.类似的例子在实际生活中是普遍存在的,统计的研究对象是大量社会经济和自然现象的一定总体的数量特征及数量关系.

首先,构成统计研究对象的必须是“大量的”现象,因为少量的现象一是无规律可循,二是在有些情况下一目了然,无需使用统计手段进行研究分析;其次,统计研究的不是现象本身,而是现象所表征的数量特征或统计指标,这就区别了统计与其他的行为科学；再次，数量特征或统计指标都有客观性，例如前例中的元件寿命、选举意向都有确定的实际内涵，这就使得统计与纯粹数学相区别，统计指标有定量、定性之分，如例 1 是定量指标，例 2 是定性指标，定性指标一般都可采用适当的方式加以量化.

同其他学科相比，如物理、化学、社会学、经济学等，它们都有已经定义的很好的某种现象作为研究对象，统计学没有属于自己的基于试验或观察的经验研究对象，而是研究普遍存在于其他学科领域的数量特征和数量关系.由于统计研究对象的以上特征，所以统计的应用范围涵盖了涉及社会、经济、自然科学的几乎所有领域.

二、总体和样本

在统计中，总体和样本是经常要用到的两个基本概念.

直观来说，总体就是统计问题所要研究的对象全体，其中每个对象称为个体，如上节例 1，总体是该厂某天生产的全部元件，其中每一元件就是个体；在例 2 中，总体就是该选举年全体合法选民，每个选民即个体.

然而统计的研究对象并非是现象所涉及的人和物本身，而是现象的数量特征或统计指标，因此可以直接定义总体就是研究对象的统计指标，个体就是统计指标的特定观察，如例 1 的总体就是某天生产的元件寿命，例 2 的总体是选民的选举意向（已定量化）.由于统计问题涉及的是大量现象的观察，因此某个个体的出现或者说某个指标值的出现是随机的，于是更为合理的是将表征现象的统计指标看成随机变量（或随机向量）.它们遵从一定分布，而分布类型则是由研究对象本身所界定的.如此一来可以给出如下的定义：统计总体是服从一定分布的统计指标，通常以大写英文字母 X,Y 等记之，每个个体对应着统计指标的一个特定观测值.依照这一定义，总体是由分布所界定的，服从同一分布类型的两个研究对象可以看成来自同一总体，例如，有两个不同厂家，一个生产电视机某种元件，另一个生产电脑的某种元件，今分别考察元件寿命，如它们的寿命都服从指数分布（当然其平均寿命是不同的，因此有不同的分布参数），则可以认为它们是来自同一统计总体，总体的这一定义给理论处理带来极大的方便，尤其是便于应用概率论作为理论分析的工具.

称总体中按一定规则抽出的一部分个体为样品，样品的统计指标称为样本.

所谓“一定的规则”，是指保证总体中每一个个体有同等的机会被抽到的规则.在总体中抽取样本的过程称为抽样，抽取规则称为抽样方案，样本所包含的个体个数称为样本容量.

对于给定的抽样方案，作为将要被抽到的那些个体的指标，样本是一组随机变量（或随机向量），通常用大写字母，例如 $X_1,\cdots,X_n$ 记之，其中 n 为样本的大小，称为样本容量.其随机性表现在：总体中究竟哪几个个体被抽到是随机的，一旦给定的抽样方案实施后，样本就是一组数据，通常用小写的英文字母如 $x_1,x_2,\cdots,x_n$ 记之，也称之为样本值，事实上，样本值 $x_1,x_2,\cdots,x_n$ 就是样本 $X_1,X_2,\cdots,X_n$ 的一组特定的观测值.有时，也称单个观测 X_i $(1\leqslant i\leqslant n)$为样本，或称之为第 i 个样本.

例 3（抽样检查） 设有批量为 N 的产品，其中次品数为 $N\theta$，θ 未知，$0<\theta<1$.今分别

按有放回和无放回两种方法从中随机抽取 n $(n\leqslant N)$件.定义

$$X_i=\begin{cases}1, & \text{第 } i \text{ 次抽得次品},\\ 0, & \text{第 } i \text{ 次抽得正品}\end{cases}\quad (i=1,2,\cdots,n),$$

则 $X_1,X_2,\cdots,X_n$ 即是样本.且在有放回时,$X_1,X_2,\cdots,X_n$ 是独立同分布的,其公共分布是参数为 θ 的 0-1 分布;在无放回时,$X_1,X_2,\cdots,X_n$ 有相同分布但不独立.事实上可以分别给出在这两种不同抽样方式下的样本的联合分布:

(i) 有放回抽样

$$P(X_1=x_1,X_2=x_2,\cdots,X_n=x_n)=\theta^{\sum\limits_{i=1}^{n}x_i}(1-\theta)^{n-\sum\limits_{i=1}^{n}x_i}\quad (x_i=0 \text{ 或 } 1, i=1,\cdots,n).$$

(ii) 无放回抽样

$$P(X_1=x_1,X_2=x_2,\cdots,X_n=x_n)=\frac{\mathrm{C}_{N\theta}^{t}\mathrm{C}_{N(1-\theta)}^{nt}}{\mathrm{C}_N^n}\quad \left(t=\sum_{i=1}^{n}x_i, x_i=0 \text{ 或 } 1, i=1,2,\cdots,n\right).$$

由此可见,即使对同一总体,因不同的抽样方式,样本的分布可以不同(但对无限总体来说,不同的抽样方式对样本分布没有影响).

常称样本的联合分布为统计模型.必须指出的是,统计模型与概率模型是不同的,统计模型中总会有未知的成分,如上例中 θ 是未知参数,概率模型则不然.

依照抽样规则的要求,一般来说,每个样本 X_i 都是与总体同分布的,这就保证了样本的代表性.如还要求各个样本 $X_1,X_2,\cdots,X_n$ 是相互独立的,则称之为简单随机样本.因此,简单随机样本就是独立同分布样本.这种样本既有代表性又有独立性,便于理论分析,是使用最为广泛的一种样本.本书所涉及的样本除另有说明外,都假定是简单随机样本,简称为样本.

三、什么是统计学

先看一个使用统计方法处理实际问题的例子.

例 4 某社区计划建一所养老院,服务对象为满足一定条件的 65 岁以上的老人.在预算和规划时,需要知道一个关键参数,即当地居民的预期寿命.

为解决这个问题,第一步是收集与预期寿命有关的数据,例如该地区近十年 65 岁以上的老人死亡资料.表 8.1 是根据随机抽取的 1 000 个死亡记录整理出来的一张频数分布表.

表 8.1 死亡年龄频数分布表

死亡年龄组	(65.5,70.5]	(70.5,75.5]	(75.5,80.5]	(80.5,85.5]	(85.5,90.5]
组中值	68	73	78	83	88
组频数	89	251	358	266	36

以上最后一列已将死亡年龄≥90 的个体包括在内.以上步骤通常称为数据的收集和整理,文献上也称为描述性统计.

然后基于以上数据作出预期寿命(记为 μ)估计.后文将会看到,μ 的一个常用估计即为样本平均数.基于表 8.1,可算出 μ 的估计为 $\hat{\mu}=77.545$.于是我们可以得出结论:基于我们的数据,预期寿命的估计为 77 岁到 78 岁之间.但这样的结论不能令人信服,因为另一个人可以寻找另外一组 1 000 个死亡数据,得到的 μ 的估计低于 77,或者高于 78.又如何解释上述结果呢? 作为一个完整的统计分析,应该包含得出结果(此处是 μ 的估计)的精度与可靠度,往后我们还要就这个问题做深入的讨论.

通常称这部分工作为统计数据分析或统计推断.例 4 所描述的使用统计方法解决实际问题的过程,具有普遍性.从中可以知道统计学的主要内容.概括地说,统计学就是使用有效方法收集数据、分析数据,并基于数据做出结论的一门方法论科学.它的主要内容包括抽样调查、试验设计、点估计、区间估计和假设检验等.

四、统计方法的特点

从什么是统计学的讨论可以看出:统计数据既是统计研究的出发点,又是统计方法加以实施的载体,而且也是推断结论的唯一实证依据.因此可以说,"一切由数据说话"是统计方法的第一个、也是最重要的特点.这一特点决定了统计方法完全不涉及问题的专业内涵,因而是一件完全"中性"的、任何人都可使用的工具.

统计方法的第二个特点是:统计分析的结果常常会出错,而且这种错并非是由方法的误用所引起的.然而与此同时,分析结论也会告诉你出错的机会不会超过一个较小的界限.一个典型的例子是每天的天气预报,当它报告一个结果:明天是晴或是雨的同时,也告诉你明天晴的概率是多少.天气预报虽然可能会出错,但谁又会怀疑天气预报的科学性和重要性呢?

统计方法的第三个特点是:统计方法研究和揭示现象之间在数量表现层面上的相关关系,但不肯定因果关系(也许,实验型数据的统计分析会有例外,因为有可能通过实验严格控制其他因素).下面是一个例子:"吸烟有害健康"的观点,现在看起来已得到社会的认同,这里有统计分析所起的作用.然而,吸烟与患肺癌之间是否有因果关系,仍然是一个引起争议的问题.1957 年,《不列颠医学杂志》上有一项统计分析报告,指出吸烟与患肺癌有很强的相关关系.这引起人们的极大关注.然而经过四五十年的努力,仍然没有确定证据表明吸烟与患肺癌有因果关系.引发肺癌的因素是十分复杂的,吸烟与患肺癌有很强的相关关系,即是说数据显示吸烟的人群中患肺癌的比率比较高,但不能由此肯定它们之间有因果关系.

统计方法的第四个特点是:使用归纳推理.所谓归纳推理就是选取适合观测结果的假设,由特殊推向一般的推理.统计数据是作为总体的一部分的样本观测值.在选定的一组假设或设定的模型下,基于数据要推断整个总体的情况,因此统计推理是归纳推理.与此相区别的数学的推理是演绎推理.演绎推理和归纳推理是两种截然不同的推理.例如对同一假设下的同一数学问题,不论任何人,由演绎推理只能得出同一个结果;但统计问题则不然,在同一个统计模型的假设下,对同一统计问题不同的人使用归纳推理可以得到不同的结果.其原因是一个统计推断结果既同采用什么样本有关,也同采取什么样的统计方法有关.如果两个人分别采用不同的样本,或者虽然使用同一组样本但使用不同的统计方法,得到的推断结果当然可以不一样.

五、统计思想

当代公认的统计大师 C.R.Rao 在他的专著 *Statistics and Truth* 中，从哲学角度阐述统计的思想和特征，其中有这样的一段话："19 世纪以来统计学面临种种问题，要回答这种类型的问题的主要障碍，是随机性——缺乏原因与结果之间的一一对应关系.基于随机性的基础，人们如何行动呢？这是个长时间困扰人类的问题，直到本世纪初，我们才学会了掌握随机性，发展成能做出聪明决策的科学——统计学."Rao 的这段论述表明，统计学的发展历史是同对随机性的把握相伴的，通过对看起来是随机的现象进行统计分析，推动人们将随机性归纳于可能的规律性中，这是统计思想的重要体现.概率的统计定义，概率的频率解释以及统计结果的解释和评估都是这种思想的重要表现.

统计思想另一重要表现则是对差异的把握，即从差异中发现趋势.由于随机性，同一对象不同时间的观测以及不同的对象对同一指标的观测总是有差异的.如果观测到的差异超出一定的界限，以至不能由数据本身的随机性加以解释，此时变化趋势就发生了.下面是这种表现的例子.

例 5 为检验一枚硬币是否均匀，独立投掷 100 次，记录正面出现的次数（记为 X），如假设"硬币是均匀的"（记此假设为 H_0）成立，则正面出现的期望频数为 50，现在考察试验结果与期望值的差异 $X-50$.

今有试验结果：正面恰好出现 61 次，则得到一个 $61-50=11$ 的差异值，这是一个不小的差异.然而基于这样大的差异能否认为：H_0 不再成立，硬币偏向正面呢？注意到当 H_0 事实上成立时，由于随机性的作用，也会偶尔出现差异大于 0（或是差异小于 0）的结果.因此一个可行途径是确定一个阈值，使得当"差异大于该值"这一事件发生时，不能用随机性来解释.此时拒绝 H_0 是合理的，从而认定变化趋势已发生，即硬币不是均匀的.我们将在后文讨论假设检验时再回到这一问题.

习题 8.1

1. 某购物网站要了解消费者的购物偏好特征，于是进行了随机调查，请问该项研究的总体是什么？个体是什么？样本是什么？

2. 某高校想了解大一学生入学时的数学水平，特从新生中随机抽取 500 名进行测试.请问该项调查的总体和样本分别是什么？

3. 某品牌的咖啡饮品声称不含糖类成分，研究人员对其进行调查，从不同批次生产的饮品中随机抽取了 20 瓶进行检测，请问该项检测的总体和样本分别是什么？

4. 设 $(X_1,X_2,\cdots,X_6)$ 是取自总体 X 的一个简单随机样本，在下列三种情况下，分别写出样本 $(X_1,X_2,\cdots,X_6)$ 的联合分布律或联合密度函数.

(1) 总体 $X\sim P(\lambda)$；

(2) 总体 $X\sim R(0,\theta)$；

(3) 总体 X 的密度函数为 $f(x)=\dfrac{\lambda}{2}e^{-\lambda|x|},\quad -\infty<x<+\infty$.

第二节 统 计 量

一、统计量的定义

一般来说,原始统计数据,经过初步整理后可以大致知道其分布,但这对于将要进行的统计推断是不够的.我们先看一例:以下是某厂生产的机器零件的质量(单位:kg)

215,227,216,192,207,207,214,218,205,200,

187,185,202,218,195,215,206,202,208,210,

经过初步整理后可以画出质量分布的直方图(如图 8.1 所示).但对于具体一个统计问题来说,还需要从中提炼出少数几个指标,以概括这批数据所提供的与问题有关的信息.例如要回答:这批零件的平均质量是多少? 各个零件相对于平均质量的差异有多大? 这就需要基于这批数据,概括出一两个指标.统计中称这些指标为概括统计量,或统计量.

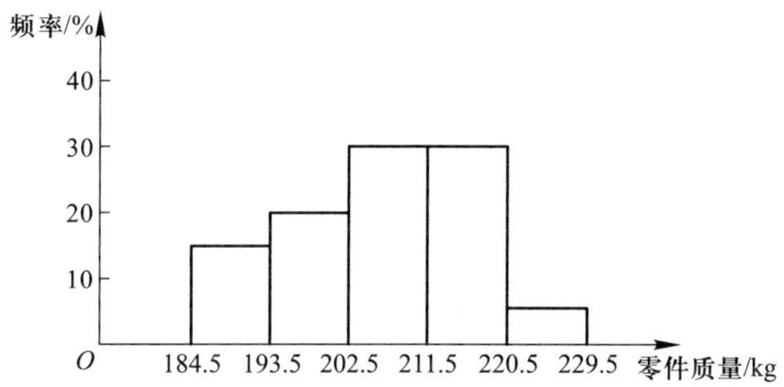

图 8.1 20 件机器零件质量频率直方图

在这个例子中,我们可以用算术平均 $\overline{x}=206.45$ kg 作为该组数据的中心位置的概括统计量,而用样本标准差 $s=10.91$ kg 作为这批数据差异或分散程度的概括统计量(其计算公式将在下面给出).这两个指标提炼了 20 个数据所提供的上述两个问题的信息,显然要比 20 个原始数据更易于把握.下面给出统计量的定义:

称完全由样本确定的量(可以是向量)为统计量,或从数学观点来看,统计量是样本的函数(可以是向量值).

以上定义中,"完全"这一词很重要,即它不应该同未知的总体分布有关,例如它不应含有总体分布中的未知参数,一旦有了样本数据就可以得出它的值.一般如用 X_1, $X_2,\cdots,X_n$ 表示容量为 n 的样本,则可用 $T=T(X_1,X_2,\cdots,X_n)$ 表示一个统计量,T 可取向量值,而函数 $T(X_1,X_2,\cdots,X_n)$ 应该不含任意未知参数.

由样本的性质可知:统计量是随机变量(或随机向量),作为数据加工的结果,统计量是确定的数或向量,有时也称后者为统计量观测值或统计量值.通常用 $t=T(x_1,x_2,\cdots,x_n)$ 表示当 $X_1=x_1,X_2=x_2,\cdots,X_n=x_n$ 时统计量 T 的值.

典型例题精讲视频

常用统计量及其性质

二、常用统计量

常用统计量分两类:一是描述数据分布的中心位置,二是描述数据分布的分散程度.这两类统计量提供了总体分布的相应信息.

设有数据 $X_1,X_2,\cdots,X_n$,定义样本均值为

$$\bar{X}=\frac{1}{n}\sum_{i=1}^{n}X_i, \tag{1}$$

样本方差为 S^2,其中

$$S=\sqrt{\frac{1}{n-1}\sum_{i=1}^{n}(X_i-\bar{X})^2}, \tag{2}$$

称 S 为样本标准差.样本均值可用以描述数据的中心位置,而样本方差和样本标准差则用以刻画数据的分散程度,S 越大,分散度越高.不难推出下面的简算公式:

$$S=\sqrt{\frac{1}{n-1}\left(\sum_{i=1}^{n}X_i^2-n\bar{X}^2\right)}, \tag{3}$$

此式提供一个计算格式:为计算根号里面的量,只需计算两个算术平均,一是数据平方的算术平均,二是数据本身的算术平均.

样本均值计算简单,且历史上使用较早,但作为数据中心位置的指标还是有其缺陷的.例如对于居民年收入数据,当使用年人均收入作为贫富指标,就有可能掩盖贫富的差异,因为少数人的大量财富有可能大大提高一个地区的人均收入.对于这一类社会经济数据,通常使用样本中位数来描述数据的中心位置.

样本中位数的直观意义是:若将数据从小到大排列,中位数就是居于中间位置的数值.设 $x_{(1)}\leqslant x_{(2)}\leqslant\cdots\leqslant x_{(n)}$ 是数据 $x_1,x_2,\cdots,x_n$ 由小到大的重排,则样本中位数可如下计算:

$$med=\begin{cases}x_{\left(\frac{n+1}{2}\right)}, & \text{当 } n \text{ 为奇数},\\ \frac{1}{2}\left[x_{\left(\frac{n}{2}\right)}+x_{\left(\frac{n}{2}+1\right)}\right], & \text{当 } n \text{ 为偶数}.\end{cases} \tag{4}$$

对于本节例子中的数据 $n=20$,$x_{(10)}=x_{(11)}=207$,故样本中位数 $med=207$.此例样本均值与样本中位数相当接近.

当数据的直方图显示对称性时,有

样本均值=样本中位数.

如用中位数作为数据中心位置的指标时,一般可用极差或四分位间距反映数据的分散度.极差 $R=x_{(n)}-x_{(1)}$ $\left(x_{(1)}=\min\limits_{1\leqslant i\leqslant n}x_i,x_{(n)}=\max\limits_{1\leqslant i\leqslant n}x_i\right)$,其直观意义很明显,$R$ 即数据的振幅,振幅越大说明数据越分散.四分位间距 $H=Q_U-Q_L$,此处,$Q_L<Q_U$,分别使 Q_L 的左、右的数据比及 Q_U 的右、左的数据比为1∶3,也称 Q_U,Q_L 为数据的上、下四分位数.

Q_L,Q_U 可如下计算:

$$Q_L=\begin{cases}x_{([0.25n]+1)}, & \text{当 } 0.25n \text{ 不是整数时},\\ \frac{1}{2}\left(x_{(0.25n)}+x_{(0.25n+1)}\right), & \text{当 } 0.25n \text{ 是整数时},\end{cases}$$

其中 $[0.25n]$ 表示 $0.25n$ 取其整数部分.类似地,

$$Q_U=\begin{cases} x_{([0.75n]+1)}, & \text{当 } 0.75n \text{ 不是整数时}, \\ \frac{1}{2}(x_{(0.75n)}+x_{(0.75n+1)}), & \text{当 } 0.75n \text{ 是整数时}. \end{cases}$$

依定义 H 正是区间(Q_L,Q_U)的长度,而区间(Q_L,Q_U)正好含有 50%的数据,因此 H 是相对于中位数的数据分散度的一个确当指标.此外,若数据低于$Q_L-1.5H$ 或高于$Q_U+1.5H$,则该数据可以认为是异常值.

对于成对数据(x_i,y_i),$i=1,2,\cdots,n$,固然可以对$\{x_i\}$及$\{y_i\}$分别使用上述统计量来刻画数据 x_i 及数据 y_i 各自的统计特征,但无法描述 x 与 y 之间的关联程度.

在统计中常常关心两个变量 x 与 y 之间有无线性关系,及线性相关的程度有多大,尽管线性关系从数学上说十分粗糙,但对一些实际问题却作用很大.一个描述成对数据线性相关程度的统计量是样本相关系数:

$$r_{xy}=\frac{\sum_{i=1}^{n}(x_i-\overline{x})(y_i-\overline{y})}{\sqrt{\sum_{i=1}^{n}(x_i-\overline{x})^2}\sqrt{\sum_{i=1}^{n}(y_i-\overline{y})^2}}, \tag{5}$$

其中 $\overline{x}$,$\overline{y}$ 分别为数据$\{x_i\}$,$\{y_i\}$的样本均值.

使用简单不等式$\left[\sum_{i=1}^{n}(x_i-\overline{x})(y_i-\overline{y})\right]^2\leqslant\sum_{i=1}^{n}(x_i-\overline{x})^2\sum(y_i-\overline{y})^2$,可知$|r_{xy}|\leqslant 1$. 当 $r_{xy}=\pm 1$ 时,称数据极大相关;而当 $r_{xy}=0$ 时,称数据不相关.注意到:如果

$$x_i\geqslant\overline{x}\Rightarrow y_i\geqslant\overline{y},$$

$$x_i\leqslant\overline{x}\Rightarrow y_i\leqslant\overline{y},$$

则 y 有随 x 增大(或减少)而增大(或减少)的趋势,因此当 $r_{xy}>0$ 时,称数据对正相关;同样地,当 $r_{xy}<0$ 时,称数据对负相关.

一般来说,判断数据对的相关性,除了使用样本相关系数,还需结合散点图加以印证.散点图就是将各个数据对一一标在平面坐标纸上画出的图像.下面的图 8.2(a),图 8.2(b)分别是对应负相关和正相关的数据对的散点图.

在结束本小节的时候,我们简单小结一下:当以样本均值为数据中心位置指标时,常用的统计量是 $\overline{X}$ 与 S;当以样本中位数为数据中心位置指标时,常用统计量为 med,R 或 H.而后者同 med,$x_{(1)}$,$x_{(n)}$,Q_L,Q_U 有关,常称之为五数概括.对于成对数据,常用的统计量为 $\overline{X}$,$\overline{Y}$,S_x,S_y,r_{xy}.

例 6 考查学生在网络上消耗的时间.随机调查了 30 位学生和他们每周在网络上投入的时间值如下:

7,28,42,47,72,83,20,28,43,48,75,87,24,30,44,48,77,88,25,32,45,50,78,135,25,35,46,51,79,151,

请给出五数概括,并找出异常值.

解 五数概括中,最小值$x_{(1)}=7$,下四分位数$Q_L=30$,中位数 $med=46.5$,上四分位数$Q_U=77$,最大值$x_{(30)}=151$,四分位间距 $H=Q_U-Q_L=47$,$Q_L-1.5H=-40.5$,$Q_U+1.5H=147.5$.如图 8.3 所示,因为 151>147.5,所以 151 可以认为是异常值.

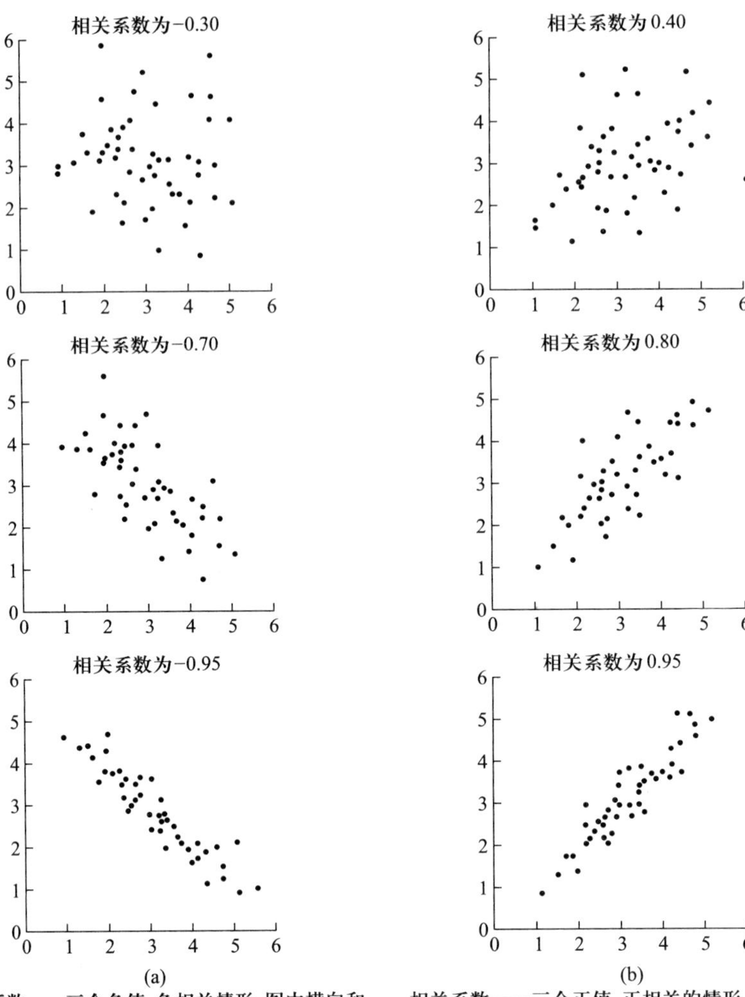

相关系数——三个负值，负相关情形. 图中横向和纵向平均数都是3，S 都是1. 每个图都有50个点.

相关系数——三个正值，正相关的情形. 图中横向和纵向平均数都是3，S 都是1. 每个图都有50个点.

图 8.2

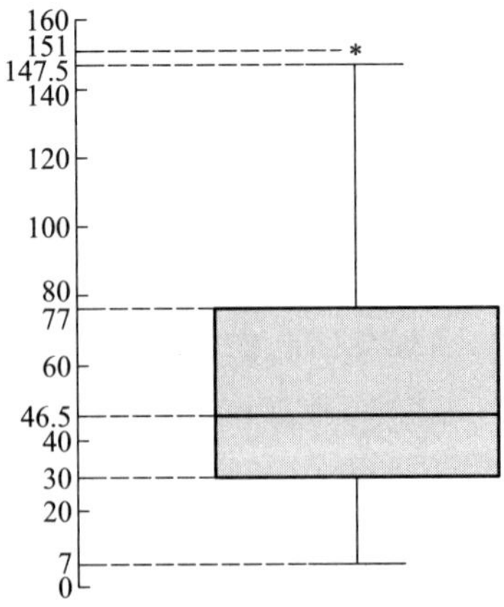

图 8.3

习题 8.2

1. 设 $X_1, X_2, \cdots, X_6$ 是来自 $(0,\theta)$ 上均匀分布的样本，$\theta>0$ 未知.

(1) 指出下列样本函数中哪些是统计量，哪些不是？为什么？

$$T_1=\frac{X_1+X_2+\cdots+X_6}{6}, T_2=X_6-\theta, T_3=X_6-E(X_1), T_4=\max\{X_1, X_2, \cdots, X_6\};$$

(2) 如样本的一组观测值是 0.5，1，0.7，0.6，1，1，写出样本均值，样本方差和样本标准差.

2. 某一马拉松比赛中前 30 名运动员成绩（单位：min）如下：

129，130，130，133，134，135，136，136，138，138，138，141，141，141，142，
142，142，142，143，143，143，143，143，144，144，145，145，145，145，145.

(1) 计算该 30 名运动员成绩的样本均值和样本标准差；

(2) 计算这组成绩的样本中位数；

(3) 计算这组成绩的上、下四分位数和四分位间距.

3. 已知某校本学期共有 2 000 位学生参加概率论与数理统计课程的考试，其中女生 800 名，男生 1 200 名.成绩统计如下：

	最低分	下四分位数	中位数	上四分位数	最高分
男生	0	64	70	80	100
女生	12	62	75	89	98

(1) 男生和女生哪一组的分数高？

(2) 男生和女生哪一组分数的差异较大？

4. 为研究训练水平与心脏血液输出量之间的关系，随机抽取 20 人，并将他们随机分成四组，每组一个训练水平，训练 15 min 后，测量他们的心脏血液输出量（单位：ml/min），结果如下：

序号	训练水平 x	心脏血液输出量 $y/(\mathrm{ml}\cdot\mathrm{min}^{-1})$	序号	训练水平 x	心脏血液输出量 $y/(\mathrm{ml}\cdot\mathrm{min}^{-1})$
1	0	4.4	11	600	12.8
2	0	5.6	12	600	13.4
3	0	5.2	13	600	13.2
4	0	5.4	14	600	12.6
5	0	4.4	15	600	13.2
6	300	9.1	16	900	17.0
7	300	8.6	17	900	17.3
8	300	8.5	18	900	16.5
9	300	9.3	19	900	16.8
10	300	9.0	20	900	17.2

试计算样本相关系数,并由此解释训练水平与心脏血液输出量之间的相关关系.

5. 已知10家百货商店平均每人每月平均销售额和利润率,如下所示:

商店	每人每月平均销售额/万元	利润率/%
1	6	12.6
2	5	10.4
3	8	13.5
4	1	3
5	4	8.1
6	7	16.3
7	6	12.3
8	3	6.2
9	3	6.6
10	7	16.8

(1) 绘制每人每月平均销售额与利润率之间的散点图;

(2) 计算每人每月平均销售额与利润率之间的相关系数;

(3) 结合散点图,分析每人每月平均销售额与利润率之间的相关关系.

第三节 抽样分布

所谓抽样分布,即统计量的分布.因为统计推断虽然是基于样本作出的,但任何推断都离不开一组适当的统计量,因此不如说:统计推断是直接基于统计量作出的.从而研究抽样分布是统计推断的一项十分重要的内容.由于样本均值的重要性,本节先讨论样本均值的抽样规律,再讨论在正态总体下,常用统计量的抽样分布.

*一、有限总体的抽样分布

在大多数实际问题中,总体中个体个数是有限的,特别是对抽样调查更是如此,我们称这种总体为有限总体.此时,抽样规则对统计量的分布有很大影响.通常考虑有放回和不放回两种抽样规则.在有放回抽样情况下,样本是独立同分布的;而在不放回情况下,样本同分布但不独立,而且在实际抽样时,绝大多数是无放回抽样,这除了不放回抽样的成本低之外,还有理论上的重要原因.下面的定理显示了样本均值在这两种抽样方式下的不同表现.我们有

定理1 设总体中个体总数(也称总体大小)为N,样本容量为n $(<N)$且总体有有限均值μ,方差σ^2,则

(i) $E(\overline{X})=\mu$; (6)

(ii) 当抽样是有放回的时，

$$D(\bar{X})=\frac{\sigma^2}{n},\quad \sigma(\bar{X})=\frac{\sigma}{\sqrt{n}},\tag{7}$$

当抽样是不放回的时，

$$D(\bar{X})=\frac{N-n}{N-1}\cdot\frac{\sigma^2}{n},\quad \sigma(\bar{X})=\sqrt{\frac{N-n}{N-1}}\frac{\sigma}{\sqrt{n}},\tag{8}$$

其中 $\sigma(\bar{X})$ 即为 $\bar{X}$ 的标准差.

证明见附录.

下面对定理 1 的结论做些说明. 首先，由(7)式和(8)式可见，样本均值的标准差至少比总体标准差缩小$\sqrt{n}$倍，因此从平均观点来说，增大样本容量可以降低抽样误差，达到控制随机误差的作用.

其次，比较(7)式和(8)式可知：当 $n>1$ 时，不放回抽样的样本均值的标准差较小，从而有较小的抽样误差，这就为使用不放回抽样的合理性找到理论根据.

最后，当 $n\ll N$，即 n 比 N 小得多时，(7)式与(8)式很接近，此时，可近似地将不放回抽样当作有放回抽样.

二、三个重要分布

为了讨论正态总体下的抽样分布，先引入由正态分布导出的统计中的三个重要分布，即χ^2 分布、t 分布、F 分布.

典型例题精讲视频 χ^2分布

设 $X_1,X_2,\cdots,X_n$ 为相互独立的服从标准正态分布的随机变量，称随机变量

$$U=X_1^2+X_2^2+\cdots+X_n^2$$

服从自由度为 n 的χ^2 分布，记为 $U\sim\chi^2(n)$，且变量 U 有期望、方差：

$$E(U)=n,\ D(U)=2n.\tag{9}$$

$\chi^2(n)$分布的密度函数的图像如图 8.4(a)所示.

又若随机变量 X 与 Y 相互独立，且 $X\sim N(0,1)$，$Y\sim\chi^2(n)$，则称随机变量

$$T=\frac{X}{\sqrt{Y/n}}$$

典型例题精讲视频 t分布

服从自由度为 n 的 t 分布，记为 $T\sim t(n)$，$t(n)$分布的密度函数图像如图8.4(b)所示.

若随机变量 U 与 V 相互独立，且 $U\sim\chi^2(n)$，$V\sim\chi^2(m)$，则称随机变量

$$F=\frac{U/n}{V/m}$$

典型例题精讲视频 F分布

服从自由度为(n,m)的 F 分布，记为 $F\sim F(n,m)$. $F(n,m)$分布的密度函数图像如图 8.4(c)所示.

注意到 t 分布的密度函数图像与标准正态分布的密度函数图像类似，都关于纵轴对称，又χ^2 分布与 F 分布的密度函数的自变量只取正值. 这三个分布都有表可查，例如对给定的 $\alpha(0<\alpha<1)$，常用 $t_\alpha(n)$，$\chi_\alpha^2(n)$，$F_\alpha(n,m)$表示相应分布的 α 分位数，即它们分别满足：

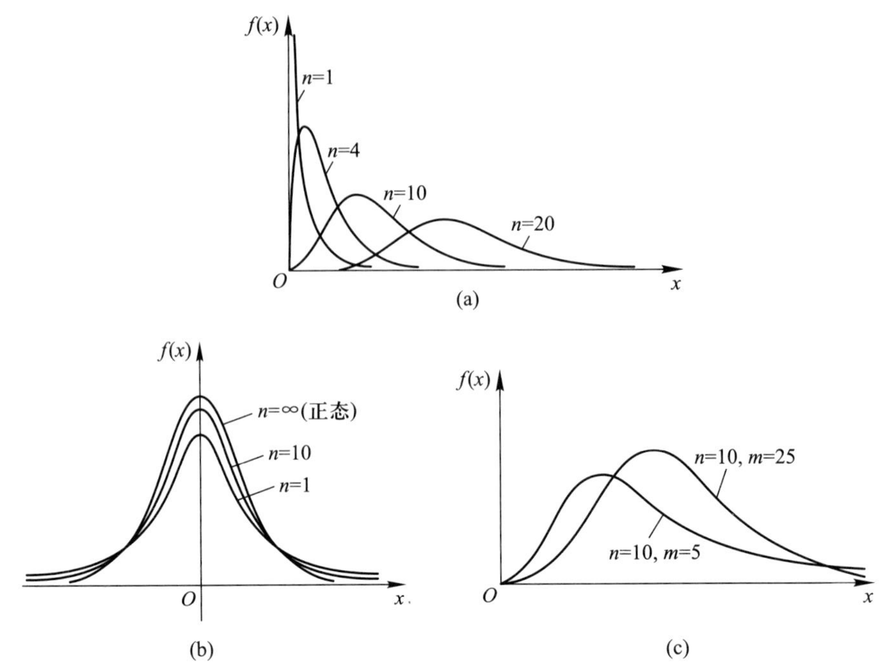

图 8.4

$$P(U\leqslant\chi_{\alpha}^{2}(n))=\alpha,$$
$$P(T\leqslant t_{\alpha}(n))=\alpha,$$
$$P(F\leqslant F_{\alpha}(n,m))=\alpha.$$

对于 α 的不同值,从书末附表可查到 α 分位数的值.由对称性易知

$$t_{1-\alpha}(n)=-t_{\alpha}(n),$$

又由 F 分布定义可知

$$F_{1-\alpha}(n,m)=\frac{1}{F_{\alpha}(m,n)}.$$

这两个公式,对于查分位数表是有用的.最后要指出,χ^2 分布具有可加性,即若随机变量 $U_1,U_2,\cdots,U_m$ 相互独立,$U_i\sim\chi^2(n_i)$ $(i=1,2,\cdots,m)$,则 $U_1+U_2+\cdots+U_m\sim\chi^2(n_1+n_2+\cdots+n_m)$,此结果可由 χ^2 分布定义及归纳法加以证明,留给读者作为练习.

三、正态总体的抽样分布

本段假设 $X_1,X_2,\cdots,X_n$ 是来自正态总体 $N(\mu,\sigma^2)$ 的样本,即它们是独立同分布的,皆服从 $N(\mu,\sigma^2)$ 分布.

定理 2 (i) $\bar{X}\sim N\left(\mu,\dfrac{\sigma^2}{n}\right)$;

(ii) $\bar{X}$ 与 $S^2=\dfrac{1}{n-1}\sum\limits_{i=1}^{n}(X_i-\bar{X})^2$ 相互独立;

(iii) $\frac{(n-1)S^2}{\sigma^2}\sim\chi^2(n-1)$,

其中 S^2 为样本方差.(证明从略.)

通常 S^2 可用作总体方差 σ^2 的估计,它与 $S,\bar{X}$ 构成最常用的统计量.由定理 2 的结论(i)知:样本均值 $\bar{X}$ 有很好的性质,它的分布以总体均值 μ 为对称中心,但分散程度是总体的$\frac{1}{n}$,也就是说,如以 $\bar{X}$ 作为 μ 的估计,其估计精度要比用单个样本 X_1 做估计要高 n 倍.结论(ii)表明:在正态总体情形,两个重要统计量 S^2 与 $\bar{X}$ 是相互独立的;结论(iii)表明,对正态总体来说,总体方差的估计 S^2 经过适当的变换后,其分布为$\chi^2(n-1)$,这对总体方差的统计推断是重要的.

该定理是正态总体统计推断的基础,因而是十分重要的,下面列举其应用.

例 7 设 $X_1,X_2,\cdots,X_n$ 是来自正态总体 $N(\mu,\sigma^2)$ 的样本,则随机变量

$$T=\frac{\bar{X}-\mu}{\sqrt{S^2/n}}\sim t(n-1).$$

证 令 $X=\frac{\sqrt{n}(\bar{X}-\mu)}{\sigma},Y=\frac{(n-1)S^2}{\sigma^2}$,则由定理 2 知 $X\sim N(0,1),Y\sim\chi^2(n-1)$,且 X 与 Y 相互独立.由 $T=\frac{X}{\sqrt{Y/(n-1)}}$及 t 分布定义即知 $T\sim t(n-1)$.

例 8 设 $X_1,X_2,\cdots,X_m$ 与 $Y_1,Y_2,\cdots,Y_n$ 是分别来自正态总体 $N(\mu_1,\sigma^2)$ 与 $N(\mu_2,\sigma^2)$ 的两个独立的样本,记

$$\bar{X}=\frac{1}{m}\sum_{i=1}^{m}X_i,\ \bar{Y}=\frac{1}{n}\sum_{i=1}^{n}Y_i,$$

$$S_X^2=\frac{1}{m-1}\sum_{i=1}^{m}(X_i-\bar{X})^2,\ S_Y^2=\frac{1}{n-1}\sum_{j=1}^{n}(Y_j-\bar{Y})^2,$$

$$S_w^2=\frac{(m-1)S_X^2+(n-1)S_Y^2}{m+n-2},$$

典型例题精讲视频

抽样分布综合例题

则随机变量

$$T=\frac{(\bar{X}-\bar{Y})-(\mu_1-\mu_2)}{\sqrt{\frac{1}{m}+\frac{1}{n}}\cdot S_w}\sim t(m+n-2).$$

证 使用χ^2 变量的可加性及定理 2 的(iii)知

$$U=\frac{(m+n-2)S_w^2}{\sigma^2}\sim\chi^2(m+n-2),$$

又令

$$V=\frac{(\bar{X}-\bar{Y})-(\mu_1-\mu_2)}{\sigma\sqrt{\frac{1}{m}+\frac{1}{n}}},$$

由定理 2 的(i)知 $V\sim N(0,1)$. 再使用定理 2 的(ii)可知:$\bar{X}$ 与 S_X^2 相互独立,$\bar{Y}$ 与 S_Y^2 相互独立,且因 $X_1,X_2,\cdots,X_m$ 与 $Y_1,Y_2,\cdots,Y_n$ 相互独立,所以 $\bar{X}$ 与 S_Y^2 相互独立,$\bar{Y}$ 与 S_X^2 相互独立,因而$(\bar{X},\bar{Y})$与(S_X^2,S_Y^2)相互独立,由此即知 U 与 V 相互独立. 最后,由 $T=\dfrac{V}{\sqrt{U/(m+n-2)}}$ 及 t 分布定义即知 $T\sim t(m+n-2)$.

例 9(例 8 续)

$$F=\frac{S_X^2}{S_Y^2}\sim F(m-1,n-1).$$

此例的证明留给读者作为练习.

* 除了正态总体等少数例外,对一般总体,精确的抽样分布多不易得到,为此常借助极限分布.

当一个统计量存在极限分布时,可用此极限分布作为近似的抽样分布,并称此极限分布为统计量的渐近分布,一类最重要的极限分布可通过中心极限定理导出.

设总体 X 有有限均值 μ 及方差 σ^2,$X_1,X_2,\cdots,X_n$ 是样本,则由中心极限定理,当 $n\to\infty$,有

$$\frac{\sqrt{n}(\bar{X}-\mu)}{\sigma}\overset{\text{近似}}{\sim}N(0,1),$$

因此统计量 $\bar{X}$ 有渐近分布 $N\left(\mu,\dfrac{\sigma^2}{n}\right)$.

例 10 某镇有 25 000 户家庭,平均每户拥有汽车 1.2 辆,标准差为 0.90 辆,它们中 10% 没有汽车. 今有 1 600 户家庭的随机样本,问在样本中 9% 和 11% 之间的家庭没有汽车的概率是多少?

解 今引入新变量

$$X_i=\begin{cases}1, & \text{第 } i \text{ 个样本家庭无汽车},\\ 0, & \text{第 } i \text{ 个样本家庭有汽车}\end{cases}\quad (i=1,2,\cdots,n,n=1\ 600).$$

按假设条件,$p=P(X_i=1)=0.10$,因 $n\ll N\ (N=25\ 000)$,故可以近似地看成有放回抽样,$X_1,X_2,\cdots,X_n$ 相互独立. 分别以 μ,σ 记 $X_1,X_2,\cdots,X_n$ 的公共均值和标准差,则由假设知 $\mu=0.10,\sigma=\sqrt{0.10\times0.90}=0.3$,样本中无汽车家庭的比率即为 $\bar{X}$,由于 $n=1\ 600$ 较大,可以使用渐近分布求解,即 $\bar{X}\sim N\left(\mu,\dfrac{\sigma^2}{n}\right)$,所求概率即为

$$\begin{aligned}&P(9\%\leqslant\bar{X}\leqslant11\%)\\&=P\left(\frac{40(0.09-0.10)}{0.3}\leqslant\frac{\sqrt{n}(\bar{X}-\mu)}{\sigma}\leqslant\frac{40(0.11-0.10)}{0.3}\right)\\&\approx\Phi\left(\frac{40(0.11-0.10)}{0.3}\right)-\Phi\left(\frac{40(0.09-0.10)}{0.3}\right)\\&=2\Phi\left(\frac{0.4}{0.3}\right)-1=2\times0.908\ 2-1=0.816\ 4.\end{aligned}$$

习题 8.3

1. 设$(X_1,X_2,\cdots,X_n)$是取自总体 X 的一个样本,在下列三种情况下,分别求$E(\bar{X}),D(\bar{X}),E(S^2)$:

(1) $X\sim B(1,p)$;(2) $X\sim E(\lambda)$;(3) $X\sim R(0,2\theta)$,其中 $\theta>0$.

2. 设$(X_1,X_2,\cdots,X_n)$是取自总体 $N(1,\sigma^2)$的一个样本,求:

(1) $E\left[\sum\limits_{i=1}^{n}(X_i-1)^2\right],D\left[\sum\limits_{i=1}^{n}(X_i-1)^2\right]$;(2) $E\left[\left(\sum\limits_{i=1}^{n}X_i-n\right)^2\right],D\left[\left(\sum\limits_{i=1}^{n}X_i-n\right)^2\right]$.

3. 查表求$\chi^2_{0.99}(12),\chi^2_{0.01}(12),t_{0.99}(12),t_{0.01}(12),F_{0.99}(1,12),F_{0.01}(1,12)$.

4. 设 $T\sim t(10)$,求常数 c 使 $P(T>c)=0.95$.

5. 设 $X_1,X_2,\cdots,X_5$是相互独立且服从相同分布的随机变量,且每一个$X_i(i=1,2,\cdots,5)$都服从$N(0,1)$.

(1) 试给出常数 c,使得 $c(X_1^2+X_2^2)$服从χ^2 分布,并指出它的自由度;

(2) 试给出常数 d,使得 $d\dfrac{X_1+X_2}{\sqrt{X_3^2+X_4^2+X_5^2}}$服从 t 分布,并指出它的自由度;

(3) 试给出常数 k,使得 $k\dfrac{X_1^2+X_2^2}{X_3^2+X_4^2+X_5^2}$服从 F 分布,并指出它的自由度.

6. 设 $X_1,X_2,\cdots,X_n$是来自正态总体 $N(0,\sigma^2)$的样本,试证:

(1) $\dfrac{1}{\sigma^2}\sum\limits_{i=1}^{n}X_i^2\sim\chi^2(n)$;

(2) $\dfrac{1}{n\sigma^2}\left(\sum\limits_{i=1}^{n}X_i\right)^2\sim\chi^2(1)$.

*7. 某市有 100 000 个年满 18 岁的居民,他们中 10%年收入超过 20 万,20%受过高等教育.今从中抽取 1 600 人的随机样本,求

(1) 样本中不少于 11%的人年收入超过 20 万的概率;(2) 样本中 19%和 21%之间的人受过高等教育的概率.

附　录

定理 1 的证明:由 $X_1,X_2,\cdots,X_n$ 与 X 同分布知,

$$E(X_i)=E(X)=\mu,\ i=1,2,\cdots,n,$$

从而 $E(\bar{X})=\dfrac{1}{n}\sum\limits_{i=1}^{n}E(X_i)=\mu$, 得证(6)式.

又在有放回抽样时,$X_1,X_2,\cdots,X_n$ 是独立同分布的,因而

$$D(\bar{X})=\frac{1}{n^2}\sum_{i=1}^{n}D(X_i)=\frac{\sigma^2}{n}.$$

两边开平方,即得证(7)式.

再考虑无放回的情况,记总体 X 的取值为 $a_1,a_2,\cdots,a_N$,由抽样的随机性有,抽到任一个体的概率都为$\dfrac{1}{N}$,而抽到任意两个指定个体的概率为$\dfrac{1}{N(N-1)}$.因而

$$\mu = E(X) = \frac{1}{N}\sum_{i=1}^{N} a_i = \bar{a},$$

$$\sigma^2 = D(X) = E[(X-\mu)^2] = \frac{1}{N}\sum_{i=1}^{n}(a_i - \bar{a})^2.$$

对任意 $1 \leqslant i \neq j \leqslant n$ 有

$$\begin{aligned} \operatorname{cov}(X_i, X_j) &= E[(X_i - \mu)(X_j - \mu)] \\ &= \frac{1}{N(N-1)}\sum_{s \neq t}(a_s - \bar{a})(a_t - \bar{a}) \\ &= \frac{1}{N(N-1)}\left[\sum_{s=1}^{N}\sum_{t=1}^{N}(a_s - \bar{a})(a_t - \bar{a}) - \sum_{t=1}^{N}(a_t - \bar{a})^2\right]. \end{aligned}$$

注意到 $\sum_{s=1}^{N}(a_s - \bar{a}) = 0$,因此

$$\operatorname{cov}(X_i, X_j) = -\frac{1}{(N-1)}\frac{1}{N}\sum_{t=1}^{N}(a_t - \bar{a})^2 = -\frac{\sigma^2}{N-1} \quad (1 \leqslant i \neq j \leqslant n),$$

于是

$$\begin{aligned} D(\bar{X}) &= \frac{1}{n^2}D\left(\sum_{i=1}^{n} X_i\right) \\ &= \frac{1}{n^2}\left[\sum_{i=1}^{n} D(X_i) + 2\sum_{i<j}\operatorname{cov}(X_i, X_j)\right] \\ &= \frac{1}{n^2}\left(n\sigma^2 - 2\sum_{i<j}\frac{\sigma^2}{N-1}\right) \\ &= \frac{N-n}{N-1}\frac{\sigma^2}{n}, \end{aligned}$$

得证(8)式,定理证毕.

小　结

统计研究对象是大量社会经济和自然现象的一定总体的数量特征及数量关系.所谓总体即研究对象的全体,或服从一定分布的研究对象的统计指标.总体中按一定规则抽出的一部分个体为样品,样品的统计指标为样本.简单随机样本是一组互相独立的与总体有相同分布的随机变量.

统计学是使用有效方法收集数据、分析数据,并基于数据作出推断的一门方法论科学,它的主要内容包括抽样调查、试验设计、点估计、区间估计和假设检验等.

完全由样本确定的量称为统计量,它是样本的函数.常用的统计量有样本均值 $\bar{X}$,样本方差 S^2,样本标准差 S,样本相关系数 r_{xy} 以及样本中位数.

当总体为正态分布 $N(\mu, \sigma^2)$ 时,有

(i) $\bar{X} \sim N\left(\mu, \frac{\sigma^2}{n}\right)$; (ii) $\bar{X}$ 与 S^2 独立; (iii) $\frac{(n-1)S^2}{\sigma^2} \sim \chi^2(n-1)$,

这是正态总体抽样的基本定理.

第八章综合题

1. 设$(X_1,X_2,\cdots,X_n)$是取自总体 X 的一个样本,$\overline{X}$,S 分别为样本均值和样本标准差,在下列两种总体分布的假定下,分别求 $E(\overline{X})$,$D(\overline{X})$,$E(S^2)$.

(1) $X\sim P(\lambda)$;(2) $X\sim N(\mu,\sigma^2)$;(3) $X\sim\chi^2(n)$.

单正态总体下的抽样分布

2. 设$(X_1,X_2,X_3,X_4,X_5,X_6)$是取自正态总体 $N(1,\sigma^2)$的样本,$\overline{X}$,S 分别为样本均值和样本标准差,求 $P(\overline{X}>1)$,$P(\overline{X}<1,S^2<1.847\ 2\sigma^2)$.

** 3. 设随机变量 $X\sim t(n)$,$Y\sim F(1,n)$,给定 $\alpha(0<\alpha<0.5)$,常数 c 满足 $P(X>c)=\alpha$,求 $P(Y>c^2)$.

4. 设(X_1,X_2,X_3)为来自正态总体 $N(1,\sigma^2)$的样本,求统计量$\dfrac{X_1-X_2}{\sqrt{2}\,|X_3-1|}$服从的分布.

5. 设$(X_1,X_2,\cdots,X_5)$是取自正态总体 $N(0,\sigma^2)$的一个样本,$F=c\dfrac{(X_1+X_2+X_3)^2}{(X_4+X_5)^2}$,其中 c 为非零常数,问 F 服从什么分布,自由度是多少,c 是多少?

** 6. 设$(X_1,X_2,\cdots,X_n)$是取自总体 $N(0,1)$的一个样本,$\overline{X}$ 为样本均值,S^2 为样本方差,求下列统计量的分布:

(1) $\sqrt{n}\,\overline{X}$;(2) $(n-1)S^2$;(3) $\sqrt{n}\dfrac{\overline{X}}{S}$;(4) $\dfrac{(n-1)X_1^2}{\sum\limits_{i=2}^{n}X_i^2}$.

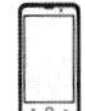

第八章自测题

第八章习题参考答案

第九章 点 估 计

点估计是统计推断的一个重要组成部分,可以这样说,所有统计推断包括区间估计和假设检验在内,都无一例外地要用到点估计,因而点估计也是统计推断的一项基础性工作.本章将介绍点估计的概念、方法和原理.

第一节 点估计问题

本章总假定总体分布或为离散型或为连续型,总体指标以 X 表示,$f(x,\theta)$ 为总体 X 的分布,θ 为未知的分布参数,可以取向量值,θ 的取值范围 Θ 是已知的,称为参数空间.当 X 为离散型时,$f(x,\theta)$ 为分布律;当 X 为连续型时,$f(x,\theta)$ 为密度函数.参数 θ 标示 X 的真分布在分布族 F 中的位置,起到总体分布的定位作用.

设 $X_1,X_2,\cdots,X_n$ 是来自总体 X 的样本,所谓统计模型,即样本 $X_1,X_2,\cdots,X_n$ 的联合分布.由于样本是独立同分布的,故可一般地表述统计模型为

$$f(x_1,\theta)f(x_2,\theta)\cdots f(x_n,\theta)\quad(\theta\in\Theta). \tag{1}$$

在大多数情况下,f 的函数形式是已知的,因此在上述模型中,只有 θ 的真值是未知的.

例 1 某种同型号产品 N 件,其合格品率 θ 未知,对该批产品做质量检验,从中随机抽取 n 件($n\ll N$).当第 i 次抽到的产品为合格品时,记 $X_i=1$,反之记 $X_i=0$ $(i=1,2,\cdots,n)$,则 $X_1,X_2,\cdots,X_n$ 就是样本.总体分布为 0-1 分布,参数空间 $\Theta=(0,1)$,容易得到统计模型为

$$\theta^{\sum\limits_{i=1}^{n}x_i}(1-\theta)^{n-\sum\limits_{i=1}^{n}x_i},\ \theta\in(0,1),$$

其中 $x_1,x_2,\cdots,x_n$ 只取 0,1 值.

例 2 一批灯管寿命服从指数分布 $E(\lambda)$,$\lambda>0$ 未知,从中随机抽取 n 只,$X_1,X_2,\cdots,X_n$ 为其寿命,则统计模型为

$$\lambda^n e^{-\lambda\sum\limits_{i=1}^{n}x_i},\ \lambda\in(0,+\infty),$$

其中 $x_1,x_2,\cdots,x_n$ 只取大于 0 的实数值.

在统计模型(1)中,一旦知道了 θ,就完全知道了总体的分布,因此在模型(1)下,统计推断的对象或者说各种统计问题都是与这个未知的参数 θ 有关的.

假设模型(1)及有一个与 θ 有关的感兴趣指标 η,η 可表示成 θ 的已知函数

$\eta=g(\theta)$,η 可以是向量值.我们的问题是:基于样本 $X_1,X_2,\cdots,X_n$,估计 $g(\theta)$(作为特例,当$g(\theta)$为恒等函数时,估计 $g(\theta)$ 即为估计 θ).这里要注意的是,虽然$g(\theta)$是已知函数,但由于 θ 未知,因而函数值 $g(\theta)$ 自然是未知的.称这样的统计问题为点估计问题,或者说是参数估计.

上述问题的提法有普遍的适用性,下面见几个例子.

例 3 石棉浓度的测量要求计量过滤器中的石棉纤维数.以下是过滤器中 23 个格子内的纤维计数数据:

31,29,19,18,31,28,34,27,34,30,16,18,26,27,27,18,24,22,28,24,21,17,24.

假设格子中的纤维数 X 服从参数为 θ 的泊松分布,要求基于数据估计平均纤维数.

由泊松分布性质,可知平均纤维数 $E(X)=\theta$,因此本例就是要求估计 θ 本身,而 $\eta=g(\theta)=\theta$.

例 4 某航空公司为评估飞行员的目测能力,随机抽取 $n=14$ 名飞行员,要求他们说出两个放置在相距 20 m 的标志之间的目测距离.考虑他们的目测误差(单位:m),得到如下数据:

2.7,2.4,1.9,2.6,2.4,1.9,2.3,2.2,2.5,2.3,1.8,2.5,2.0,2.2.

假设飞行员的目测误差服从正态分布 $N(\mu,\sigma^2)$,要求基于数据估计目测误差的标准差 σ.

此处总体未知参数 $\theta=(\mu,\sigma^2)$,而估计对象为 $\eta=g(\theta)=\sigma$.

例 5 设某地区中学生的身高 X 服从正态分布 $N(\mu,\sigma^2)$,其中 μ,σ^2 均未知,要在该地区中学生中挑选省排球队队员,标准是其身高必须高于 1.90 m.要求估计中选率 η.由正态分布性质,可将 η 表示成如下的 θ 的已知函数形式:

$$\eta=P(X>1.90)=1-\Phi\left(\frac{1.90-\mu}{\sigma}\right),$$

其中 $\Phi(x)$ 是标准正态分布的分布函数,这个函数在未知参数 $\theta=(\mu,\sigma^2)$ 处的值 η 正是要估计的对象.

设 $X_1,X_2,\cdots,X_n$ 是来自总体 $X\sim f(x,\theta)$,$\theta\in\Theta$ 的样本,我们称任何一个用以估计分布参数 θ 的统计量$\hat{\theta}=\hat{\theta}(X_1,X_2,\cdots,X_n)$为 θ 的估计量,也简称为估计.相应于样本值 $x_1,x_2,\cdots,x_n$,对应$\hat{\theta}$的值$\hat{\theta}(x_1,x_2,\cdots,x_n)$,称为 θ 的估计值.

统计估计沿用以下规则:若$\hat{\theta}$为 θ 的一个估计,则 $\eta=g(\theta)$ 的估计自动地被估计为 $\hat{\eta}=g(\hat{\theta})$,称这一规则为估计的自助程序.在上面例 5 中,如 μ 的估计为 $\overline{X}$,σ 的估计为样本标准差 S,则 η 的估计就是$\hat{\eta}=1-\Phi\left(\frac{1.90-\overline{X}}{S}\right)$.

从上述定义可见,给出 θ 的估计量$\hat{\theta}$,等同于给出 θ 的一种估计规则(或估计程序),它告诉我们,一旦有了观测数据,如何算出估计值;其次,估计量不必唯一,同一参数可以构造不同的统计量用以估计,例如总体方差 σ^2 可用样本方差 $S^2=\frac{1}{n-1}\cdot$

$\sum\limits_{i=1}^{n}(X_i-\overline{X})^2$，也可以用 $S_n^2=\dfrac{1}{n}\sum\limits_{i=1}^{n}(X_i-\overline{X})^2$ 估计.因此有一个估计量好坏的比较.这涉及评价估计量好坏的准则，我们将在后文讨论.

第二节　估计方法

本节讨论构造估计量的方法，常用的方法有两种，即矩估计法和最大似然估计法.

矩估计法是皮尔逊在19世纪末提出的，其基本思想是替换原理，即用样本矩替换同阶总体矩，其特点是不需要假定总体分布有明确的分布类型.

典型例题精讲视频

矩估计

设 $X_1,X_2,\cdots,X_n$ 是来自总体 X 的样本，$X\sim f(x,\theta)$，$\theta\in\Theta$，其中 Θ 为 k 维欧氏空间的一个子集，$\theta=(\theta_1,\theta_2,\cdots,\theta_k)$ 为未知分布参数.记 $\mu_i=E(X^i)$ 为总体 i 阶原点矩，$m_i=\dfrac{1}{n}\sum\limits_{j=1}^{n}X_j^i$ 为样本 i 阶原点矩 $(i=1,2,\cdots,k)$.所谓替换原理就是：若参数 θ_i 能表示为 $\theta_i=g_i(\mu_1,\mu_2,\cdots,\mu_k)$ $(i=1,2,\cdots,k)$，其中 $g_1,g_2,\cdots,g_k$ 为 k 个多元的已知函数，则可用 m_i 替换 $\mu_i(i=1,2,\cdots,k)$，得到 $\hat{\theta}_i=g_i(m_1,m_2,\cdots,m_k)$，即为 θ_i 的估计 $(i=1,2,\cdots,k)$.具体执行可依如下方法：列出方程（注意 $\mu_i=E(X^i)$ 依赖于 $\theta_1,\theta_2,\cdots,\theta_k$）：

$$\begin{cases}\mu_1(\theta_1,\theta_2,\cdots,\theta_k)=m_1,\\ \cdots\cdots\cdots\cdots\\ \mu_k(\theta_1,\theta_2,\cdots,\theta_k)=m_k.\end{cases}\tag{2}$$

然后解出 $\theta_1,\theta_2,\cdots,\theta_k$，此解即为 $\theta_1,\theta_2,\cdots,\theta_k$ 的矩估计.

例 6　设有一批同型号灯管，其寿命（单位：h）服从参数为 λ 的指数分布，今随机抽取其中的11只，测得其寿命数据如下：

110, 184, 145, 122, 165, 143, 78, 129, 62, 130, 168,

用矩估计法估计 λ 值.

解　设 X 为灯管寿命，则 $\mu_1=E(X)=\dfrac{1}{\lambda}$，列出方程 $\mu_1=m_1$，即 $\dfrac{1}{\lambda}=\overline{X}$，解出 $\hat{\lambda}=(\overline{X})^{-1}$，即为 λ 的矩估计.今 $n=11$，$\overline{X}$ 的观测值为 $\bar{x}=\dfrac{1}{n}\sum\limits_{i=1}^{n}x_i=130.55$，因而 λ 的估计值为

$$\hat{\lambda}=\frac{1}{130.55}=0.007\ 7.$$

例 7　设总体 X 有均值 μ 及方差 σ^2，今有容量为6的样本的观测数据为

-1.20, 0.82, 0.12, 0.45, -0.85, -0.30,

求 μ,σ^2 的矩估计.

解　此例参数 $\theta=(\mu,\sigma^2)$ 是二维的，注意到 $\sigma^2=\mu_2-\mu_1^2$，直接使用替换原理，得到 μ 的矩估计为 $\overline{X}$，σ^2 的矩估计为

$$\widehat{\sigma^2}=\mu_2-\mu_1^2=\frac{1}{n}\sum_{i=1}^{n}X_i^2-\left(\frac{1}{n}\sum_{i=1}^{n}X_i\right)^2=S_n^2.$$

再代入数据即得 μ,σ^2 的估计值分别为

$$\hat{\mu}=-0.16,\quad \widehat{\sigma^2}=0.50.$$

例 8(例 3 续)　今用矩估计法估计平均纤维数 θ,依例 7,$\theta=E(X)$ 的矩估计为 $\overline{X}$,代入数据,可得 θ 的矩估计为$\hat{\theta}=\bar{x}=24.9$.

例 9　设 $X_1,X_2,\cdots,X_n$ 是来自服从(θ_1,θ_2)上均匀分布的总体的样本,$\theta_1<\theta_2$ 未知,求 θ_1,θ_2 的矩估计.

解　记总体指标为 X,则有

$$E(X)=\frac{\theta_1+\theta_2}{2},\qquad D(X)=\frac{(\theta_2-\theta_1)^2}{12},$$

由此可列出方程

$$\frac{\theta_1+\theta_2}{2}=\overline{X},\quad \frac{(\theta_2-\theta_1)^2}{12}=S_n^2,$$

解出$\hat{\theta}_1=\overline{X}-\sqrt{3S_n^2}$,$\hat{\theta}_2=\overline{X}+\sqrt{3S_n^2}$,即为 θ_1,θ_2 的矩估计.

最大似然法只适用于总体的分布类型已知的统计模型,它是由英国统计学家费希尔(R. A. Fisher)首先提出的.

设 $X_1,X_2,\cdots,X_n$ 为来自总体 $X\sim f(x,\theta)$,$\theta\in\Theta$ 的样本,则 $X_1,X_2,\cdots,X_n$ 有联合分布为 $f(x_1,\theta)f(x_2,\theta)\cdots f(x_n,\theta)$,在此 θ 是固定的,$x_1,x_2,\cdots,x_n$ 是变元,但如令变元固定在 $X_1,X_2,\cdots,X_n$ 处,让 θ 变化,则

$$L(\theta)=f(X_1,\theta)f(X_2,\theta)\cdots f(X_n,\theta)\tag{3}$$

是一个定义在 Θ 上的函数,我们称之为似然函数.直观上 $L(\theta)$ 表示由参数 θ 产生样本 $X_1,X_2,\cdots,X_n$ 的“可能性”大小.若将样本观测看成已经得到的“结果”,θ 看成产生“结果”的“原因”,$L(\theta)$ 则是度量产生该“结果”的各种“原因”的机会.因此,θ 的一个合理的估计应使这种机会(其度量为 $L(\theta)$)达到最大的那个值,由此我们可以给出定义:如 $\hat{\theta}$ 满足

$$L(\hat{\theta})=\max_{\theta\in\Theta}L(\theta),$$

则称$\hat{\theta}$为 θ 的最大似然估计.注意到上式右端只依赖样本 $X_1,X_2,\cdots,X_n$,因而$\hat{\theta}$完全由样本所确定,符合估计量的定义.

最大似然估计

当 $L(\theta)$ 关于 θ 可微时,一般可用如下的方法求最大似然估计:引入对数似然函数 $l(\theta)=\ln L(\theta)$,由对数函数的凸性,$l(\theta)$ 与 $L(\theta)$ 有相同的最大值点,然后求解似然方程

$$\frac{\partial l(\theta)}{\partial\theta}=0.\tag{4}$$

由熟知的事实知道,最大似然估计必是方程(4)的一个解,最后尚需验证方程(4)的解确是 $l(\theta)$ 的最大值点,但这在大多实际问题中是满足的,故常常略去最后一步.

例 10　设 $X_1,X_2,\cdots,X_n$ 是来自正态总体 $X\sim N(\mu,\sigma^2)$ 的样本,其中 μ,σ 未知,求

μ,σ^2 的最大似然估计.

解 X 的密度函数为 $f(x)=\dfrac{1}{\sqrt{2\pi}\sigma}\mathrm{e}^{-\frac{(x-\mu)^2}{2\sigma^2}}$,故似然函数为

$$L(\theta)=\frac{1}{(\sqrt{2\pi\sigma^2})^n}\mathrm{e}^{-\frac{\sum_{i=1}^{n}(x_i-\mu)^2}{2\sigma^2}},$$

对数似然函数为

$$\ln L(\theta)=-\frac{n}{2}\ln 2\pi-\frac{n}{2}\ln\sigma^2-\frac{\sum_{i=1}^{n}(x_i-\mu)^2}{2\sigma^2},$$

似然方程为

$$\frac{\partial\ln L}{\partial\mu}=\frac{1}{\sigma^2}\sum_{i=1}^{n}(x_i-\mu)=0,$$

$$\frac{\partial\ln L}{\partial\sigma^2}=-\frac{n}{2\sigma^2}+\frac{1}{2\sigma^4}\sum_{i=1}^{n}(x_i-\mu)^2=0,$$

解得

$$\hat{\mu}=\bar{X},\ \widehat{\sigma^2}=\frac{1}{n}\sum_{i=1}^{n}(X_i-\bar{X})^2=S_n^2,$$

可以验证使似然函数达到最大.

例 11(例 4 续) 今求目测误差的标准差 σ 的最大似然估计.依例 10,σ^2 的最大似然估计 $\widehat{\sigma^2}=S_n^2$,因而 σ 的最大似然估计 $\hat{\sigma}=S_n$.代入例 4 的数据即得 σ 的最大似然估计 $\hat{\sigma}=S_n=0.27$.

例 12 设 $X_1,X_2,\cdots,X_n$ 是来自服从 $(0,\theta)$ 上均匀分布的总体的样本,$\theta>0$ 未知,求 θ 的最大似然估计.

解 易知似然函数 $L(\theta)=\begin{cases}\dfrac{1}{\theta^n}, & 当\ X_{(n)}<\theta,\\ 0, & 当\ X_{(n)}\geqslant\theta,\end{cases}$ 其中 $X_{(n)}=\max\limits_{1\leqslant i\leqslant n}X_i$,此处与前例不同,$L(\theta)$ 在 $\theta=X_{(n)}$ 处间断,因此只能直接求函数 $L(\theta)$ 的最大值点.注意到 $L(\theta)\geqslant 0$,且当 $\theta>X_{(n)}$ 时,$L(\theta)=\dfrac{1}{\theta^n}$ 随 θ 减少而递增,因而当 $\theta=X_{(n)}$ 时,$L(\theta)$ 达到最大.$\hat{\theta}=X_{(n)}$ 是 θ 的最大似然估计.

***例 13**(金色池塘) 某偏远地区有个被称为“金色池塘”的湖泊,其中繁殖有一种目前尚未了解其食用价值的野生鱼种.为估计池塘中野生鱼的数量(N 条),有一种简单的方法,即先随机地打上一网野生鱼,观察其数目,例如有 m 条,在每条鱼上做一个红点记号,再放回池塘.过一段时间,待其与其他鱼充分混合后,再随机地打上一网,例如有 n 条,从中观察有红点鱼的数目,例如为 k 条.直观上,打上的第 2 网中,有红点鱼的比例应近似于池塘中红点鱼的比例,也即

$$\frac{m}{N}\approx\frac{k}{n},$$

因此池塘中鱼的总数 N 的估计为

$$\hat{N}=\left[\frac{nm}{k}\right],$$

其中$[x]$为不超过 x 的最大整数.

下面我们给出这一结果合理性的一个解释:注意到如记 X 为第 2 网打到的 n 条鱼中的红点鱼的数目,则 X 服从参数为 n,N,m 的超几何分布,即

$$P(X=k)=\frac{\binom{m}{k}\binom{N-m}{n-k}}{\binom{N}{n}}=f_k(N),$$

其中 N 是待估计的未知参数.当 k 已知时,这是一个似然函数.我们将证明估计 $\hat{N}=\left[\frac{nm}{k}\right]$ 使似然函数达到最大.事实上

$$\frac{f_k(N)}{f_k(N-1)}=\frac{(N-m)(N-n)}{N(N-m-n+k)},$$

为使 $f_k(N)\geqslant f_k(N-1)$,当且仅当

$$(N-m)(N-n)\geqslant N(N-m-n+k),$$

或等价地,当且仅当

$$N\leqslant\frac{nm}{k},$$

也就是说 $f_k(N)$ 作为 N 的函数先上升后下降,且在 $\left[\frac{nm}{k}\right]$ 处达到最大.因此估计 $\hat{N}=\left[\frac{nm}{k}\right]$ 就是 N 的最大似然估计.

***例 14** 假设人类的三种遗传类型 AA,Aa 及 aa 在总体中出现的频率依哈迪-温伯格(Hardy-Weinberg)律分别为$(1-\theta)^2$,$2\theta(1-\theta)$及 θ^2,其中 $0<\theta<1$ 未知.下面是 1 029 个血型样本①,按对应的三种血型的分类频数为

	血型			总数
	M	MN	N	
频数	342	500	187	1 029

若记 X_1,X_2,X_3 分别为三种血型的计数,依次的概率分别为 $p_1=(1-\theta)^2$,$p_2=2\theta(1-\theta)$ 及 $p_3=\theta^2$,即(X_1,X_2,X_3)有分布律

$$\begin{aligned}f(x_1,x_2,x_3)&=P_\theta(X_1=x_1,X_2=x_2,X_3=x_3)\\&=\frac{n!}{x_1!\ x_2!\ x_3!}p_1^{x_1}p_2^{x_2}p_3^{x_3},\end{aligned}$$

① 本例数据来自参考文献[8].

其中 $x_1+x_2+x_3=n,x_1,x_2,x_3$ 为非负整数.因此对给定 x_1,x_2,x_3,对数似然函数为

$$l(\theta)=\ln n!-\sum_{i=1}^{3}\ln x_i!+x_1\ln(1-\theta)^2+x_2\ln 2\theta(1-\theta)+x_3\ln\theta^2,$$

对 θ 求导,并令其为零,得似然方程为

$$-\frac{2x_1+x_2}{1-\theta}+\frac{2x_3+x_2}{\theta}=0,$$

因而得到 θ 的最大似然估计为

$$\hat{\theta}=\frac{2x_3+x_2}{2n}.$$

代入观测数据,即得 θ 的估计值 $\hat{\theta}=0.424\ 7$.最大似然估计值为

$$\hat{p}_1=0.331,\ \hat{p}_2=0.489,\ \hat{p}_3=0.180.$$

统计估计除了上面介绍的矩估计法和最大似然法外,还有贝叶斯方法,后者在社会经济领域中用得很多.但比较而言,本节介绍的这两种方法更为常用,更为基本.

习题 9.2

1. 设 $X_1,X_2,\cdots,X_n$ 是取自总体 X 的样本,在下列情形下,求总体参数的矩估计量与最大似然估计量:

(1) $X\sim B(m,p)$,其中 p 未知,$0<p<1$;

(2) $X\sim E(\lambda)$,其中 λ 未知,$\lambda>0$.

2. 设 $X_1,X_2,\cdots,X_n$ 是取自总体 X 的样本,X 服从参数为 λ 的泊松分布,其中 λ 未知,$\lambda>0$,求 λ 的矩估计量与最大似然估计量,如得到一组样本观测值

X	0	1	2	3	4
频数	17	20	10	2	1

求 λ 的矩估计值与最大似然估计值.

3. 设总体 X 的分布律为

X	0	1	2	3
概率	$\frac{\theta(1-\theta)}{2}$	θ^2	$\frac{\theta(1-\theta)}{2}$	$1-\theta$

其中 θ 未知,$0<\theta<1$.现从总体中抽取样本大小为 10 的简单随机样本,得到样本观测值为 0,0,1,2,2,3,3,3,0,2.分别求参数 θ 的矩估计值和最大似然估计值.

4. 设 $X_1,X_2,\cdots,X_n$ 是取自总体 X 的样本,总体 X 服从参数为 p 的几何分布,即 $P(X=x)=p\cdot(1-p)^{x-1},(x=1,2,3,\cdots)$,其中 p 未知,$0<p<1$,求 p 的最大似然估计量.

5. 设 $X_1,X_2,\cdots,X_n$ 是取自总体 X 的样本,X 的密度函数为

$$f(x)=\begin{cases}\dfrac{2x}{\theta^2}, & 0<x<\theta,\\ 0, & \text{其他},\end{cases}$$

其中 θ 未知,$\theta>0$,求 θ 的矩估计量与最大似然估计量.

6. 设 $X_1,X_2,\cdots,X_n$ 是取自总体 X 的样本,X 的密度函数为

$$f(x)=\begin{cases}\theta x^{\theta-1}, & 0<x<1,\\ 0, & 其他,\end{cases}$$

其中 θ 未知,$\theta>0$,求

(1) θ 的矩估计量和最大似然估计量;

(2) $\dfrac{1}{\theta}$ 的最大似然估计量.

7. 已知某路口车辆经过的间隔时间服从指数分布 $E(\lambda)$,其中 λ 未知,$\lambda>0$,现在观测到六个间隔时间数据(单位:s):1.8,3.2,4,8,4.5,2.5,试求该路口车辆经过的平均间隔时间的矩估计值与最大似然估计值.

**8. 设 $X_1,X_2,\cdots,X_n$ 是取自总体 X 的样本,X 的密度函数为 $f(x,\sigma)=\dfrac{1}{2\sigma}\mathrm{e}^{-\frac{|x|}{\sigma}},-\infty<x<+\infty$,其中 σ 未知,$\sigma>0$,试求 σ 的最大似然估计量.

*9. 帕累托(Pareto)分布在计量经济中常常用到,它有密度函数 $f(x,\theta)=\begin{cases}\theta C_0^{\theta}x^{-\theta-1}, & x\geqslant C_0,\\ 0, & x<C_0,\end{cases}$ 其中 $\theta>1$ 为未知参数,$C_0>0$ 是给定的,设 $X_1,X_2,\cdots,X_n$ 是取自帕雷托分布的样本,求 θ 的矩估计量和最大似然估计量.

*10. 设 $X_1,X_2,\cdots,X_n$ 是取自总体 X 的样本,X 的密度函数为 $f(x)=\begin{cases}\dfrac{x\mathrm{e}^{-x/\beta}}{\beta^2}, & x>0,\\ 0, & 其他,\end{cases}$ 其中 β 未知,$\beta>0$,求 β 的矩估计量 $\hat{\beta}_1$ 和最大似然估计量 $\hat{\beta}_2$,并进一步求解估计量的均值和方差.

第三节 点估计的优良性

在上一节已提到,同一参数可以有多种看来都合理的估计,因此有一个优劣的比较问题,但要比较优劣,首要的是建立优良性准则.

注意到估计值依赖于样本的一次观测,因而得到这样的估计值有其偶然性.我们不能只根据一次偶然的结果评判估计量的优劣,而只有从统计量的整体性能去评判其好坏.所谓的"整体性能"有两方面含义:一是指估计量的某种特性,如下文要介绍的"无偏性"即属此类;二是指具体的数量性指标,指标小者为优,如下文要介绍的"方差"即属此类.但应该指出的是:这种比较归根结底还是相对的,具有某种特性的估计量是否一定就好,这在一定程度上要看问题的具体情况,不是绝对的;作为比较准则的数量指标也有多种,很可能在甲指标下 $\hat{\theta}_1$ 优于 $\hat{\theta}_2$,而在乙指标下 $\hat{\theta}_2$ 优于 $\hat{\theta}_1$.

一、无偏性

典型例题精讲视频

点估计的无偏性

设有总体 $X\sim f(x,\theta),\theta\in\Theta$,基于来自该总体的样本 $X_1,X_2,\cdots,X_n$ 估计 $g(\theta)$.$\hat{g}=\hat{g}(X_1,X_2,\cdots,X_n)$ 是 $g(\theta)$ 的一个估计量,如对每一 $\theta\in\Theta$,都有

$$E_\theta(\hat{g})=g(\theta),$$

则称$\hat{g}$是 $g(\theta)$ 的一个无偏估计.此处记号 $E_\theta(\cdot)$ 表示数学期望的计算是在分布参数真值为 θ 处进行,因而 $E_\theta(\hat{g})$ 也是 θ 的函数.

此定义表明无偏估计没有系统偏差,即用$\hat{g}$估计 $g(\theta)$ 只有机会误差,而机会误差在平均意义下会相互抵消,因此只要多次反复地使用估计$\hat{g}$,则平均来说就能将 $g(\theta)$ 估计得很准确.

例 15 $\overline{X}$ 是总体均值 μ 的无偏估计,样本方差 $S^2=\frac{1}{n-1}\sum_{i=1}^{n}(X_i-\overline{X})^2$ 是总体方差 σ^2 的无偏估计.

证 由抽样分布结论易知

$$E(\overline{X})=\mu, E(S^2)=\sigma^2,$$

因而这一断言显然.由这个结论可知:若使用总体方差的矩估计

$$S_n^2=\frac{1}{n}\sum_{i=1}^{n}(X_i-\overline{X})^2$$

估计 σ^2,则 S_n^2 不是 σ^2 的无偏估计.无偏性的要求正是样本方差定义中系数取$\frac{1}{n-1}$的原因.

但当均值 μ 已知时,我们使用另一个总体方差 σ^2 的无偏估计:

$$\widehat{\sigma^2}=\frac{1}{n}\sum_{i=1}^{n}(X_i-\mu)^2,$$

$\widehat{\sigma^2}$ 的无偏性是显而易见的.

例 16 均匀分布 $R(0,\theta)$ 关于参数 θ 的最大似然估计$\hat{\theta}=X_{(n)}$不是 θ 的无偏估计.

解 为验证这一事实,先求出 $X_{(n)}$ 的密度函数,为此需求出 $X_{(n)}$ 的分布函数.由例 12 知,$X_{(n)}=\max\limits_{1\leqslant i\leqslant n} X_i$.

$$G(x,\theta)=P\{X_{(n)}\leqslant x\}=P\{X_1\leqslant x, X_2\leqslant x,\cdots,X_n\leqslant x\},$$

又 X_i 的密度函数为$f(x,\theta)=\begin{cases}\frac{1}{\theta}, & 0<x<\theta,\\ 0, & \text{其他},\end{cases}$故分布函数为

$$F(x,\theta)=\begin{cases}0, & x<0,\\ \frac{x}{\theta}, & 0\leqslant x<\theta,\\ 1, & x\geqslant\theta.\end{cases}$$

再由 X_i 的相互独立性,得

$$G(x,\theta)=P\{X_1\leqslant x\}P\{X_2\leqslant x\}\cdots P\{X_n\leqslant x\}=\begin{cases}0, & x<0,\\ \frac{x^n}{\theta^n}, & 0\leqslant x<\theta,\\ 1, & x\geqslant\theta,\end{cases}$$

故 $X_{(n)}$ 的密度函数为

$$g(x,\theta)=\begin{cases}\dfrac{nx^{n-1}}{\theta^n}, & 0<x<\theta,\\ 0, & \text{其他}.\end{cases}$$

由此得

$$E_\theta(\hat{\theta})=\int_0^\theta x\frac{nx^{n-1}}{\theta^n}\mathrm{d}x=\frac{n}{n+1}\theta\neq\theta.$$

二、有效性

无偏性因其消除了估计的系统偏差，而成为广为接受的准则.但同一参数可以有多个无偏估计，用哪一个为好呢？例如总体均值 μ 的无偏估计可以是 $X_1,\bar{X}$，更为一般地，$\sum_{i=1}^n \alpha_i X_1$（$\alpha_1,\alpha_2,\cdots,\alpha_n$ 为任意已知常数，$\sum_{i=1}^n \alpha_i=1$）也是 μ 的无偏估计，此时比较它们相对于 μ 的分散度（即方差），分散度小者为优，这是个恰当的准则.由此启发，我们给出如下的定义：

设 $\hat{g}_1,\hat{g}_2$ 是 $g(\theta)$ 的无偏估计，如对每一 $\theta\in\Theta$，

$$D(\hat{g}_1)\leqslant D(\hat{g}_2)$$

且至少对某个 θ_0 使之成立严格不等式，则称 $\hat{g}_1$ 比 $\hat{g}_2$ 有效.又称在所有 $g(\theta)$ 的无偏估计中，方差最小的那一个为一致最小方差无偏估计.

三、相合性

直观上说，一个估计的好坏是看估计得准不准，因此一个合理的估计至少具有这样的性质：当样本容量 n 不断增大时，$\hat{g}(X_1,X_2,\cdots,X_n)$ 与 $g(\theta)$ 越来越接近，以至于最后完全重合.但由于 $\hat{g}(X_1,X_2,\cdots,X_n)$ 是随机变量，必须明确什么意义下 $\hat{g}(X_1,X_2,\cdots,X_n)$ 与 $g(\theta)$ 越来越接近.下面给出其定义：

如对任意 $\varepsilon>0$，

$$\lim_{n\to\infty}P_\theta(\,|\hat{g}(X_1,X_2,\cdots,X_n)-g(\theta)|>\varepsilon)=0,\ \theta\in\Theta,$$

则称估计量 $\hat{g}$ 具有相合性.

例 17　设总体 $X\sim$ 正态分布 $N(\mu,\sigma^2)$，则样本方差 S^2 是 σ^2 的相合估计.

证　事实上，已知

$$E(S^2)=\sigma^2.$$

又因

$$\frac{1}{\sigma^2}\sum_{i=1}^n (X_i-\bar{X})^2\sim\chi^2(n-1),$$

由第八章公式(9)知，$D\left(\dfrac{1}{\sigma^2}\sum_{i=1}^n (X_i-\bar{X})^2\right)=2(n-1)$，故

$$D(S^2)=D\left(\frac{1}{\sigma^2}\sum_{i=1}^n (X_i-\bar{X})^2\right)\frac{\sigma^4}{(n-1)^2}$$

$$=\frac{2(n-1)}{(n-1)^2}\sigma^4=\frac{2\sigma^4}{n-1}.$$

由切比雪夫不等式，当 $n\to\infty$，对任给 $\varepsilon>0$，

$$P(|S^2-\sigma^2|>\varepsilon)\leqslant\frac{D(S^2)}{\varepsilon^2}=\frac{2\sigma^4}{(n-1)\varepsilon^2}\longrightarrow 0.$$

即得此断言.

由上例容易得到 S_n^2 也是 σ^2 的相合估计.

习题 9.3

1. (习题 9.2 第 2 题续)设 $X_1,X_2,\cdots,X_n$ 是取自总体 X 的样本，X 服从参数为 λ 的泊松分布，其中 λ 未知，$\lambda>0$，λ 的矩估计量是否是 λ 的无偏估计？

2. (习题 9.2 第 5 题续)设 $X_1,X_2,\cdots,X_n$ 是取自总体 X 的样本，X 的密度函数为

$$f(x)=\begin{cases}\dfrac{2x}{\theta^2}, & 0<x<\theta,\\ 0, & 其他,\end{cases}$$

其中 θ 未知，$\theta>0$，问 θ 的矩估计量是否是 θ 的无偏估计？

3. (习题 9.2 第 6 题续)设 $X_1,X_2,\cdots,X_n$ 是取自总体 X 的样本，X 的密度函数为

$$f(x)=\begin{cases}\theta x^{\theta-1}, & 0<x<1,\\ 0, & 其他,\end{cases}$$

其中 θ 未知，$\theta>0$，问 $\dfrac{1}{\theta}$ 的最大似然估计量是否为 $\dfrac{1}{\theta}$ 的无偏估计？

4. (习题 9.2 第 8 题续)设 $X_1,X_2,\cdots,X_n$ 是取自总体 X 的样本，X 的密度函数为 $f(x,\sigma)=\dfrac{1}{2\sigma}\mathrm{e}^{-\frac{|x|}{\sigma}}$，$-\infty<x<+\infty$，其中 σ 未知，$\sigma>0$，试证 σ 的最大似然估计量是 σ 的无偏估计.

5. 设 θ 是一个未知的分布参数，$\hat{\theta}=\hat{\theta}(X_1,X_2,\cdots,X_n)$ 是 θ 的估计量，定义 $MSE(\hat{\theta},\theta)=E[(\hat{\theta}-\theta)^2]$ 为估计量 $\hat{\theta}$ 的均方误差，证明：

$$MSE(\hat{\theta},\theta)=E[(\hat{\theta}-\theta)^2]=D(\hat{\theta})+[E(\hat{\theta})-\theta]^2.$$

其中，$D(\hat{\theta})$ 表示估计量 $\hat{\theta}$ 相对于中心位置 $E(\hat{\theta})$ 的分散程度，$[E(\hat{\theta})-\theta]^2$ 则是估计的偏差平方，偏差和分散程度正是描述一个估计量表现的两个重要度量.

6. 设 X_1,X_2,X_3 为总体 $X\sim N(\mu,\sigma^2)$ 的样本，证明

$$\hat{\mu}_1=\frac{1}{6}X_1+\frac{1}{3}X_2+\frac{1}{2}X_3,$$

$$\hat{\mu}_2=\frac{2}{5}X_1+\frac{1}{5}X_2+\frac{2}{5}X_3$$

都是总体均值 μ 的无偏估计，并进一步判断哪一个估计有效.

7. 设 $X_1,X_2,\cdots,X_n$ 是取自总体 $X\sim N(0,\sigma^2)$ 的一个样本，其中 σ^2 未知，$\sigma^2>0$，令 $\widehat{\sigma^2}=\dfrac{1}{n}\sum\limits_{i=1}^{n}X_i^2$，试证 $\widehat{\sigma^2}$ 是 σ^2 的相合估计.

小　结

设总体 $X \sim f(x,\theta)$，其中 $\theta \in \Theta$ 未知，$g(x)$ 是一已知函数，基于样本估计 $\eta \equiv g(\theta)$，是点估计的基本问题.

矩估计法和最大似然估计法是两个基本估计方法.矩估计法即用样本矩估计同阶总体矩，例如 $\overline{X}$ 是均值 $E(X)$ 的矩估计，S_n^2 是方差 $D(X)$ 的矩估计，等等.

设 $X_1, X_2, \cdots, X_n$ 为来自总体 $X \sim f(x,\theta)$ 的样本，称 $L(\theta) = \prod_{i=1}^{n} f(X_i,\theta)$，$\theta \in \Theta$ 为似然函数，注意到此处样本 $X_1, X_2, \cdots, X_n$ 是给定的，$L(\theta)$ 是 θ 的函数.使 $L(\theta)$ 达到最大的 θ 的那个值 $\hat{\theta} = \hat{\theta}(X_1, X_2, \cdots, X_n)$ 称为 θ 的最大似然估计.实际操作中，一般使用求解似然方程得到最大似然估计.在构造点估计时，都遵从一个自助原理，即若 $\hat{\theta}$ 是 θ 的最大似然估计（矩估计），则 $\hat{\eta} = g(\hat{\theta})$ 就是参数 $\eta \equiv g(\theta)$ 的最大似然估计（矩估计）.

对于正态分布来说，参数 μ, σ^2 的矩估计和最大似然估计是相同的.但对于其他分布的总体，这一结论并不一定成立.如均匀分布 $R(0,\theta)$ 总体，θ 的矩估计为 $2\overline{X}$，而最大似然估计为 $X_{(n)}$.

无偏性、有效性和相合性是衡量估计量的优良性的三个重要准则.

第九章综合题

** 1. 设总体 X 的概率密度为 $f(x) = \begin{cases} \lambda^2 x \mathrm{e}^{-\lambda x}, & x>0, \\ 0, & 其他, \end{cases}$ 其中参数 λ 未知，$\lambda>0$，$X_1, X_2, \cdots, X_n$ 是来自总体 X 的样本.

（1）求参数 λ 的矩估计量；

（2）求参数 λ 的最大似然估计量.

** 2. 设 $X_1, X_2, \cdots, X_n$ 是来自正态总体 $N(\mu_0, \sigma^2)$ 的样本，其中 μ_0 已知，σ^2 未知，$\sigma^2>0$. $\overline{X}$，S^2 为样本均值和样本方差.

（1）求参数 σ^2 的最大似然估计量 $\widehat{\sigma^2}$；（2）计算 $E(\widehat{\sigma^2})$ 和 $D(\widehat{\sigma^2})$.

3. 设 X_1, X_2, X_3 是取自总体 X 的样本，总体 X 服从区间 $(1, 1+\theta)$ 上的均匀分布，其中 θ 未知，$\theta>0$.

（1）求 θ 的最大似然估计量 $\hat{\theta}$；

（2）问：θ 的最大似然估计量 $\hat{\theta}$ 是否为 θ 的无偏估计？如果是，请说明理由；如果不是，请将 $\hat{\theta}$ 修正为 θ 的无偏估计.

** 4. 设 $X_1, X_2, \cdots, X_n$ 是取自总体 X 的样本，总体 X 的密度函数为

$$f(x,\theta) = \begin{cases} \dfrac{1}{\theta}, & 0<x<\dfrac{\theta}{2}, \\ \dfrac{1}{2-\theta}, & \dfrac{\theta}{2}<x<1, \\ 0, & 其他, \end{cases}$$

其中 $0<\theta<2$，θ 未知.

（1）求 θ 的矩估计量 $\hat{\theta}$；

（2）问 θ 的矩估计量 $\hat{\theta}$ 是否为 θ 的无偏估计？为什么？请说明理由.

（3）问 θ 的矩估计量 $\hat{\theta}$ 是否为 θ 的相合估计？为什么？请说明理由.

第九章自测题

第九章习题参考答案

第十章 区间估计

我们已在上一章介绍了点估计的概念.点估计只是给出了待估参数或参数函数的值是多少,但无法回答例如估计误差有多大,在允许可靠度范围之内最大估计误差是多少这样的问题,这正是本章所要回答的问题.

第一节 置信区间

区间估计就是将一个未知参数或参数函数值估计在一个区间范围之内,例如一个人的年龄,我们可以估计为30岁,这就是点估计;但也可估计其年龄在29岁到31岁之间,这种估计就是区间估计.从直观上说,后者给人的印象要比前者更为可信,因为后者已经把可能出现的误差考虑在内.

先看一个例子.

例1 某农作物的平均单位产量 X(单位:kg)服从正态分布 $N(\mu,100^2)$,今随机抽取100个单位进行试验,观测其单位产量值 $x_1,x_2,\cdots,x_{100}$,基此算出 $\bar{x}=500$,因此 μ 的点估计值为500.由于抽样的随机性,μ 的真值与 $\bar{x}$ 的值总有误差,我们希望以95%的可靠度估计 $\bar{x}$ 与 μ 的最大误差是多少?

$\bar{X}\sim N\left(\mu,\dfrac{\sigma^2}{n}\right)$,从而存在 $c>0$,使得

$$P(|\bar{X}-\mu|\leqslant c)=0.95.$$

因此,这个 c 就是可允许的最大误差.

注意到事件 $\{|\bar{X}-\mu|\leqslant c\}$ 等价于 $\{\mu\in[\bar{X}-c,\bar{X}+c]\}$,这就是说:随机区间 $[\bar{X}-c,\bar{X}+c]$ 覆盖未知参数 μ 有95%的机会,习惯上称此随机区间为 μ 的区间估计.

下面给出定义:设 $X_1,X_2,\cdots,X_n$ 是来自总体 $X\sim f(x,\theta)$ 的样本,$\theta\in\Theta$ 未知.对于任给 α,$0<\alpha<1$,若有统计量 $\underline{\theta}=\underline{\theta}(X_1,X_2,\cdots,X_n)<\bar{\theta}(X_1,X_2,\cdots,X_n)=\bar{\theta}$,使得

$$P_\theta(\underline{\theta}\leqslant\theta\leqslant\bar{\theta})\geqslant 1-\alpha,\ \theta\in\Theta,$$

则称 $[\underline{\theta},\bar{\theta}]$ 为 θ 的双侧 $1-\alpha$ 置信区间,$1-\alpha$ 为置信水平.一旦样本有观测值 $x_1,x_2,\cdots,x_n$,则称相应的 $[\underline{\theta}(x_1,x_2,\cdots,x_n),\bar{\theta}(x_1,x_2,\cdots,x_n)]$ 为置信区间的观测值.

在上例中,置信水平为0.95,置信区间为 $[\bar{X}-c,\bar{X}+c]$.通常置信水平取 $1-\alpha=0.90$ 或

0.95，置信水平就是可靠度，有了观测数据后可靠度可以用频率来解释，对该例来说如重复试验 1 000 次，每次抽 100 个样本，以该例的方法计算出一个 μ 的置信区间观测值，平均来说，在 1 000 个这样的区间中，大约有 950 个包含 μ，而只有 50 个不包含 μ.

在实际问题中，有时只感兴趣估计未知参数 θ 的上限（或下限）是多少.例如对一批灯管的寿命感兴趣的是其平均寿命 θ 的下限，又如对于一批钢珠关心的是其表面的平均疵点数 θ 的上限.下面给出定义：

如果存在统计量 $\bar{\theta}=\bar{\theta}(X_1,X_2,\cdots,X_n)$，使得

$$P(\theta\leqslant\bar{\theta})\geqslant 1-\alpha,$$

则称 $\bar{\theta}$ 为 θ 的置信水平为 $1-\alpha$ 置信上限，类似地，如存在统计量 $\underline{\theta}=\underline{\theta}(X_1,X_2,\cdots,X_n)$，使得

$$P(\theta\geqslant\underline{\theta})\geqslant 1-\alpha,$$

则称 $\underline{\theta}$ 为 θ 的置信水平为 $1-\alpha$ 置信下限.

事实上，置信上（下）限可看成特殊的置信区间 $(-\infty,\bar{\theta}]$ （$[\underline{\theta},+\infty)$），只是区间的一个端点是固定的.

本段给出求未知参数 θ 的置信区间的一般方法，文献中称之为枢轴变量法.再考虑例 1，作为 μ 的点估计 $\bar{X}$（它也是最大似然估计）有分布

$$\bar{X}\sim N\left(\mu,\frac{\sigma^2}{n}\right), \tag{1}$$

此处 $\sigma^2=100^2, n=100$，因此

$$G(\bar{X},\mu)\xlongequal{\text{def}}\frac{\sqrt{n}(\bar{X}-\mu)}{\sigma}\sim N(0,1). \tag{2}$$

对给定 $\alpha=0.05$，可通过查标准正态分布表得到

$$P(|G(\bar{X},\mu)|\leqslant 1.96)=1-\alpha. \tag{3}$$

最后，由随机事件的等价性

$$|G(\bar{X},\mu)|\leqslant 1.96\Leftrightarrow|\bar{X}-\mu|\leqslant 1.96\frac{\sigma}{\sqrt{n}} \tag{4}$$

得到

$$P\left(\mu\in\left[\bar{X}-1.96\frac{\sigma}{\sqrt{n}},\bar{X}+1.96\frac{\sigma}{\sqrt{n}}\right]\right)=1-\alpha, \tag{5}$$

其中 $1.96\frac{\sigma}{\sqrt{n}}$ 就是例 1 中的 c 值，这样就得到要求的置信区间 $[\bar{X}-c,\bar{X}+c]$.代入例 1 中数据 $\bar{x}=500, \sigma=100, n=100$，得到置信区间的一个观测值 $[480.4, 519.6]$.

在以上构造过程中，随机变量函数 $G(\bar{X},\mu)$ 是十分关键的，因此称之为枢轴函数.从 $G(\bar{X},\mu)$ 的定义式（2）可知，它有以下两个特点：

（i）$G(\bar{X},\mu)$ 除含有关心的未知参数 μ 以外，不再有其他的未知参数；

（ii）$G(\bar{X},\mu)$ 的分布是完全已知或完全可以确定的.

下面给出求置信区间的一般步骤：

(i) 先求出 θ 的一个点估计(通常为最大似然估计) $\hat{\theta}=\hat{\theta}(X_1,X_2,\cdots,X_n)$；

(ii) 通过 $\hat{\theta}$ 的分布，构造出一个枢轴函数 $G(\hat{\theta},\theta)$，满足前面提到的两个条件；

(iii) 由于 $G(\hat{\theta},\theta)$ 的分布完全已知，从而可确定 $a<b$，使得

$$P(a\leqslant G(\hat{\theta},\theta)\leqslant b)\geqslant 1-\alpha, \tag{6}$$

当 G 的分布为连续型时，只需考虑上述概率不等式取等号的情形；

(iv) 将 $a\leqslant G(\hat{\theta},\theta)\leqslant b$ 等价变形为 $\underline{\theta}\leqslant\theta\leqslant\overline{\theta}$，其中 $\underline{\theta},\overline{\theta}$ 只与 $\hat{\theta}$ 有关，则 $[\underline{\theta},\overline{\theta}]$ 就是 θ 的 $1-\alpha$ 置信区间.

这里顺便要指出的是：当总体服从正态分布时，枢轴函数的分布多是常用分布，例如 t 分布、F 分布、χ^2 分布，因此(6)式中，a,b 可通过查常用分布表确定，从此也可看出，要构造合适的枢轴函数，必须熟悉抽样分布.

第二节　正态总体下的置信区间

正态总体是实际问题中常见的总体，本节讨论正态总体 $X\sim N(\mu,\sigma^2)$ 参数的区间估计.

典型例题精讲视频

单正态总体未知参数的区间估计

先考虑单正态总体情形.

一、均值估计

设 $X_1,X_2,\cdots,X_n$ 为取自总体 $X\sim N(\mu,\sigma^2)$ 的样本，若 σ^2 已知，欲求参数 μ 的 $1-\alpha$ 置信区间.

首先，$\overline{X}$ 是 μ 的一个点估计，而

$$U=\frac{\sqrt{n}(\overline{X}-\mu)}{\sigma}\sim N(0,1), \tag{7}$$

因此 U 是枢轴函数，易知当 $k=u_{1-\alpha/2}$ 时

$$P(|U|\leqslant k)=1-\alpha,$$

易知 $\{|U|\leqslant k\}$ 等价于

$$\left\{\mu\in\left[\overline{X}-k\frac{\sigma}{\sqrt{n}},\overline{X}+k\frac{\sigma}{\sqrt{n}}\right]\right\}, \tag{8}$$

因此要求的 μ 的 $1-\alpha$ 置信区间即为 $\left[\overline{X}-k\dfrac{\sigma}{\sqrt{n}},\overline{X}+k\dfrac{\sigma}{\sqrt{n}}\right]$.

若 σ^2 未知，则(7)式中的 U 并非枢轴函数.首先用 S 作 σ 的估计，从而在(7)式中得到枢轴函数为

$$T=\frac{\sqrt{n}(\overline{X}-\mu)}{S}. \tag{9}$$

由第八章定理 2 可得

$$T \sim t(n-1),$$

因而取 $k=t_{1-\alpha/2}(n-1)$，即得

$$P(|T| \leqslant k)=1-\alpha,$$

得到 μ 的 $1-\alpha$ 置信区间为

$$\left[\bar{X}-t_{1-\frac{\alpha}{2}}(n-1)\frac{S}{\sqrt{n}},\bar{X}+t_{1-\frac{\alpha}{2}}(n-1)\frac{S}{\sqrt{n}}\right]. \tag{10}$$

例 2　为估计一批钢索所能承受的平均张力，从中随机抽取 10 个样品做试验.由试验数据算出 $\bar{x}=6\ 720$，$s=220$，假定张力服从正态分布，求平均张力的置信水平为 95%的置信区间.

解　注意此处 σ 未知，依公式(10)平均张力 μ 的 95%的置信区间为

$$\left[\bar{X}-t_{0.975}(n-1)\frac{S}{\sqrt{n}},\bar{X}+t_{0.975}(n-1)\frac{S}{\sqrt{n}}\right].$$

代入数据 $\bar{x}=6\ 720$，$s=220$，$n=10$，查表 $t_{0.975}(9)=2.262\ 2$ 可得平均张力的置信区间的观测值是

$$[6\ 562.618\ 5,6\ 877.381\ 5].$$

二、方差的估计

设 $X_1,X_2,\cdots,X_n$ 为取自总体 $X \sim N(\mu,\sigma^2)$ 的样本，欲求 σ^2 的 $1-\alpha$ 置信区间.

当 μ 已知时，$\widehat{\sigma^2}=\frac{1}{n}\sum\limits_{i=1}^{n}(X_i-\mu)^2$ 是 σ^2 的点估计，且

$$\chi^2=\frac{n\widehat{\sigma^2}}{\sigma^2}\sim\chi^2(n), \tag{11}$$

因此 χ^2 是枢轴函数，容易找到 $a<b$，使得

$$P(a \leqslant \chi^2 \leqslant b)=1-\alpha,$$

这样的解 (a,b) 并不唯一，一般取

$$a=\chi^2_{\frac{\alpha}{2}}(n),\quad b=\chi^2_{1-\frac{\alpha}{2}}(n),$$

此时对应的 σ^2 的 $1-\alpha$ 置信区间为

$$\left[\frac{n\widehat{\sigma^2}}{\chi^2_{1-\frac{\alpha}{2}}(n)},\frac{n\widehat{\sigma^2}}{\chi^2_{\frac{\alpha}{2}}(n)}\right]. \tag{12}$$

当 μ 未知时，(11)式的 χ^2 不再是枢轴函数，此时用 $\bar{X}$ 代替 μ，可得枢轴函数为

$$\chi^2=\frac{(n-1)S^2}{\sigma^2}, \tag{13}$$

由第八章定理 2，$\chi^2 \sim \chi^2(n-1)$，类似可得 σ^2 的 $1-\alpha$ 置信区间为

$$\left[\frac{(n-1)S^2}{\chi^2_{1-\frac{\alpha}{2}}(n-1)},\frac{(n-1)S^2}{\chi^2_{\frac{\alpha}{2}}(n-1)}\right]. \tag{14}$$

三、双正态总体情形

设 $X_1,X_2,\cdots,X_m$ 为取自总体 $X\sim N(\mu_1,\sigma_1^2)$ 的样本，$Y_1,Y_2,\cdots,Y_n$ 为取自总体 $Y\sim N(\mu_2,\sigma_2^2)$ 的样本，且 $(X_1,X_2,\cdots,X_m)$ 与 $(Y_1,Y_2,\cdots,Y_n)$ 相互独立，求两总体均值差 $\mu_1-\mu_2$ 的 $1-\alpha$ 置信区间.

若 σ_1^2,σ_2^2 已知.因 $\bar{X}-\bar{Y}$ 是 $\mu_1-\mu_2$ 的点估计，且由

$$\bar{X}-\bar{Y}\sim N\left(\mu_1-\mu_2,\frac{\sigma_1^2}{m}+\frac{\sigma_2^2}{n}\right)$$

可导出枢轴函数为

$$U=\frac{\bar{X}-\bar{Y}-(\mu_1-\mu_2)}{\sqrt{\dfrac{\sigma_1^2}{m}+\dfrac{\sigma_2^2}{n}}},\tag{15}$$

此处，$\bar{X}=\dfrac{1}{m}\sum\limits_{i=1}^{m}X_i,\bar{Y}=\dfrac{1}{n}\sum\limits_{i=1}^{n}Y_i$.

显然，$U\sim N(0,1)$，因此，取 $k=u_{1-\frac{\alpha}{2}}$，即有

$$P(|U|\leqslant k)=1-\alpha,$$

即得 $\mu_1-\mu_2$ 的 $1-\alpha$ 置信区间为

$$\left[\bar{X}-\bar{Y}-u_{1-\frac{\alpha}{2}}\sqrt{\frac{\sigma_1^2}{m}+\frac{\sigma_2^2}{n}},\bar{X}-\bar{Y}+u_{1-\frac{\alpha}{2}}\sqrt{\frac{\sigma_1^2}{m}+\frac{\sigma_2^2}{n}}\right].\tag{16}$$

若 $\sigma_1^2=\sigma_2^2=\sigma^2$，但 σ^2 未知，可记

$$S_w^2=\frac{1}{m+n-2}\left[\sum_{i=1}^{m}(X_i-\bar{X})^2+\sum_{j=1}^{n}(Y_j-\bar{Y})^2\right],$$

令

$$T=\frac{\bar{X}-\bar{Y}-(\mu_1-\mu_2)}{S_w\sqrt{\dfrac{1}{m}+\dfrac{1}{n}}},\tag{17}$$

应用第八章例 8 知 $T\sim t(m+n-2)$，因此(17)式中的 T 是枢轴函数.类似地可得 $\mu_1-\mu_2$ 的 $1-\alpha$ 置信区间为

$$\left[\bar{X}-\bar{Y}-kS_w\sqrt{\frac{1}{m}+\frac{1}{n}},\bar{X}-\bar{Y}+kS_w\sqrt{\frac{1}{m}+\frac{1}{n}}\right],\tag{18}$$

其中 $k=t_{1-\frac{\alpha}{2}}(m+n-2)$.

例 3 甲、乙两台机床加工同一种零件，今在机床甲加工的零件中随机抽取 9 件，在乙加工的零件中随机抽取 6 件，分别测量零件的长度(单位:mm)，由测得的数据可算出

$$\bar{x}=2.064\ 8,\quad \bar{y}=2.059\ 4,$$
$$s_X^2=0.245,\quad s_Y^2=0.357.$$

假定零件长度服从正态分布，试求两台机床加工零件长度的均值差 $\mu_1-\mu_2$ 的置信水平

为 95%的置信区间.

解 令 $n_1=9, n_2=6$,

$$S_w=\sqrt{\frac{1}{13}(8\times 0.245+5\times 0.357)}=0.536\ 7,$$

$$k=t_{0.975}(13)=2.160\ 4,\ \sqrt{\frac{1}{9}+\frac{1}{6}}=0.527\ 0.$$

代入公式(18),可得 $\mu_1-\mu_2$ 的置信水平为 0.95 置信区间的观测值为

$$[-0.605\ 6, 0.616\ 4].$$

习题 10.2

1. 某车间生产滚珠,从长期实践中知道,滚珠直径 X(单位:mm)服从正态分布 $N(\mu,0.2^2)$,从某天生产的产品中随机抽取 6 个,量得直径如下:

$$14.7, 15.0, 14.9, 14.8, 15.2, 15.1,$$

求 μ 的双侧 0.9 置信区间和双侧 0.99 置信区间.

2. 假定某商店中一种商品的月销售量服从正态分布 $N(\mu,\sigma^2)$,σ 未知.为了合理地确定对该商品的进货量,需对 μ 和 σ 作估计,为此随机抽取七个月,其销售量分别为

$$64, 57, 49, 81, 76, 70, 59,$$

试求 μ 的双侧 0.95 置信区间和方差 σ^2 的双侧 0.9 置信区间.

3. 某企业员工每天的加班时间(单位:h)服从正态分布 $N(\mu,\sigma^2)$,现抽查了 25 天,得 $\bar{x}=2.7$, $s=0.3$,求员工每天加班时间均值 μ 的双侧 0.95 置信区间.

4. 随机地取某种子弹 9 发做试验,测得子弹速度的 $s=11$,设子弹速度服从正态分布 $N(\mu,\sigma^2)$,求这种子弹速度的标准差 σ 和方差 σ^2 的双侧 0.95 置信区间.

5. 设某餐厅外卖送餐时间 X(单位:min)服从正态分布 $N(\mu,\sigma^2)$,现从该餐厅订单回访资料中抽取了 9 份订单,记录其送餐时间分别为 $x_1, x_2, \cdots, x_9$,并由此算出样本均值和样本方差分别为 $\bar{x}=15, s^2=2.5^2$.求 μ 的双侧 0.95 置信区间,σ^2 的双侧 0.9 置信区间.

6. 设某种汽车轮胎的寿命 X(单位:10^4 km)服从正态分布 $N(\mu,\sigma^2)$,现对 16 只轮胎做寿命试验,得到试验数据为 $x_1, x_2, \cdots, x_{16}$,并由此算出 $\sum_{i=1}^{16} x_i = 75.2$, $\sum_{i=1}^{16} x_i^2=354.79$,分别求 μ 和 σ^2 的双侧 0.95 置信区间.

7. 已知某炼铁厂的铁水含碳量(单位:%)正常情况下服从正态分布 $N(\mu,\sigma^2)$,且标准差 σ 未知,$\sigma>0$.现测量五炉铁水,其含碳量分别是

$$4.28, 4.40, 4.42, 4.35, 4.37,$$

试求未知参数 μ 的置信水平为 0.95 的单侧置信下限和单侧置信上限.

*8. 设 $X_1, X_2, \cdots, X_n$ 是取自总体 X 的样本,其中 X 服从参数为 λ 的指数分布,λ 未知,$\lambda>0$,求参数 λ 的双侧 $1-\alpha$ 置信区间.

(提示:取枢轴函数 $2\lambda n\bar{X}$,可以证明 $2\lambda n\bar{X}\sim\chi^2(2n)$.)

9. 某食品加工厂有甲乙两条加工猪肉罐头的生产线.设罐头质量服从正态分布并假设甲生产线与乙生产线互不影响.从甲生产线抽取 10 只罐头测得其平均质量 $\bar{x}=501$ g,已知其总体标准差 $\sigma_1=5$ g;从乙生产线抽取 20 只罐头测得其平均质量 $\bar{y}=498$ g,已知其总体标准差 $\sigma_2=4$ g,求甲乙两条猪肉罐头生产线生产罐头质量的均值差 $\mu_1-\mu_2$ 的双侧 0.99 置信区间.

10. 为了比较甲、乙两种显像管的使用寿命(单位:10^4h)X 和 Y,随机地抽取甲、乙两种显像管各10只,得数据 $x_1,x_2,\cdots,x_{10}$ 和 $y_1,y_2,\cdots,y_{10}$,且由此算得 $\bar{x}=2.33$,$\bar{y}=0.75$,$\sum_{i=1}^{10}(x_i-\bar{x})^2=27.5$,$\sum_{i=1}^{10}(y_i-\bar{y})^2=19.2$,假定两种显像管的使用寿命均服从正态分布,且由生产过程知道它们的方差相等.试求两个总体均值之差 $\mu_1-\mu_2$ 的双侧 0.95 置信区间.

*第三节 抽样推断

本节将围绕抽样调查中总体成数的统计推断问题展开估计方法的应用.抽样调查,特别是社会问题的抽样调查,总体指标 $\widetilde{X}$ 大多为分类变量,例如当个体具有某种特性时,$\widetilde{X}=1$;当不具这种特性时,$\widetilde{X}=0$.而且调查总体一般为有限的,设 N 为总体的大小,p 为总体中具有某种特性的个体的比率,因而 $\widetilde{X}$ 服从参数为 p 的 0-1 分布.然而通常关心的是总体中具有某种特性的个体的百分数,并称之为总体成数,记之为 μ.μ 与 p 之间有数量关系 $\mu=100p\%$.在实际问题中,μ 是未知的,正是通过抽样调查所要推断的主要对象.

今设定抽样方案,n 为样本大小,记样本 $\widetilde{X}_1,\widetilde{X}_2,\cdots,\widetilde{X}_n$ 的均值为 $\overline{\widetilde{X}}=\frac{1}{n}\sum_{i=1}^{n}\widetilde{X}_i$,则 $\overline{\widetilde{X}}$ 是样本中具有某种特性的个体的比率,然而在抽样调查中习惯使用百分数,而不是比率.称样本中具有某种特性的个体的百分数为样本成数.为了从 $\overline{\widetilde{X}}$ 得到样本成数,只需做变换 $X_i=100\widetilde{X}_i\%$ $(i=1,2,\cdots,n)$,得到 $\bar{X}=\frac{1}{n}\sum_{i=1}^{n}X_i=\frac{1}{n}\sum_{i=1}^{n}100\widetilde{X}_i\%=100\overline{\widetilde{X}}\%$,此即样本成数.因此有下述计算样本成数的公式:

$$\text{样本成数}=\frac{\text{样本中具有某种特性个体之和}}{\text{样本容量}}\times 100\%.$$

例 4 欲调查某选区候选人 A 获胜的百分数 μ,从该选区抽取 2 500 个选民进行民意测验,其中有 1 328 人赞成该候选人,则样本成数

$$\bar{X}=\frac{1\ 328}{2\ 500}\times 100\%=53\%,$$

而 μ 是总体成数,正是需推断的对象.

一般地,关于总体成数 μ 的统计推断,需要解决下述问题:

(i) 总体成数 $\mu=?$

(ii) 如用 $\hat{\mu}$ 作 μ 的估计,估计的误差有多大?

(iii) 对给定置信水平 $1-\alpha$ $(0<\alpha<1)$,求 μ 的 $1-\alpha$ 置信区间?

通常用样本成数 $\bar{X}$ 作为总体成数 μ 的估计.用 $\bar{X}$ 估计 μ,其估计误差为 $\bar{X}-\mu$,有时也

称 $\bar{X}-\mu$ 为抽样误差.抽样误差是不可观测的随机变量,其大小是用其标准差 $\sigma(\bar{X})$ 来度量的,文献上也称之为标准误,记之为 SE.由第八章定理 1 可知

$$SE=\sigma(\bar{X})=\begin{cases}\dfrac{\sigma}{\sqrt{n}}, & \text{当抽样有放回时},\\ \dfrac{\sigma}{\sqrt{n}}\sqrt{\dfrac{N-1}{N-n}}, & \text{当抽样无放回时}.\end{cases}$$

下面为确定计,假设 $n \ll N$,因而当抽样无放回时,也可近似看成是有放回抽样,统一使用公式 $SE=\dfrac{\sigma}{\sqrt{n}}$ 计算标准误.

此处记 $X(=100\widetilde{X})$ 为变换后的总体,变换后的样本为 $X_i(=100\widetilde{X}_i)\ (i=1,2,\cdots,n)$. σ 是 X 的标准差也是未知的,必须用样本 $X_1,X_2,\cdots,X_n$ 估计之.注意到使用 0-1 分布的方差公式,以及 $\mu=100p$,有

$$\sigma^2=D(X)=D(100\widetilde{X})=100^2D(\widetilde{X})=100^2p(1-p)=\mu(100-\mu),$$

使用估计的自助程序,可得 σ 的估计为

$$\hat{\sigma}=\sqrt{\bar{X}(100-\bar{X})}.$$

因而用 $\hat{\mu}=\bar{X}$ 作为 μ 的估计,其估计误差的大小的估计为

$$\widehat{SE}=\sqrt{\frac{\bar{X}(100-\bar{X})}{n}}.$$

这样已回答了问题(i)和(ii).

问题(iii)涉及 $\bar{X}$ 的分布,由中心极限定理,可得 $\bar{X}$ 的渐近分布

$$\bar{X}\sim N\left(\mu,\frac{\sigma^2}{n}\right).$$

因此对给定 $1-\alpha$,有

$$P\left(\frac{\sqrt{n}\ |\bar{X}-\mu|}{\hat{\sigma}}\leqslant u_{1-\frac{\alpha}{2}}\right)\approx 1-\alpha,$$

此处 $u_{1-\frac{\alpha}{2}}$ 是标准正态分布的 $1-\dfrac{\alpha}{2}$ 分位点,且 σ 已用其估计 $\hat{\sigma}$ 代替.

注意到以下等价关系

$$\frac{\sqrt{n}\ |\bar{X}-\mu|}{\hat{\sigma}}\leqslant u_{1-\frac{\alpha}{2}}\quad\Leftrightarrow\quad |\bar{X}-\mu|\leqslant u_{1-\frac{\alpha}{2}}\frac{\hat{\sigma}}{\sqrt{n}}=u_{1-\frac{\alpha}{2}}\widehat{SE},$$

因此总体成数 μ 的置信水平为 $1-\alpha$ 的渐近置信区间为

$$\left[\overline{X}-u_{1-\frac{\alpha}{2}}\widehat{SE},\overline{X}+u_{1-\frac{\alpha}{2}}\widehat{SE}\right].$$

下面看一个例子.

例 5(例 4 续)　求该选区候选人 A 获胜百分数抽样误差的估计及置信水平为 95%的置信区间.

解　由于样本大小 $n=2\ 500$ 相对于该选区全体合格选民数 N 来说很小,因此可使用有放回抽样的公式.

样本成数 $\overline{x}=100\times\frac{1\ 328}{2\ 500}=53$,$\sigma$ 估计为$\hat{\sigma}=\sqrt{53\times47}=50$,标准误 SE 的估计为 $\widehat{SE}=\frac{50}{\sqrt{2\ 500}}=1$.因此该候选人获胜百分数的估计为 53 个百分数,抽样误差的估计为 1 个百分数.

最后由 $u_{1-\frac{\alpha}{2}}=u_{0.975}=1.96$,从而所求的置信水平为 95%渐近置信区间的观测值为

$$[51.04\%,54.96\%].$$

从直观上看,由于该区间下限大于 0.5,因而基于民意测验数据大致可以判断该选区的选民是支持该候选人的.

例 6　某市大学生 2019 年秋季注册的有 25 000 名,为调查住在家里的大学生的百分数,随机抽取 400 人,发现有 317 人住在家里,试求这批大学生中住在家里所占的百分数的置信水平为 95%的渐近置信区间.

解　此处 $N=25\ 000$,$n=400$,因此可将抽样看成有放回的,样本成数

$$\overline{x}=\frac{317}{400}\times100=79(\%),\ \hat{\sigma}=\sqrt{79\times21}=41,$$

因而

$$\widehat{SE}=\frac{41}{\sqrt{400}}=2,\ u_{1-\frac{\alpha}{2}}\widehat{SE}=4.$$

最后得到所求置信区间的观测值近似为[75%,83%].

当我们在对总体成数做置信区间推断时,通常都基于中心极限定理.由于总体成数 $\mu=100p\%$,因此在总体比例 p 特别大或者特别小的极端的情况下,我们需要采集更多的观察数据.问题是,我们究竟应该抽取多大容量的样本呢?

通过前面的学习,我们知道,抽样后的标准误 SE 的估计值为 $\widehat{SE}=\sqrt{\frac{\overline{X}(100-\overline{X})}{n}}$.因此,根据置信区间的公式,可以定义抽样极限误差 $ME=u_{1-\frac{\alpha}{2}}\widehat{SE}=u_{1-\frac{\alpha}{2}}\sqrt{\frac{\overline{X}(100-\overline{X})}{n}}$,则总体成数 μ 的置信水平为 $1-\alpha$ 的渐近置信区间为$[\overline{X}-ME,\overline{X}+ME]$.

例 7　在某种遗传学疾病的常规筛查中,某医生注意到患者中有 10%有指标偏高的情况,为此,科研人员决定启动更正式的科学研究,应该随机选取多少患者做筛查,才

能保证抽样极限误差不超过 4%?(置信水平为 95%)

解 样本成数 $\bar{x}=10\%$, $\widehat{SE}=\sqrt{\frac{10\times 90}{n}}$, $ME=u_{1-\frac{\alpha}{2}}\widehat{SE}=1.96\sqrt{\frac{10\times 90}{n}}\leqslant 4$,解得 $n\geqslant 216.09$,所以至少要调查 217 个患者.

在上面的例 7 中,如果我们需要将抽样极限误差控制在 1%内,那么不难计算出至少要调查 3 458 个患者,随着抽样极限误差要求越严格,需要的样本量会越高.此外,如果没有前续性研究结果 10%的消息,而直接进行样本量确定计算,从随机的角度不妨假定 $\bar{x}=50\%$,那么如果还是要求抽样极限误差不超过 4%,置信水平为 95%,则 $ME=1.96\sqrt{\frac{50\times 50}{n}}\leqslant 4$, $n\geqslant 600.25$,即调查规模将是 601 个患者,相比之前的 217 个患者,相差很大.

*习题 10.3

*1. 化工厂经常用不锈钢处理腐蚀性液体,但是,这些不锈钢在某种特别环境下受到应力腐蚀断裂,发生在某炼油厂和化学制品厂的 295 个不锈钢失效样本中,有 118 个是由于应力腐蚀断裂的,求由应力腐蚀断裂引起的不锈钢失效比率真值的 95%置信区间.

(提示:可用中心极限定理构造枢轴函数.)

*2. 在 3 091 个男生,3 581 个女生组成的总体中,随机不放回抽取 100 人,观察其中男生的成数,要求计算样本中男生成数的标准误 SE.

*3. 抽取 1 000 人的随机样本估计一个大的人口总体中拥有私人汽车的人的百分数,样本中有 543 人拥有私人汽车.

(1) 求样本中拥有私人汽车的人的百分数的标准误 SE;

(2) 求总体中拥有私人汽车的人的百分数的 95%置信区间.

*4. 为了解未来一年内的企业上市情况,先导性调查表明,每年大约有 20%的企业能按期上市.

(1) 如果要求抽样误差不超过 5%,置信水平为 95%,需要随机抽取多少家企业做调查?

(2) 如果要把抽样误差降低到不超过 1%,置信水平为 95%,需要随机抽取多少家企业做调查?

小　结

区间估计就是以不小于给定置信水平的概率将未知参数估计在一个区间范围之内,如果对于所有 $\theta\in\Theta$,有

$$P_{\theta}(\underline{\theta}\leqslant\theta\leqslant\bar{\theta})\geqslant 1-\alpha,$$

那么我们称 $[\underline{\theta},\bar{\theta}]$ 为 θ 的置信水平为 $1-\alpha$ 的置信区间.构造置信区间有 4 个步骤,其中选取适当的枢轴函数是十分重要的.下面用列表形式给出正态总体下置信区间的一些结果:

		条件	置信区间(左、右端点)
单正态总体	均值 μ 的 $1-\alpha$ 置信区间	σ^2 已知	$\overline{X}-u_{1-\alpha/2}\dfrac{\sigma}{\sqrt{n}},\overline{X}+u_{1-\alpha/2}\dfrac{\sigma}{\sqrt{n}}$
		σ^2 未知	$\overline{X}-t_{1-\alpha/2}(n-1)\dfrac{S}{\sqrt{n}},\overline{X}+t_{1-\alpha/2}(n-1)\dfrac{S}{\sqrt{n}}$,其中 $S=\sqrt{\dfrac{1}{n-1}\sum\limits_{i=1}^{n}(X_i-\overline{X})^2}$
	方差 σ^2 的 $1-\alpha$ 置信区间	μ 已知	$\dfrac{n\widehat{\sigma^2}}{\chi^2_{1-\alpha/2}(n)},\dfrac{n\widehat{\sigma^2}}{\chi^2_{\alpha/2}(n)}$,其中 $\widehat{\sigma^2}=\dfrac{1}{n}\sum\limits_{i=1}^{n}(X_i-\mu)^2$
		μ 未知	$\dfrac{(n-1)S^2}{\chi^2_{1-\alpha/2}(n-1)},\dfrac{(n-1)S^2}{\chi^2_{\alpha/2}(n-1)}$
双正态总体	均值差 $\mu_1-\mu_2$ 的 $1-\alpha$ 置信区间	σ_1^2,σ_2^2 已知	$\overline{X}-\overline{Y}-u_{1-\alpha/2}\sqrt{\dfrac{\sigma_1^2}{m}+\dfrac{\sigma_2^2}{n}},\overline{X}-\overline{Y}+u_{1-\alpha/2}\sqrt{\dfrac{\sigma_1^2}{m}+\dfrac{\sigma_2^2}{n}}$
		$\sigma_1^2=\sigma_2^2=\sigma^2$,但 σ^2 未知	$\overline{X}-\overline{Y}-kS_w\sqrt{\dfrac{1}{m}+\dfrac{1}{n}},\overline{X}-\overline{Y}+kS_w\sqrt{\dfrac{1}{m}+\dfrac{1}{n}}$, 其中 $k=t_{1-\alpha/2}(m+n-2)$, $S_w^2=\dfrac{1}{m+n-2}\left[\sum\limits_{i=1}^{m}(X_i-\overline{X})^2+\sum\limits_{j=1}^{n}(Y_j-\overline{Y})^2\right]$

抽样调查的总体,一般为有限总体,其指标为分类变量.总体成数是总体中具有某特性的个体的百分数,样本成数是总体成数的点估计,当 $n \ll N$ 时其抽样误差的标准误表示为 $SE=\dfrac{\sigma}{\sqrt{n}}$,$SE$ 的估计为

$$\widehat{SE}=\sqrt{\frac{\overline{X}(100-\overline{X})}{n}},$$

其中 $\overline{X}$ 为样本成数,总体成数 μ 的置信水平 $1-\alpha$ 渐近置信区间为

$$\left[\overline{X}-u_{1-\alpha/2}\widehat{SE},\overline{X}+u_{1-\alpha/2}\widehat{SE}\right].$$

第十章综合题

1. 设 $X_1,X_2,\cdots,X_n$ 是取自正态分布 $N(\mu,1)$ 的一组简单随机样本,不妨设样本容量为 n.

(1) 试求 μ 的双侧置信水平为 0.95 的置信区间;

(2) 试求 μ 的单侧置信水平为 0.95 的置信下限;

(3) 试求 μ 的单侧置信水平为 0.95 的置信上限.

2. 为了得到某种鲜牛奶的冰点,对其冰点进行了 16 次相互独立重复测量,得到数 $x_1,x_2,\cdots,x_{16}$

(单位:℃).并由此算出样本均值 $\bar{x}=-0.546$,样本方差 $s^2=0.001\,5$.设鲜牛奶的冰点服从正态分布 $N(\mu,\sigma^2)$.

(1) 若已知 $\sigma^2=0.004\,8$,求 μ 的双侧置信水平为 0.95 的置信区间;

(2) 若 σ^2 未知,分别求 μ 和 σ^2 的双侧置信水平为 0.95 的置信区间.

3. 为研究某种新能源汽车的续航里程(单位:km),随机选取 16 次充满电后的行驶记录,算出 $\bar{x}=400$,$s^2=25^2$.假设续航里程服从正态分布,均值和方差均未知.求 μ 和 σ^2 的双侧置信水平为 0.99 的置信区间.

**4. 设 $X_1,X_2,\cdots,X_n$ 是取自总体 $N(\mu,\sigma^2)$ 的样本,样本均值 $\bar{x}=8$,参数 μ 的双侧置信水平为 0.95 的置信区间的上限为 10,求 μ 的双侧置信水平为 0.95 的置信区间.

5. 设 $X_1,X_2,\cdots,X_{2n}$ 是取自正态总体 $N(\mu_1,18)$ 的样本,$Y_1,Y_2,\cdots,Y_n$ 是取自正态总体 $N(\mu_2,16)$ 的样本,要使 $\mu_1-\mu_2$ 的双侧 95%置信区间的长度不超过 l,问 n 至少要取多大?

6. 设从总体 $N(\mu_1,\sigma_1^2)$ 和总体 $N(\mu_2,\sigma_2^2)$ 分别抽取 $X_1,X_2,\cdots,X_9$ 和 $Y_1,Y_2,\cdots,Y_{16}$ 两组相互独立样本,计算得 $\bar{x}=81$,$\bar{y}=72$,$s_X^2=56$,$s_Y^2=52$,

(1) 若已知 $\sigma_1^2=64$,$\sigma_2^2=49$,求 $\mu_1-\mu_2$ 的双侧 0.99 置信区间;

(2) 若 $\sigma_1^2=\sigma_2^2$ 未知,求 $\mu_1-\mu_2$ 的双侧 0.99 置信区间.

第十章自测题

第十章习题参考答案

第十一章　假设检验

统计假设检验是应用最为广泛的一种统计推断方法，因为几乎所有的统计应用都要用到假设检验，而且假设检验的方法同点估计和置信区间之间有密切联系，因此假设检验在统计推断中占有十分突出的地位.本章将介绍统计假设检验的基本概念和基本原理，并着重讨论三种常用检验，即 Z 检验、t 检验、χ^2 检验.

第一节　检验的基本原理

一、检验问题的提法

假设检验是既同估计有密切联系，但又有重要区别的一种推断方法.例如某种电子元件寿命 X 服从参数为 λ 的指数分布，随机抽取其中的 n 件，测得其寿命数据.问题(i)，这批元件的平均寿命是多少？问题(ii)，按规定该型号元件当寿命不小于 5 000 h 时合格，问该批元件是否合格？问题(i)是对总体未知参数 $\mu=E(X)=\dfrac{1}{\lambda}$ 作出点估计，回答"μ 是多少？"，是定量的.问题(ii)则是对假设："这批元件合格"作出接受还是拒绝的回答，因而是定性的.

对上述例子，还可做更细致的考察，设想如基于一次观测的数据算出 μ 的估计值 $\hat{\mu}=5\ 001$ h，我们能否就此接受"这批元件合格"的这一假设呢？尽管 $\hat{\mu}>5\ 000$，但这个估计 $\hat{\mu}$ 仅仅是一次试验的结果，能否保证下一次测试结果也能得到 μ 的估计值大于 5 000 呢？也就是说从观测数据得到的结果 $\hat{\mu}=5\ 001$ 与参考值 5 000 的差异仅仅是偶然的，还是总体均值 μ 确实有大于 5 000 的"趋势"？这些问题是以前没有研究过的.一般而言，估计问题是回答总体分布的未知参数"是多少"或"范围有多大"；而假设检验问题则是回答"观测到的数据差异只是机会差异，还是反映了总体的真实差异"？因此两者对问题的提法有本质不同.

下面通过一个例子介绍假设检验的基本概念及基本原理.

二、原假设和备择假设

例 1(酒精含量)　设有一种无需医生处方即可得到的治疗咳嗽和鼻塞的药，按规

定其酒精含量为 5%.今从已出厂的一批药中随机抽取 10 瓶,测试其酒精含量,得到 10 个含量的百分数

$$5.01, 4.87, 5.11, 5.21, 5.03, 4.96, 4.78, 4.98, 4.88, 5.06.$$

如果酒精含量服从正态分布 $N(\mu, 0.000\ 16)$,问该批药品的酒精含量是否合乎规定?

做检验的第一步是根据实际问题提出原假设 H_0 和备择假设 H_1.注意到假设的数学形式总是同总体分布的未知参数(或者直接就是未知总体分布)有关,但隐藏在数学形式后面,都有实际内涵.通常原假设 H_0 可用问题所关心的总体参数(或分布)等于某个特定值(或特定已知分布)表示,它表明数据的"差异"是偶然的,总体没有"变异"发生;备择假设 H_1 可用该总体参数(或分布)与特定值(或特定已知分布)不相等(或大于,或小于)来表示,它表明数据的"差异"不是偶然的,是总体的真实"变异"的表现.而且在多数情况下,收集数据的目的就在于证实总体出现了"变异".在这种情况下,可以说备择假设正是陈述了检验所要达到的目的是什么.因此 H_0 和 H_1 这一对假设从一开始就不是处于一种"平等"的地位.本例假设(以下单位取百分数)

$$H_0: \mu = 5, \quad H_1: \mu \neq 5,$$

原假设 H_0 表明含量符合规定,这个 5(%)也称之为期望数,尽管 10 个数据都与 5(%)有出入,这只是抽样的随机性所致;备择假设 H_1 表明总体均值 μ 已经偏离了期望数 5(%),数据与期望数 5(%)的差异是其表现.

三、检验统计量

在提出原假设和备择假设之后,接下来的一步是要构造一个适当的能度量观测值与原假设下的期望数之间的差异程度的统计量,我们称之为检验统计量.它要求在原假设 H_0 下分布是完全已知或者说可以计算的.

本例的观测值通过样本平均 $\overline{X}$ 表示,它是 μ 的一个无偏估计,而在 H_0 下的期望数为 $\mu=5$.注意到在 H_0 下,

$$\overline{X}-5 \sim N\left(0, \frac{0.000\ 16}{10}\right),$$

因而通过标准化 $\overline{X}$ 可得到检验统计量

$$Z = \frac{\text{观测值}-\text{期望数}}{\frac{\sigma}{\sqrt{n}}} = \frac{\sqrt{10}\,(\overline{X}-5)}{\sqrt{0.000\ 16}}. \tag{1}$$

四、否定论证及实际推断原理

否定论证是假设检验的重要推理方法,其要旨是:先假定原假设 H_0 成立,如果从试验观测数据及此假定将导致一个矛盾的结果,那么必须否定这个原假设;反之,如果不出矛盾的结果,当然就不能否定原假设.

从试验数据判断是否导致一个矛盾结果,一个很重要的依据就是小概率事件的实

际推断原理.现在我们回到此例,由观测数据,可算得 $\overline{X}$ 的观测值为 4.989,代入统计量 Z 的表达式,得到 Z 的观测值为

$$z=\frac{-\sqrt{10}\times 0.011}{\sqrt{0.000\ 16}}=-2.75.$$

注意到在 H_0 下,Z 服从标准正态分布,对于特定的一次试验,统计量 Z 取得观测值 -2.75 是十分罕见的,以至于实际不会发生.事实上,当 H_0 成立时,事件

$$\{|Z|>1.96\}$$

发生的概率只有 5% (见图 11.1).

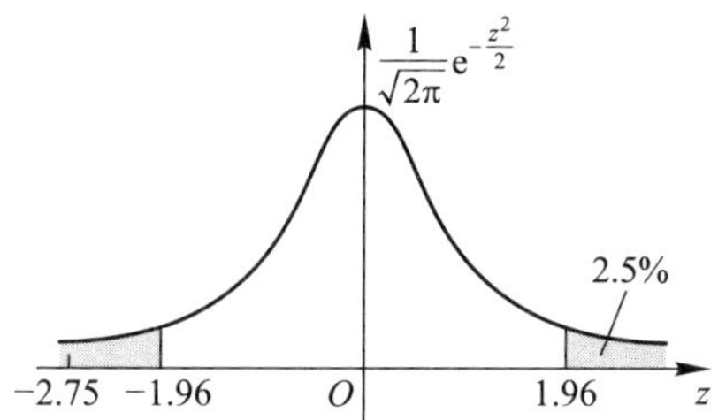

图 11.1　事件 $\{|Z|>1.96\}$ 发生的机会

这是一个小概率事件.今从试验数据得到 $z=-2.75$,由于 $|-2.75|>1.96$,表明这一小概率事件在该次试验中发生,这与实际推断原理矛盾.因此否定原假设 H_0.至此本例已获得解答,即基于数据该批药品的酒精含量不符合规定.

必须注意的是,在否定论证中最终能否得出矛盾的结果,取决于数据.

*五、p 值及 p 值法

本段介绍统计检验的一种常用方法,即 p 值法.所谓 p 值是在原假设成立时,检验统计量出现那个观测值或者比之更极端值的概率.此法的要旨是:在有了检验统计量以及它的观测值之后,只需计算相应的 p 值.如果 p 值较大,则表明在原假设下出现这个观测值并无不正常之处,因而不能拒绝 H_0.如果 p 值很小,则在原假设下一个小概率事件在该次试验发生,这与小概率事件的实际推断原理矛盾.这个矛盾表明数据不支持原假设,从而作出拒绝原假设的结论.

问题是 p 值小到什么程度可以称为"很小",从而拒绝 H_0 呢?按照部分学者的意见,认为当 p 值不超过 0.05,就认为"很小"了,并称结果是统计显著的,又若 p 值不超过 0.01,则称结果为高度显著的.在大多数情况下,可以使用这一规则.

回到上例,注意到在 H_0 下,$Z\sim N(0,1)$,而 Z 的观测值已算得为 -2.75,因而 p 值为

$$\begin{aligned}p&=P(|Z|\geqslant|-2.75|\mid H_0)=2(1-\Phi(2.75))\\&=2(1-0.997\ 0)=0.006,\end{aligned}$$

这是一个比 0.01 更小的值,因而结果是高度显著的.

近代,随着实用统计软件的开发,使得 p 值得以迅速计算,因而 p 值法已成为统计假设检验的重要方法.

例 2(第八章例 5 续)　独立投掷一枚硬币 100 次,观察到正面向上出现 61 次,检验该硬币是否均匀.

解　记 $p=P$(正面向上),则"硬币是均匀的"等价于"$p=\frac{1}{2}$",因而可设

$$H_0:p=\frac{1}{2},\quad H_1:p\neq\frac{1}{2}.$$

又记 X 为 100 次投掷中正面向上出现的次数,则在 H_0 下 $X\sim B\left(100,\frac{1}{2}\right)$. $E(X)=100\times\frac{1}{2}=50$, $\sigma(X)=\sqrt{100\times\frac{1}{4}}=5$.因 $n=100$ 较大,可用中心极限定理.我们有:在 H_0 下,

$$Z=\frac{X-50}{5}\sim N(0,1). \tag{2}$$

今 X 的观测值为 $x=61$,因而 Z 的观测值为 $z=\frac{61-50}{5}=2.2$.最后计算 p 值,

$$\begin{aligned}p&=P(\,|Z|\geqslant 2.2\mid H_0)\\&=2(1-\Phi(2.2))=2\times 0.0139=0.0278.\end{aligned}$$

此值很小,因此在 H_0 下,投掷结果出现正面数与期望数 50 的差异的绝对值达到 11 或比之更大是一个小概率事件,与实际推断原理矛盾.只能拒绝 H_0,也就是说,基于试验数据,我们只能认为该硬币非均匀.

顺便提及的是,以上两例由(1)式、(2)式定义的检验统计量 Z 占有重要地位,一般地,一个检验是依使用什么检验统计量命名的,称例 1、例 2 的检验为 Z 检验.

习题 11.1

1. 某种汽车配件的标准长度为 12 cm,高于或低于该标准均被认为是不合格的.汽车生产企业在购进配件时通常要对中标的汽车配件商提供的样品进行检验,以决定是否购进.现对一个配件提供商提供的 10 个样本进行了检验,结果如下(单位:cm):

12.3,10.8,12,11.8,11.9,12.4,11.3,12.2,12,12.2.

假定该供货商生产的配件长度服从正态分布,若需检验该供货商提供的配件是否符合要求,请构造该问题的原假设和备择假设.

2. 某汽车租赁公司有 150 辆汽车,在被检测的 22 辆汽车中有 7 辆汽车没有达到清洁排放标准.据此能不能说该公司已有的车辆中有超过 20%的不达标?给出假设检验的原假设和备择假设.

3. 某厂生产的化纤纤度服从正态分布 $N(\mu,0.04^2)$,现测得 25 根纤维的纤度,其样本均值 $\bar{x}=1.39$,试用 p 值法检验总体均值是否为 1.40.

*4. 为了研究司机在驾驶车辆过程中使用手机的频率,在全国范围内随机选取了 1 165 个司机作为一个样本,其中有 35 个正在使用手机,用 p 值法检验司机使用手机的真实比 p 是否等于 0.02? ($\alpha=0.05$)

*5. 科学家研究暴露于低氧对昆虫死亡率的影响.在一个实验室里放置成千上万只昆虫,将它们放置于低氧状态 4 天,结果发现其中 31 421 只死亡,35 只存活.以前的研究表明,暴露于低氧的死亡率为 99%,用 p 值法检验现在的昆虫暴露于低氧的死亡率是否高于 99%.($\alpha=0.1$)

6. 某印刷厂旧机器每周开工成本(单位:元)服从正态分布 $N(100,25^2)$,现安装一台新机器,观测了 9 周平均每周开工成本 $\bar{x}=75$,假定标准差不变,试用 p 值法检验每周开工平均成本是否为 100.

第二节　显著性水平检验法与正态总体检验

本节介绍显著性水平检验法,并基此展开正态总体检验.

一、两类错误概率

检验总是基于随机样本作出的,因而即使样本容量很大,其结果也难免有错.我们可以用表 11.1 列出检验可能犯的两类错误:

表 11.1　两类错误

自然状态	检验结果	
	接受 H_0	拒绝 H_0
H_0 成立	正确	第一类错误
H_0 不成立	第二类错误	正确

简而言之,第一类错误是弃真的错误,而第二类错误则是采伪的错误.人们不可能消除这两类错误,而只能控制发生这两类错误之一的概率.

我们在前一节已指出,假设 H_0 与 H_1 从一开始就不是"平等的".在很多情况下,人们希望通过收集数据拒绝 H_0,从而达到接受 H_1 的目的.因而控制犯第一类错误概率就变得十分重要了,使得拒绝了一个真实的 H_0 的可能性降低到一个我们能够接受的程度.

二、显著性水平检验法

现在可以介绍历史上沿用很久的显著性水平检验法,它与 p 值法的差别在于:前者不是在数据收集之后,而是在数据收集之前就已经设定好一个检验规则,即文献上称之为拒绝域 R,使得当样本观测值落入 R 就拒绝 H_0.其优点是可以避免如 p 值那样的复杂计算(但随着相关软件的开发,这一优点已无多大优势),而且便于理论分析.

我们对拒绝域 R 的要求是:在 H_0 下,{样本观测值落入 R} 为一小概率事件,即对

预先给定的 $0<\alpha<1$，有

$$P(\{\text{样本观测值落入 } R\} \mid H_0) \leqslant \alpha,$$

此时称 R 所代表的检验为显著性水平 α 的检验.通常取 $\alpha=0.05$ 或 0.01.

从上述定义可见，一个显著性水平 α 的检验的构造，并不需要数据，仅仅在最后作出是否接受 H_0 的结论才需要数据.其次，显著性水平 α 就是犯第一类错误的概率在 α 以下.

构造显著性水平检验法的关键在于构造拒绝域.下面看一个例子.

例 3 某盒装饼干包装上的广告称每盒质量为 269 g，但有顾客投诉，该饼干质量不足 269 g.为此质检部门从准备出厂的一批盒装饼干中，随机抽取 30 盒，由测得的 30 个质量数据算出样本均值 $\bar{x}=268$ g.假设盒装饼干质量服从正态分布 $N(\mu,2^2)$，以显著性水平 $\alpha=0.05$ 检验该产品广告是否真实.

解 广告称每盒质量为 269 g，因而原假设可设为 $H_0:\mu=269$，备择假设为 $H_1:\mu<269$.

首先，可用 $\bar{X}$ 作为未知参数 μ 的点估计，因此如 $\bar{X}-269$ 偏小应该拒绝 H_0.若 H_0 成立，则 $\bar{X}\sim N\left(269,\dfrac{2^2}{30}\right)$.可将 $\bar{X}$ 标准化

$$Z=\frac{\sqrt{30}\,(\bar{X}-269)}{2},$$

则在 H_0 下 $Z\sim N(0,1)$，即 Z 的分布已知，因而 Z 可以作检验统计量.注意到 $\bar{X}-269$ 偏小等价于 Z 偏小，从而得到拒绝域的如下形式：

$$R=\left\{\frac{\sqrt{30}\,(\bar{X}-269)}{2}<k\right\},$$

其中 k 待定，称之为临界值.

本例中 $\alpha=0.05$，为求显著性水平 0.05 的检验，只需选取 k 使得

$$P(Z<k \mid H_0)=0.05,$$

查正态分布表可得 $k=-u_{0.95}=-1.645$，因而得到显著性水平 0.05 检验的拒绝域为

$$R=\left\{\frac{\sqrt{30}\,(\bar{X}-269)}{2}<-1.645\right\}.$$

代入数据 $\bar{x}=268$，算得 Z 值为 $\dfrac{5.48\times(-1)}{2}=-2.74$，显然小于临界值 -1.645，因而依检验规则应该拒绝 H_0，即该盒装饼干有不实广告行为.

我们将例 3 的求解过程小结如下：

(i) 首先将实际问题模型化为待检假设 H_0 与 H_1；

(ii) 然后基于样本估计假设中的总体未知参数（在此例为 μ），提出检验统计量（要求检验统计量当 H_0 成立时分布已知或者是可以确定的）；

(iii) 由检验统计量诱导出一个偏离 H_0 的规则，从而构造检验的拒绝域 R；

(iv) 算出检验统计量的观测值，判定样本观测值是否落入拒绝域 R，从而作出拒绝或接受 H_0 的结论.

三、正态总体的显著性水平检验

我们将通过一些例子展开正态总体均值的检验.前面例 3 是单个正态总体方差已知情况下均值的 Z 检验,现在讨论方差未知的情况.

例 4(例 3 续)　在上例中,若盒装饼干质量服从正态分布 $N(\mu,\sigma^2)$,μ 与 σ^2 均未知,已知样本均值 $\bar{x}=268$,样本标准差为 $s=1.8$,求解相同的问题.

此时不能使用 Z 作为统计量,因为标准化变量为

$$Z=\frac{\sqrt{30}(\bar{X}-269)}{\sigma},$$

其中 σ 未知.今用 S 代替 σ,得到服从 t 分布的统计量

$$T=\frac{\sqrt{30}(\bar{X}-269)}{S}. \tag{3}$$

由第八章例 7 可知:在 H_0 下,

$$T\sim t(29),$$

同上例作相同的分析,可得拒绝域为

$$R=\{T<k\},$$

临界值通过查 t 分布表可以得到,即 $k=-t_{0.95}(29)=-1.699\,1$.最后计算 T 的观测值 $t=\dfrac{\sqrt{30}(268-269)}{1.8}=-3.042\,9$,显然小于临界值 $-1.699\,1$,因而拒绝 H_0.

例 3、例 4 分别使用 Z 检验和 t 检验.t 检验与 Z 检验的差别之一在于:临界值需要查不同的分布表,前者为 t 分布表,后者为标准正态分布表.

以上两例检验问题只涉及单个正态总体的未知参数,下面的例子则涉及两个正态总体均值差的检验.

例 5　为评估某地区中学教学改革后教学质量情况,分别在 2015 年、2019 年举行两次数学考试,考生从该地区中学的 17 岁学生中随机抽取,每次 100 个.两次考试的平均得分分别为 63.5,67.0.假定两次数学考试成绩服从正态分布 $N(\mu_1,\sigma_1^2)$,$N(\mu_2,\sigma_2^2)$,分别在下列情况下,对显著性水平 $\alpha=0.05$ 检验该地区数学成绩有无提高.

(1) 已知 $\sigma_1=2.1$,$\sigma_2=2.2$;

(2) 假设 $\sigma_1=\sigma_2=\sigma$ 但 σ 未知,且两次考试成绩的样本方差为 $s_X^2=1.9^2$,$s_Y^2=2.01^2$.

解　由题意,可设原假设 $H_0:\mu_1=\mu_2$,备择假设 $H_1:\mu_1<\mu_2$.分别记 2015 年的样本均值为 $\bar{X}$,2019 年的为 $\bar{Y}$,可用 $\bar{Y}-\bar{X}$ 作 $\mu_2-\mu_1$ 的点估计.因此当 $\bar{Y}-\bar{X}$ 偏大时,应拒绝 H_0.

(1) 因在 H_0 下,$\bar{Y}-\bar{X}\sim N\left(0,\dfrac{2.1^2+2.2^2}{100}\right)$,标准化 $\bar{Y}-\bar{X}$ 得到检验统计量

$$Z=\frac{10(\bar{Y}-\bar{X})}{\sqrt{2.1^2+2.2^2}}=\frac{10(\bar{Y}-\bar{X})}{3.04},$$

$\overline{Y}-\overline{X}$ 偏大等价于 Z 偏大,故有拒绝域

$$R=\{Z>k\},$$

其中临界值可查标准正态分布表,得到 $k=u_{0.95}=1.645$.最后,计算 Z 的观测值为 $z=\frac{10\times 3.5}{3.04}=11.513$.显然 z 落入拒绝域 R,结论是拒绝 H_0,即认为数学成绩有提高.

(2) 注意到在 H_0 下,$\overline{Y}-\overline{X}\sim N\left(0,\frac{\sigma^2}{50}\right)$,可用

$$S_w^2=\frac{1}{100\times 2-2}(99\times S_X^2+99\times S_Y^2)=\frac{1}{2}(S_X^2+S_Y^2)$$

作 σ^2 的估计,因而得到检验统计量

$$T=\frac{\overline{Y}-\overline{X}}{S_w\sqrt{\frac{1}{100}+\frac{1}{100}}}=\frac{10(\overline{Y}-\overline{X})}{S_w\sqrt{2}}.$$

在 H_0 下,$T\sim t(198)$,同前面分析,可得拒绝域为

$$R=\{T>k\},$$

其中临界值 $k=t_{0.95}(198)\approx 1.645$ (此处使用标准正态分布的 0.95 分位点来近似).最后计算 T 的观测值 $t=\frac{10\times 3.5}{1.955\,8\sqrt{2}}=\frac{35}{2.765\,9}=12.654$,仍然得到拒绝 H_0 的结论.

表 11.2 总结了正态总体均值检验的各种情况.

表 11.2　正态总体均值假设检验表

	H_0	H_1	条件	拒绝域
单正态总体	$\mu=\mu_0$	$\mu>\mu_0$	σ^2 已知	$\left\{\frac{\sqrt{n}(\overline{x}-\mu_0)}{\sigma}>u_{1-\alpha}\right\}$
			σ^2 未知	$\left\{\frac{\sqrt{n}(\overline{x}-\mu_0)}{s}>t_{1-\alpha}(n-1)\right\}$
		$\mu<\mu_0$	σ^2 已知	$\left\{\frac{\sqrt{n}(\overline{x}-\mu_0)}{\sigma}<-u_{1-\alpha}\right\}$
			σ^2 未知	$\left\{\frac{\sqrt{n}(\overline{x}-\mu_0)}{s}<-t_{1-\alpha}(n-1)\right\}$
		$\mu\neq\mu_0$	σ^2 已知	$\left\{\frac{\sqrt{n}\,\lvert\overline{x}-\mu_0\rvert}{\sigma}>u_{1-\frac{\alpha}{2}}\right\}$
			σ^2 未知	$\left\{\frac{\sqrt{n}\,\lvert\overline{x}-\mu_0\rvert}{s}>t_{1-\frac{\alpha}{2}}(n-1)\right\}$

续表

	H_0	H_1	条件	拒绝域
两个正态总体①	$\mu_1=\mu_2$	$\mu_1>\mu_2$	σ_1^2,σ_2^2 已知	$\left\{\dfrac{\bar{x}-\bar{y}}{\sqrt{\dfrac{\sigma_1^2}{m}+\dfrac{\sigma_2^2}{n}}}>u_{1-\alpha}\right\}$
			$\sigma_1^2=\sigma_2^2$ 但未知	$\left\{\dfrac{\bar{x}-\bar{y}}{s_w\sqrt{\dfrac{1}{m}+\dfrac{1}{n}}}>t_{1-\alpha}(m+n-2)\right\}$②
		$\mu_1<\mu_2$	σ_1^2,σ_2^2 已知	$\left\{\dfrac{\bar{x}-\bar{y}}{\sqrt{\dfrac{\sigma_1^2}{m}+\dfrac{\sigma_2^2}{n}}}<-u_{1-\alpha}\right\}$
			$\sigma_1^2=\sigma_2^2$ 但未知	$\left\{\dfrac{\bar{x}-\bar{y}}{s_w\sqrt{\dfrac{1}{m}+\dfrac{1}{n}}}<-t_{1-\alpha}(m+n-2)\right\}$
		$\mu_1\neq\mu_2$	σ_1^2,σ_2^2 已知	$\left\{\dfrac{\lvert\bar{x}-\bar{y}\rvert}{\sqrt{\dfrac{\sigma_1^2}{m}+\dfrac{\sigma_2^2}{n}}}>u_{1-\frac{\alpha}{2}}\right\}$
			$\sigma_1^2=\sigma_2^2$ 但未知	$\left\{\dfrac{\lvert\bar{x}-\bar{y}\rvert}{s_w\sqrt{\dfrac{1}{m}+\dfrac{1}{n}}}>t_{1-\frac{\alpha}{2}}(m+n-2)\right\}$

关于正态总体方差的假设检验可以完全类似地导出.这里略去推导过程,只将单个正态总体方差检验的方法列出,见表 11.3,供使用参考.

表 11.3 正态总体方差假设检验表

H_0	H_1	条件	拒绝域
$\sigma^2=\sigma_0^2$ (σ_0^2 已知)	$\sigma^2>\sigma_0^2$	μ 已知	$\left\{\dfrac{\sum\limits_{i=1}^{n}(x_i-\mu)^2}{\sigma_0^2}>\chi_{1-\alpha}^2(n)\right\}$
		μ 未知	$\left\{\dfrac{\sum\limits_{i=1}^{n}(x_i-\bar{x})^2}{\sigma_0^2}>\chi_{1-\alpha}^2(n-1)\right\}$

① 设样本 $X_1,X_2,\cdots,X_m$ 来自 $N(\mu_1,\sigma_1^2)$,样本 $Y_1,Y_2,\cdots,Y_n$ 来自 $N(\mu_2,\sigma_2^2)$,且 $X_1,X_2,\cdots,X_m$ 与 $Y_1,Y_2,\cdots,Y_n$ 相互独立.

② $s_w^2=\dfrac{1}{m+n-2}\left[\sum\limits_{i=1}^{m}(x_i-\bar{x})^2+\sum\limits_{j=1}^{n}(y_j-\bar{y})^2\right]$.

续表

H_0	H_1	条件	拒绝域
$\sigma^2=\sigma_0^2$ (σ_0^2已知)	$\sigma^2<\sigma_0^2$	μ已知	$\left\{\dfrac{\sum_{i=1}^{n}(x_i-\mu)^2}{\sigma_0^2}<\chi_{\alpha}^2(n)\right\}$
		μ未知	$\left\{\dfrac{\sum_{i=1}^{n}(x_i-\overline{x})^2}{\sigma_0^2}<\chi_{\alpha}^2(n-1)\right\}$
	$\sigma^2\neq\sigma_0^2$	μ已知	$\left\{\dfrac{\sum_{i=1}^{n}(x_i-\mu)^2}{\sigma_0^2}>\chi_{1-\frac{\alpha}{2}}^2(n)\text{ 或 }\dfrac{\sum_{i=1}^{n}(x_i-\mu)^2}{\sigma_0^2}<\chi_{\frac{\alpha}{2}}^2(n)\right\}$
		μ未知	$\left\{\dfrac{\sum_{i=1}^{n}(x_i-\overline{x})^2}{\sigma_0^2}>\chi_{1-\frac{\alpha}{2}}^2(n-1)\text{ 或 }\dfrac{\sum_{i=1}^{n}(x_i-\overline{x})^2}{\sigma_0^2}<\chi_{\frac{\alpha}{2}}^2(n-1)\right\}$

习题 11.2

1. 简述什么是第一类错误,什么是第二类错误?能否同时使犯两类错误概率都很小?

2. (1) 在一个假设检验问题中,当检验最终结果是接受H_1时,可能犯什么错误?

(2) 在一个假设检验问题中,当检验最终结果是拒绝H_1时,可能犯什么错误?

3. (习题 11.1 第 1 题续)假设显著性水平 $\alpha=0.05$,检验该供货商提供的配件是否符合要求?

4. (习题 11.1 第 2 题续)假设显著性水平 $\alpha=0.05$,请判断该公司汽车的清洁排放标准是否达标?

5. 设$(x_1,x_2,\cdots,x_{25})$是取自总体 $N(\mu,100)$的一个样本的观测值,要检验假设

$$H_0:\mu=0,H_1:\mu\neq0,$$

试给出显著性水平 α 的检验的拒绝域 R.

6. 设(X_1,X_2,X_3,X_4)为来自正态总体 $N(\mu,1)$的样本,检验假设

$$H_0:\mu=0,H_1:\mu\neq0,$$

拒绝域为 $R=\{|\overline{X}|\geqslant0.98\}$.求此检验犯第一类错误的概率.

7. 某纤维的强力服从正态分布 $N(\mu,1.19^2)$,原设计的平均强力的数值为 6,现改进工艺后,某天测得 100 个强力数据,其样本均值为 6.35,总体标准差假定不变,试问改进工艺后,强力是否有显著提高?($\alpha=0.05$)

8. 监测站对某条河流的溶解氧(DO)浓度(单位:mg/l)记录了 30 个数据,并由此算得$\overline{x}=2.52$,$s=2.05$,已知这条河流每日的溶解氧浓度服从正态分布 $N(\mu,\sigma^2)$,试在显著性水平 $\alpha=0.05$ 下,检验假设$H_0:\mu=2.7,H_1:\mu<2.7$.

9. 从某厂生产的电子元件中随机地抽取了 25 个作寿命(单位:h)测试,得数据:$x_1,x_2,\cdots,x_{25}$,并由此算得$\overline{x}=100$, $\sum_{i=1}^{25}x_i^2=4.9\times10^5$,已知这种电子元件的使用寿命服从正态分布 $N(\mu,\sigma^2)$,且出厂标准为 90 h 以上,试在显著性水平 $\alpha=0.05$ 下,检验该厂生产的电子元件是否符合出厂标准,即检验

假设$H_0:\mu=90, H_1:\mu>90$.

*10. 一位研究某一甲虫的生物学家发现生活在高原上的该种类的一个总体,从中取出 $n=20$ 只高山甲虫,以考察高山上的甲虫是否不同于平原上的甲虫,其中度量之一是翅膀上黑斑的长度(单位:mm).已知平原甲虫黑斑长度服从 $\mu=3.14, \sigma^2=0.0505$ 的正态分布,从高山上甲虫样本得到的黑斑长度 $\bar{x}=3.23, s=0.4$,假定高山甲虫黑斑长度也服从正态分布,在显著性水平 $\alpha=0.05$ 下分别进行下列检验:

(1) $H_0:\mu=3.14, H_1:\mu\neq 3.14$;

(2) $H_0:\sigma^2=0.0505, H_1:\sigma^2\neq 0.0505$.

11. 卷烟厂向化验室送去 A,B 两种烟草,化验尼古丁的含量是否相同,从 A,B 中各随机抽取质量相同的五例进行化验,测得尼古丁的含量(单位:mg)为

A:24,27,26,21,24,

B:27,28,23,31,26.

假设尼古丁含量服从正态分布,且 A 种的方差为 5,B 种的方差为 8,取显著性水平 $\alpha=0.05$,问两种烟草的尼古丁含量是否有差异?

12. 某厂铸造车间为提高缸体的耐磨性而试制了一种镍合金铸件以取代一种铜合金铸件,现从两种铸件中各抽一个样本进行硬度测试,其结果如下:

镍合金铸件(X):72.0,69.5,74.0,70.5,71.8,

铜合金铸件(Y):69.8,70.0,72.0,68.5,73.0,70.0.

根据以往经验知硬度 $X\sim N(\mu_1,\sigma_1^2)$, $Y\sim N(\mu_2,\sigma_2^2)$,且 $\sigma_1^2=\sigma_2^2=2$,试在 $\alpha=0.05$ 水平下比较镍合金铸件硬度有无显著提高.

13. 用两种不同方法冶炼某种金属材料,分别取样测定材料中某种杂质的含量,所得数据如下(单位:$1/10^4$):

原方法(X):26.9,25.7,22.3,26.8,27.2,24.5,22.8,23.0,24.2,26.4,30.5,29.5,25.1,

新方法(Y):22.6,22.5,20.6,23.5,24.3,21.9,20.6,23.2,23.4.

假设这两种方法冶炼时杂质含量均服从正态分布,且方差相同,问这两种方法冶炼时杂质的平均含量有无显著差异?取显著性水平为 $\alpha=0.05$.

14. 为了降低成本,某面包店在制作面包时采用了一种新的发酵方法.分别从新方法之前和之后制作的面包中随机抽样,并分析其热量.两组样本分析结果如下:

新方法:$n=50, \bar{y}=1\ 255, s_{Y_n}=215$,其中 $s_{Y_n}^2=\dfrac{1}{n}\sum\limits_{i=1}^{n}(y_i-\bar{y})^2$,

原方法:$m=30, \bar{x}=1\ 330, s_{X_n}=238$,其中 $s_{X_n}^2=\dfrac{1}{m}\sum\limits_{i=1}^{m}(x_i-\bar{x})^2$.

假设采用这两种方法其热量均服从正态分布,且方差相同,从以上数据分析能否认为采用了新的发酵方法后每个面包的平均热量降低了.取显著性水平为 $\alpha=0.05$.

*第三节　拟合优度检验

到现在为止,讨论的检验问题都是对已知总体分布形式的未知参数的检验.本节则要回答这样的问题:数据来自的总体分布是否为某个给定分布?

一、χ^2 拟合优度检验

这里使用的方法是皮尔逊在 1900 年创立的,尽管已很古老,但到目前为止,仍然是经

常被采用的一种检验方法.下面看一个曾在第四章出现过的例子.

例 6(马踏死人)　基于博特克维奇(Bortkiewicz,1898)给出的频数分布表(见第四章例 10)检验如下假设

$$H_0: X \sim P(\lambda),$$

其中 X 为骑兵队每年被马踏死的人数,$\lambda>0$ 未知.可以将观测频数分布表加工成表 11.4.

表 11.4　马踏死骑兵的频数分布

(分类)死亡数(i)	观测频数(n_i)	期望频数(np_i^0)	概率(p_i^0)
0	109	108.8	0.544
1	65	66.2	0.331
2	22	20.2	0.101
≥3	4	4.8	0.024
总数	200	200	1.000

其中"概率"这一列是在 H_0 成立时计算.计算方法如下:首先估计参数 λ 的值,使用 λ 的矩估计,得到 λ 的估计为①

$$\hat{\lambda}=0\times\frac{109}{200}+1\times\frac{65}{200}+2\times\frac{22}{200}+3\times\frac{3}{300}+4\times\frac{1}{200}=0.61.$$

然后依泊松分布 $P(0.61)$ 计算概率 p_i^0.例如

$$p_0^0=P(X=0\mid H_0)=\mathrm{e}^{-0.61}=0.543,$$

$$p_3^0=P(X\geqslant 3\mid H_0)=1-p_0^0-p_1^0-p_2^0=0.024.$$

期望频数的含义是:当 H_0 成立时,在 $n=200$ 次试验中,死亡 i 人的期望次数($i=0,1,2,\geqslant 3$).通过比较表 11.4 的第 2,3 列的数据,大致可看出泊松分布的假设与数据有较好的拟合.现在要在显著性水平 $\alpha=0.05$ 下检验"数据来自泊松分布"这一原假设.

正如表 11.4 所作,我们将 X 的取值分成 0,1,2,≥3 四个等级,原假设可表示成

$$H_0: p_i=p_i^0\ (i=0,1,2,3),$$

其中 $p_i=P(X=i)\ (i=0,1,2)$,$p_3=P(X\geqslant 3)$是未知的概率.

K.皮尔逊提出一个度量观测频数与期望频数差异的统计量

$$\chi^2=\sum\frac{(\text{观测频数}-\text{期望频数})^2}{\text{期望频数}},\tag{4}$$

并指出在原假设下,统计量 χ^2 渐近服从自由度为 $k-1$ 的 χ^2 分布,其中 k 即为上式求和的项数.当原假设分布中含有 l 个未知参数时,自由度为 $k-l-1$.应用于本例,有

$$\chi^2=\sum_{i=0}^{3}\frac{(n_i-np_i^0)^2}{np_i^0},$$

其中 n_i 为在 200 次的观测中死亡 i 人的频数($i=0,1,2$),n_3 为在 200 次的观测中死亡人数≥3 的频数,$n=200$.

---

① 这里使用博特克维奇给出的频数分布表进行计算,即死亡数 $i=3,4$ 两项未合并,频数分别是 3 及 1.

注意到频率$\frac{n_i}{n}$是未知概率 p_i 的矩估计,χ^2 偏大,等价于$\left|\frac{n_i}{n}-p_i^0\right|$ $(i=0,1,2,3)$中至少有一个偏大,因而不支持原假设.于是可构造显著性水平 $\alpha=0.05$ 检验的拒绝域

$$R=\{\chi^2>c\},$$

其中 $c=\chi^2_{0.95}(2)=5.991$,此处χ^2 统计量中求和项数 $k=4$,有一个未知参数 λ,故 $l=1$,于是自由度 $k-l-1=4-1-1=2$.

今计算统计量χ^2 的观测值为

$$\chi_0^2=\frac{(109-108.8)^2}{108.8}+\frac{(65-66.2)^2}{66.2}+\frac{(22-20.2)^2}{20.2}+\frac{(4-4.8)^2}{4.8}=0.315\ 85,$$

显然不落入拒绝域 R,因而不能拒绝 H_0.即可以认为数据是来自泊松分布的.

现在,作为小结我们可以一般地陈述χ^2 拟合优度检验的程序:

设总体 X 或为分类变量,或可以将其值域分成若干子集,记类别或子集为 $D_1,D_2,\cdots,D_k$.问题是基于样本 $X_1,X_2,\cdots,X_n$ 检验假设

$$H_0:X\sim F_0(x),$$

其中 $F_0(x)$或为已知分布函数,或分布形式已知但有未知参数,例如 $X\sim N(\mu,\sigma^2)$,μ,σ^2 可以未知.

(i) 原假设的参数化表示

记 $p_i=P(X\in D_i)$,$p_i^0=P_{F_0}(X\in D_i)$ $(i=1,2,\cdots,k)$,其中$\{p_i\}$为未知参数,而 P_{F_0}表示概率在 X 以 $F_0(x)$为分布函数时进行计算,且当 $F_0(x)$含未知参数时,先要估计这些参数,然后计算 p_i^0.总之,p_i^0 是可以通过计算得到的.原假设等价于

$$H_0:p_i=p_i^0\quad(i=1,2,\cdots,k).$$

(ii) 列出数据的频数分布表

分组序号(i)	观测频数(n_i)	期望频数(np_i^0)
1	n_1	np_1^0
2	n_2	np_2^0
⋮	⋮	⋮
k	n_k	np_k^0
总数	n	n

其中 n_i 是样本 $X_1,X_2,\cdots,X_n$ 属于 D_i 的观测频数$(i=1,2,\cdots,k)$.

(iii) 构造χ^2 统计量

$$\chi^2=\sum_{i=1}^{k}\frac{(n_i-np_i^0)^2}{np_i^0},$$

并计算其观测值χ_0^2;

(iv) 计算自由度

$$k-l-1,$$

其中 l 为 $F_0(x)$ 中所包含的未知参数的个数.

(v) 计算 p 值(或构造拒绝域)

$$p=P(\chi^2>\chi_0^2 \mid H_0) \quad (R=\{\chi^2>\chi_{1-\alpha}^2(k-l-1)\}),$$

其中计算的值查附表六.

(vi) 作结论

要注意当样本容量 n 不是很大时,分割(或分类) $D_1, D_2, \cdots, D_k$ 要适当,使得各个期望频数 $\{np_i^0\}$ 不能太小,这可以通过合并某些子集(或类)加以调整.

下面再看一个例子.

例 7 为检验一颗骰子是否正常,重复做 60 次投掷,记录出现点数,得到一张频数分布表(如表 11.5):

表 11.5 骰子的频数分布表

出现点数(i)	观测频数(n_i)	期望频数(np_i^0)
1	4	10
2	6	10
3	17	10
4	16	10
5	8	10
6	9	10
总数	60	60

以显著性水平 $\alpha=0.05$ 检验该骰子是否正常.

解 记 $X=\{$投掷骰子出现的点子数$\}$,则 X 只取 $1,2,\cdots,6$ 共 6 个值,若骰子正常,则各个点数出现都是等可能的,因此可设原假设 $H_0: p_1=p_2=\cdots=p_6=\dfrac{1}{6}$,其中 $p_i=P(X=i)$ $(i=1,2,\cdots,6)$.备择假设 H_1:至少有一 i ,$p_i\neq\dfrac{1}{6}$ $(i=1,2,\cdots,6)$.X 的取值分成 6 个子集:$\{i\}$ $(i=1,2,\cdots,6)$,则统计量 χ^2 为

$$\chi^2=\sum_{i=1}^{6}\frac{\left(n_i-60\times\dfrac{1}{6}\right)^2}{60\times\dfrac{1}{6}}=\sum_{i=1}^{6}\frac{(n_i-10)^2}{10},$$

且在 H_0 下有渐近分布 $\chi^2(5)$(注意原假设下没有未知参数).

今计算其观测值:

$$\begin{aligned}\chi_0^2&=\frac{(4-10)^2}{10}+\frac{(6-10)^2}{10}+\frac{(17-10)^2}{10}+\frac{(16-10)^2}{10}+\frac{(8-10)^2}{10}+\frac{(9-10)^2}{10}\\&=14.2,\end{aligned}$$

其 p 值可以通过查附表六得到,

$$p=P(\chi^2>14.2 \mid H_0)\leqslant P(\chi^2>12.83 \mid H_0)=0.025,$$

因而拒绝 H_0,即该骰子不正常.

二、列联表独立性检验

χ^2 拟合优度检验的一个重要应用是列联表独立性检验.列联表是描述两个分类变量的频数分布表.

我们的问题是基于列联表数据研究两个分类变量之间有无相关关系.例如吸烟与疾病,文化程度与收入等有无关系.

例 8 为考察儿童智力与营养有无关系,从某地区随机抽取 $n=950$ 个儿童测试其智力及营养状态.为简单计,营养只取两个状态:好与不好,智力分 1 至 4 四个等级,得到如下一张 2×4 的列联表(见表 11.6).

表 11.6 儿童智力与营养列联表

X(营养)	Y(智力等级)				
	1	2	3	4	$n_{i\cdot}$
好	245	228	177	219	869
不好	31	27	13	10	81
$n_{\cdot j}$	276	255	190	229	总和=950

对于显著性水平 $\alpha=0.05$,检验营养与儿童智力有无关系.

解 设原假设 H_0:营养与智力无关,我们引入一些记号:令 $X=1$ 表示营养好,$X=2$ 表示营养不好,n_{ij}为 $X=i,Y=j$ 的样本个数,$n_{i\cdot}$ 为 $X=i$ 的样本个数,$n_{\cdot j}$为 $Y=j$ 的样本个数($i=1,2;j=1,2,3,4$).又记

$$p_{ij}=P(X=i,Y=j),\quad p_{i\cdot}=P(X=i),\quad p_{\cdot j}=P(Y=j),$$

则 H_0 可等价地表示为

$$H_0:p_{ij}=p_{i\cdot}p_{\cdot j}\quad(i=1,2;j=1,2,\cdots,4).$$

注意在此每一个个体有一对分类指标(X,Y),其取值分成 $k=2\times4=8$ 个类,在 H_0 下,参数有 $p_{1\cdot},p_{2\cdot}$ 及 $p_{\cdot1},p_{\cdot2},\cdots,p_{\cdot4}$ 均未知,但须满足 $\sum\limits_i p_{i\cdot}=\sum\limits_j p_{\cdot j}=1$,因而独立的未知参数个数$l=2+4-2=4$,所以自由度

$$f=2\times4-4-1=(2-1)(4-1)=3.$$

先要估计未知参数 $p_{i\cdot}$ 及 $p_{\cdot j}$,它们的估计为

$$p_{i\cdot}^0=\frac{n_{i\cdot}}{n}=\frac{n_{i\cdot}}{950},\quad p_{\cdot j}^0=\frac{n_{\cdot j}}{n}=\frac{n_{\cdot j}}{950},$$

于是可写出χ^2 统计量

$$\chi^2=\sum_{i=1}^{2}\sum_{j=1}^{4}\frac{(n_{ij}-np_{i\cdot}^0p_{\cdot j}^0)^2}{np_{i\cdot}^0p_{\cdot j}^0}$$

$$=950\sum_{i=1}^{2}\sum_{j=1}^{4}\frac{\left(n_{ij}-\dfrac{n_{i\cdot}n_{\cdot j}}{950}\right)^2}{n_{i\cdot}n_{\cdot j}}$$

$$=950\sum_{i=1}^{2}\sum_{j=1}^{4}\frac{n_{ij}^2}{n_{i\cdot}n_{\cdot j}}-950.$$

由表 11.6 的数据可以算出χ^2统计量的观测值$\chi_0^2=9.7514$.

其 p 值可近似做如下计算

$$p=P(\chi^2>9.7514 \mid H_0)\leqslant P(\chi^2>6.815 \mid H_0)=0.05.$$

其中最后一步通过查附表六得到.因而拒绝 H_0.

*习题 11.3

*1. 灰色的兔与棕色的兔交配能产生灰色、黑色、肉桂色和棕色四种颜色的后代,其数量的比例由遗传学理论是 9∶3∶3∶1,为了验证这个理论,作了一些观测,得到如下数据:

	实测数	理论数
灰色	149	144(=256×9/16)
黑色	54	48(=256×3/16)
肉桂色	42	48(=256×3/16)
棕色	11	16(=256×1/16)
总计	256	256

问:关于兔子的遗传理论是否可信?($\alpha=0.05$)

*2. 某电话交换台在 1 小时内每分钟接到电话用户的呼叫次数有如下记录:

呼叫次数	0	1	2	3	4	5	6	7
实际频数	8	16	17	10	6	2	1	0

问:统计资料可否说明每分钟电话呼叫次数服从泊松分布?($\alpha=0.05$)

*3. 概率论与数理统计课程老师统计了本学期期末考试的成绩:

	男	女
优	3	9
良	11	12
中	14	8
及格	9	2
不及格	3	1

问:男女生的期末考试成绩有差异吗?

小　结

统计假设检验的原假设表明数据的“差异”是偶然的，总体没有变异，备择假设则是相反，表明总体已发生了真实的变异.人们收集数据的目的往往就是要证实总体出现了变异.

假设检验的推理方法是否定论证，而判断依据则是小概率事件的实际推断原理.

统计检验的常用构造方法有两个，一是 p 值法，二是显著性水平检验法.p 值是当原假设成立时，检验统计量出现得到的那个观测值或者比之更极端值的概率.如果 p 值很小，则表明在原假设下一个小概率事件发生，导致与实际推断原理矛盾，应拒绝原假设.

显著性水平检验法是预先设定一个拒绝域 R，使当样本观测值落入 R 时就拒绝原假设.如果对给定的 $0<\alpha<1$，

$$P(\{\text{样本观测值落入 } R\} \mid H_0) \leqslant \alpha,$$

则称 R 代表的检验为显著性水平 α 的检验.

这两种方法各有所长，一般来说显著性水平检验法便于理论分析，而实际操作多采用 p 值法.

统计检验的结果有两类错误，处理的原则是控制犯第一类错误的概率(通常不超过给定 α)的前提下使犯第二类错误的概率尽可能地小.

对正态总体的未知参数检验已总结在书中表 11.2、表 11.3.其检验多是以使用的检验统计量来命名的，如 Z 检验、t 检验、χ^2 检验和 F 检验.

总体未知分布的检验有广泛的应用，χ^2 拟合优度检验是较为成熟的方法，其中统计量 χ^2 刻画了观测频数与期望频数的差异，p 值为

$$p=P(\chi^2 \geqslant \chi_0^2 \mid H_0),$$

其中 χ_0^2 为统计量 χ^2 的观测值，H_0 为总体有某个已知分布的原假设.当 p 很小时，表明在原假设 H_0 下，发生一个观测频数与期望频数的差异达到 χ_0^2 或比之更为极端是个小概率事件，故此拒绝 H_0.

第十一章综合题

1. 设总体 $X \sim N(\mu,\sigma^2)$，$(X_1,X_2,\cdots,X_n)$ 是取自该总体的一个样本，对于检验 $H_0:\mu=\mu_0$，$H_1:\mu>\mu_0$，其中 μ_0 是已知常数.

(1) 当 σ^2 已知时，写出拒绝域 R；

(2) 当 σ^2 未知时，写出拒绝域 R.

2. 设概率论与数理统计期末考试学生的成绩服从分布 $N(\mu,\sigma^2)$，从中随机抽取 25 位学生的成绩，算出 $\bar{x}=70$(分)，$s=10$(分)，问在显著性水平 $\alpha=0.05$ 下可否认为学生的平均成绩不低于 72 分?

3. 对于给定一组样本观测值 $(x_1,x_2,\cdots,x_n)$，若在水平 $\alpha=0.05$ 下不能拒绝 H_0，问在水平 $\alpha=0.01$

下能否拒绝H_0？请说明理由.

4. 随机地从一批外径为 1 cm 的钢珠中抽取 10 粒，测试其屈服强度，得数据 $x_1, x_2, \cdots, x_{10}$，并由此算得 $\bar{x}=1\ 800, s=220$，在显著性水平 $\alpha=0.05$ 下分别检验：

(1) $H_0: \mu=2\ 000, H_1: \mu<2\ 000$；

(2) $H_0: \sigma^2=200^2, H_1: \sigma^2>200^2$.

5. 随机地挑选 20 位失眠者分别服用甲、乙两种安眠药，记录他们的睡眠延长时间(单位:h)，算得 $\bar{x}=4.04, s_X^2=0.001, \bar{y}=4, s_Y^2=0.004$，问：能否认为甲药的疗效显著地高于乙药？假定甲、乙两种安眠药的睡眠延长时间均服从正态分布，且方差相等，取显著性水平 $\alpha=0.05$.

*6. 某学院统计了五年本科毕业生的去向，数据如下：

	2016	2017	2018	2019	2020
继续深造读研	30	25	40	50	45
直接就业	20	30	20	40	35
其他	10	15	20	10	20

问：不同年份的学生毕业去向是不是有显著差异？

第十一章自测题

第十一章习题参考答案

*第十二章 一元线性回归

本章涉及数理统计学中应用极为广泛的一个分支，即统计回归分析.虽然一元线性回归仅仅是其中一小部分，但一则，由于其结构简单，可作为学习一般回归分析的入门；二则，由于一元线性回归的展开，涉及从点估计到假设检验和置信区间等一套完整的统计方法，因而可以说是前面几章介绍的一般统计方法的应用.

第一节 若干基本概念

在现实世界中有许多变量，它们的出现是相互关联的，但并不存在严格的确定性关系.我们先看一个例子：

例 1 文献上曾报道一项年龄和死亡率之间的研究，其中 x = 年龄（单位：岁），$Y=\ln$（死亡率/（1−死亡率）），Y 是对死亡率（单位：‰）作了逻辑斯谛（logistic）变换后的数值①.

年龄	死亡率	ln（死亡率/（1−死亡率））	年龄	死亡率	ln（死亡率/（1−死亡率））
17	0.000 421	−7.772 456 7	47	0.002 368	−6.043 338 817
22	0.000 533	−7.536 456 1	52	0.003 938	−5.533 136 582
27	0.000 601	−7.416 314 5	57	0.006 479	−5.032 689 074
32	0.000 753	−7.190 692 1	62	0.011 196	−4.480 939 607
37	0.001 066	−6.842 775 5	67	0.019 306	−3.927 844 597
42	0.001 534	−6.478 341 5	72	0.068 857	−2.604 381 001

其散点图见图 12.1：

从数据中可看到，Y 与 x 虽有一定关联，但并不存在如数学上的函数关系那样的确定性关系.Y 值并不能由 x 所完全确定，而是还存在其他的不确定因素；又当 x 增大时，Y 的走向有很强的趋势，即 Y 随着 x 增加而增大，因此 Y 与 x 有正相关的关系.回归分析就是研究这样一对变量之间不确定性数量关系的统计规律.

① 本例数据来自参考文献[10].

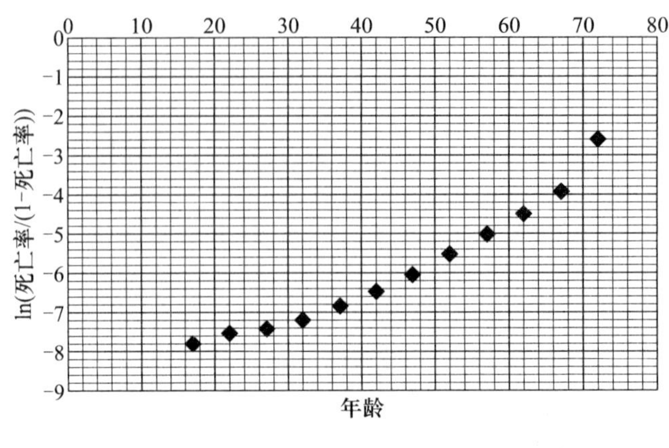

图 12.1

一、解释变量和响应变量

假设两个变量之间存在关联,但并非确定性关系,其中一个是可以控制或给定的,我们称之为解释变量或自变量,记之为 x;另一个变量是随机的,其取值可以观测,我们称之为响应变量或因变量,记之为 Y,其观测值用小写字母 y 记之.

通常观测是对自变量的许多设定的值(例如记为 $x_1, x_2, \cdots, x_n$)作出的,令 Y_i 记在给定 x 为 x_i 时对响应变量 Y 的观测,而记其观测值为 y_i,这样就得到由 n 个对子 $(x_1, y_1), (x_2, y_2), \cdots, (x_n, y_n)$ 组成的有效数据.分别将它们标在二维坐标系中,得到一张由 n 个点组成的散点图.

例 2 研究儿童的睡眠时间与年龄的关系.下面是 13 个健康儿童的数据①,其中睡眠时间 Y 是使用相继 3 个晚上的睡眠时间的平均(单位:min),x 为年龄(单位:岁):

年龄 x	儿童睡眠时间 Y	年龄 x	儿童睡眠时间 Y
4.4	586	8.9	515.2
14	461.75	11.1	493
10.1	491.1	7.75	528.3
6.7	565	5.5	575.9
11.5	462	8.6	532.5
9.6	532.1	7	530.5
12.4	477.6		

其散点图见图 12.2:

散点图作为回归分析的前期工作是非常必要的,它可以对变量之间关系的取向提供直观的判断.

① 本例数据来自参考文献[9].

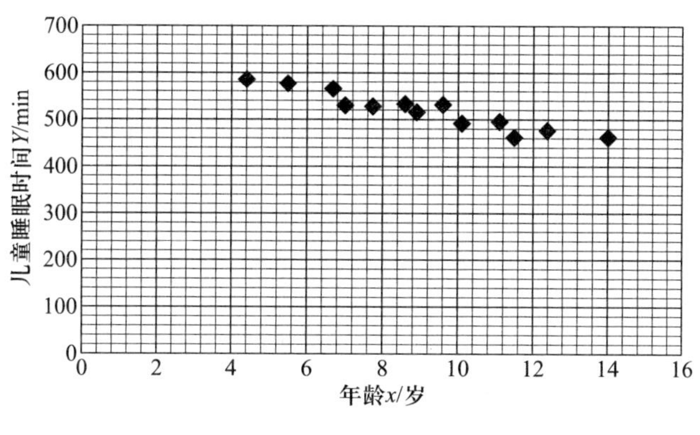

图 12.2

注意到,在有些实际问题中,作为考察对象的两个指标 x 与 Y 可能都是随机的,例如为考察父子身高的关联性,在某个范围内的所有家庭中,随机抽取一户,然后观测其父子的身高,x 为父亲的身高,Y 为儿子的身高.此时,变量 x 与 Y 都是随机的,它们的取值只能观测,不能给定.对于这种情况的处理同我们这里讨论的情况稍有不同,有兴趣的读者可参看有关的书籍.

二、线性回归的概率模型

假定响应变量 Y 在给定 x 时的期望值是 x 的一元线性函数 $a+bx$,且 Y 与该期望值相差一个随机变量 ε,我们称之为随机误差,因此,我们可以用下述模型描述 x 与 Y 之间的关系:

$$Y=a+bx+\varepsilon. \tag{1}$$

此外,我们还假定模型(1)满足下述条件:对任意给定的 x,

(i) ε 服从正态分布;

(ii) ε 的均值为零,方差为 σ^2.

通常都要在 x 的给定的 n 个水平 $x_1,x_2,\cdots,x_n$ 上,对响应变量 Y 作 n 次独立观测,依次得到 $y_1,y_2,\cdots,y_n$,因此样本 $(x_1,y_1),(x_2,y_2),\cdots,(x_n,y_n)$ 满足

$$y_i=a+bx_i+\varepsilon_i,i=1,2,\cdots,n, \tag{2}$$

其中 $\{\varepsilon_i\}$ 为随机误差序列,由于观测是独立进行的,因此模型(2)满足

(iii) $\varepsilon_1,\varepsilon_2,\cdots,\varepsilon_n$ 相互独立,且与 ε 有相同分布.

我们称满足假设条件(i)—(iii)的模型(2)为一元线性回归模型,而称满足条件(i)—(ii)的模型(1)为理论模型.

依假设可知,对给定 x,有

$$E(Y|x)\hat{=}a+bx,$$
$$D(Y|x)=\sigma^2,$$

其中 $E(Y|x)$ 及 $D(Y|x)$ 分别表示给定自变量为 x 时,Y 的期望和方差.并称

$$y=a+bx \tag{3}$$

为真回归直线，a 为截距，b 为回归系数.从模型(2)可知由于随机误差项的存在，诸观测样本(x_i,y_i)，$i=1,2,\cdots,n$ 并不是正好落在真回归直线上，而是与之有或多或少的偏差.记 $\mu(x)=E(Y|x)$，则 $\mu(x)$ 表示当给定 x 时，所有可能的 y 值的平均，文献上也称之为回归函数；而 σ^2 则是所有可能的 y 值围绕平均值 $\mu(x)$ 的散布程度.注意到 σ 与 x 无关，也称这个性质为方差齐次性.

在实际问题中，真回归直线总是未知的，因此确定真回归直线是回归分析必须首先解决的一个问题.此外，在模型(2)中，还有一个未知参数 σ^2，需要估计.

这里要顺便指出的是：由于诸$\{x_i\}$一般来说不尽相同，不能由假定(iii)推出诸$\{y_i\}$有相同分布.也就是说线性回归模型的响应变量的观测样本 $y_1,y_2,\cdots,y_n$ 是相互独立的，但是不同分布.这是该模型的一个重要特征.

三、最小二乘回归

现设已有来自总体(x,Y)的观测数据$(x_1,y_1),(x_2,y_2),\cdots,(x_n,y_n)$，基此确定 x 与 Y 的线性回归关系，或者说，确定回归直线(3)，即基于数据，估计回归参数 a 及 b，记其估计为$\hat{a},\hat{b}$，则$\hat{y}=\hat{a}+\hat{b}x$，即是其回归直线的一种估计，或者说一种确认.然而，基于给定的数据集，可以构造无数条可能的直线，究竟用哪一条估计真回归直线呢？直观上，所选择的直线应该提供在某种意义上对观测数据的最佳拟合.德国数学家高斯(Gauss，1777—1855)提出过一种称之为最小二乘原理的准则：一个好的拟合直线应该使得观测点到拟合直线的垂直方向的偏差平方和达到最小.

事实上，一条拟合直线 $y=a+bx$ 与数据集$\{(x_i,y_i),i=1,2,\cdots,n\}$的接近程度可以用一个称之为偏差(如图 12.3)平方和的指标

$$Q(a,b)=\sum_{i=1}^{n}[y_i-(a+bx_i)]^2$$

来度量，因此最佳拟合直线应使偏差平方和 Q 达到最小，我们也称这样的拟合直线为最小二乘回归直线.

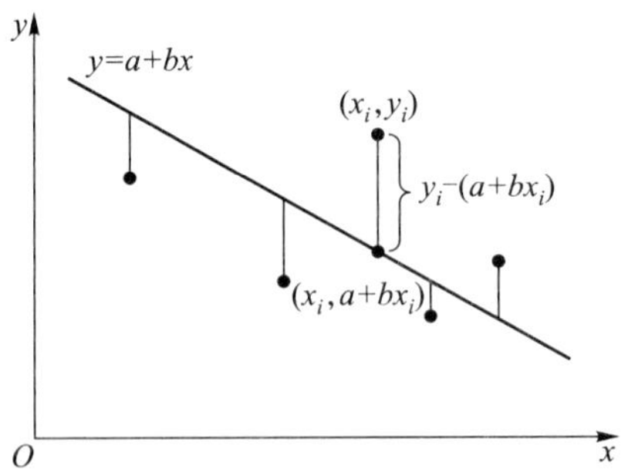

图 12.3　观测点与拟合直线沿垂直方向的偏差

由高等数学中求函数极值的知识可知，使得偏差平方和达到最小的解可以通过求解以下方程得到：

$$\begin{cases} \dfrac{\partial Q}{\partial a} = -2\sum_{i=1}^{n}(y_i - a - bx_i) = 0, \\ \dfrac{\partial Q}{\partial b} = -2\sum_{i=1}^{n}(y_i - a - bx_i)x_i = 0. \end{cases}$$

经过简单的代数运算,可以得到其解(记为$\hat{a}$,$\hat{b}$)为

$$\hat{a} = \bar{y} - \hat{b}\bar{x},$$

$$\hat{b} = \frac{S_{xy}}{S_{xx}} \triangleq \frac{\sum_{i=1}^{n}(x_i - \bar{x})(y_i - \bar{y})}{\sum_{i=1}^{n}(x_i - \bar{x})^2} = \frac{\sum_{i=1}^{n}x_iy_i - n(\bar{x}\ \bar{y})}{\sum_{i=1}^{n}x_i^2 - n(\bar{x})^2}, \tag{4}$$

此处,$\bar{x} = \dfrac{1}{n}\sum_{i=1}^{n}x_i$,$\bar{y} = \dfrac{1}{n}\sum_{i=1}^{n}y_i$,

$$S_{xx} = \sum_{i=1}^{n}(x_i - \bar{x})^2, \quad S_{xy} = \sum_{i=1}^{n}(x_i - \bar{x})(y_i - \bar{y}) = \sum_{i=1}^{n}x_iy_i - n(\bar{x}\ \bar{y}).$$

相应地,最小二乘回归直线为$\hat{y} = \hat{a} + \hat{b}x$.

以下记最小二乘回归直线对应的偏差平方和为

$$SSE = \sum_{i=1}^{n}(y_i - \hat{a} - \hat{b}x_i)^2 = \sum_{i=1}^{n}(y_i - \hat{y}_i)^2, \tag{5}$$

其中$\hat{y}_i = \hat{a} + \hat{b}x_i$,文献上也称 SSE 为残差平方和.

例 3(例 2 续) 由儿童的睡眠时间与年龄关系的数据,可知:

$$n = 13, \quad \bar{x} = 9.042\ 308, \quad \bar{y} = 519.303\ 8,$$

$$\sum_{i=1}^{13}x_i^2 = 1\ 156.123, \quad \sum_{i=1}^{13}x_iy_i = 59\ 744.27, \quad \sum_{i=1}^{13}y_i^2 = 3\ 525\ 918,$$

使用公式(4)可以计算出回归系数 b 及截距 a 的估计:

$$\hat{b} = \frac{S_{xy}}{S_{xx}} = \frac{59\ 744.27 - 13\times 9.042\ 308\times 519.303\ 8}{1\ 156.123 - 13\times 9.042\ 308^2} = -\frac{1\ 299.893\ 8}{93.199\ 7} = -13.947\ 4,$$

$$\hat{a} = 519.303\ 8 - (-13.947\ 4)\times 9.042\ 308 = 645.420\ 5,$$

因此最小二乘回归直线为

$$\hat{y} = 645.420\ 5 - 13.947\ 4x,$$

也就是说儿童的年龄增加一岁,其睡眠时间减少 13.947 4 min.

例 4 以下是历史上某日单颗钻石质量 x(单位:克拉)与单颗钻石价格 Y(单位:元)的样本数据①:

① 本例数据来自参考文献[10].

编号	单颗钻石质量 x/克拉	单颗钻石价格 Y/元	编号	单颗钻石质量 x/克拉	单颗钻石价格 Y/元	编号	单颗钻石质量 x/克拉	单颗钻石价格 Y/元
1	0.17	355	17	0.12	223	33	0.32	919
2	0.16	328	18	0.26	663	34	0.15	298
3	0.17	350	19	0.25	750	35	0.16	339
4	0.18	325	20	0.27	720	36	0.16	338
5	0.25	642	21	0.18	468	37	0.23	595
6	0.16	342	22	0.16	345	38	0.23	553
7	0.15	322	23	0.17	352	39	0.17	345
8	0.19	485	24	0.16	332	40	0.33	945
9	0.21	483	25	0.17	353	41	0.25	655
10	0.15	323	26	0.18	438	42	0.35	1 086
11	0.18	462	27	0.17	318	43	0.18	443
12	0.28	823	28	0.18	419	44	0.25	678
13	0.16	336	29	0.17	346	45	0.25	675
14	0.2	498	30	0.15	315	46	0.15	287
15	0.23	595	31	0.17	350	47	0.26	693
16	0.29	960	32	0.32	918	48	0.15	316

其散点图如图 12.4 所示.

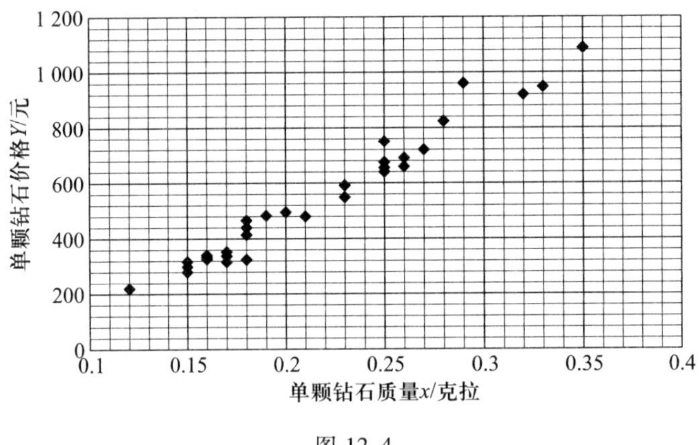

图 12.4

从其散点图可见用一根直线拟合 x 与 Y 之间的关系是比较合理的,下面我们计算最小二乘回归直线.在此

$$n=48,\quad \sum_{i=1}^{48} x_i = 9.8,\quad \sum_{i=1}^{48} y_i = 24\ 104,$$

$$S_{xx}=\sum_{i=1}^{48}(x_i-\bar{x})^2=0.151\ 6,\quad S_{xy}=\sum_{i=1}^{48}(x_i-\bar{x})(y_i-\bar{y})=572.566\ 7$$

$$\hat{b}=\frac{S_{xy}}{S_{xx}}=\frac{572.566\ 7}{0.151\ 6}=3\ 776.825$$

$$\hat{a}=\bar{y}-\hat{b}\bar{x}=502.166\ 7-3\ 776.825\times0.204\ 167=-268.936,$$

因此最小二乘直线为

$$y=-268.936+3\ 776.825x$$

也就是说,当单颗钻石质量每增加 0.1 克拉时,价格增加 377.68 元.

最小二乘直线可以直接用于二个目的:(1) 估计对给定 x,所有可能 Y 值的平均,也即 $E(Y|x)$;(2) 对一个新的试验点 x^*,预报相应的响应变量值 y^*.

在例 3 中,可以预测年龄为 $x^*=7.5$ 岁的儿童的睡眠时间为 $y^*=645.420\ 5-13.947\ 4\times7.5=540.815$ min;在例 4 中,预测一颗重 0.3 克拉的钻石的价格均值为 $-268.936+3\ 776.825\times0.3=864.11$ 元.

这里须指出的是,这两个方面的应用,其实际意义是大不相同的.在前者,是指对给定解释变量的值为 x_0 的响应变量的所有可能值总体的平均,具体来说,因 $E(Y|x)=a+bx$,实际上要估计的是未知参数 a 及 b.后者则是关心解释变量值为 x_0 的某个个体的响应变量值 y_0 是多少,它是由两个部分构成:一是均值 $a+bx_0$,另一部分是误差项 ε_0,因此预测对象是随机变量.

习题 12.1

1. 根据 100 对 (x_i,y_i) 的观察值计算出 $\sum_{i=1}^{100}x_i=100$, $\sum_{i=1}^{100}y_i=825$, $\sum_{i=1}^{100}(x_i-\bar{x})^2=12$, $\sum_{i=1}^{100}(x_i-\bar{x})(y_i-\bar{y})=-9$, $\sum_{i=1}^{100}(y_i-\bar{y})^2=30$.试求出一元模型 $y=a+bx+\varepsilon$ 中 a 和 b 的最小二乘估计量 $\hat{a}$ 和 $\hat{b}$.

2. 现有 10 个 18 岁成年女性的身高 x(单位:cm)和体重 y(单位:kg)的数据如下:

序号	身高 x/cm	体重 y/kg	序号	身高 x/cm	体重 y/kg
1	169.6	71.2	6	165.5	52.4
2	166.8	58.2	7	166.7	56.8
3	157.1	56	8	156.5	49.2
4	181.1	64.5	9	168.1	55.6
5	158.4	53	10	165.3	77.8

假定体重服从正态分布.

(1) 构造体重 y 关于身高 x 的散点图,该散点图是否提示两者之间存在线性关系?

(2) 给出体重 y 关于身高 x 的最小二乘回归直线.

3. 考察修理(服务)时间(单位:min)与计算机中需要修理或更换的元件个数的关系.现有一组修理记录数据如下:

序号	修理时间 y/min	元件个数 x	序号	修理时间 y/min	元件个数 x
1	23	1	8	97	6
2	29	2	9	109	7
3	49	3	10	119	8
4	64	4	11	149	9
5	74	4	12	145	9
6	87	5	13	154	10
7	96	6	14	166	10

假定修理时间服从正态分布.

(1) 构造修理时间 y 关于修理的元件个数 x 的散点图,该散点图是否提示两者之间存在线性关系?

(2) 给出修理时间 y 关于修理的元件个数 x 的最小二乘回归直线.

4. 假定一保险公司希望确定居民住宅火灾造成的损失数额与住户到最近的消防站的距离之间的相关关系,以便准确地定出保险金额.下表给出了 15 起火灾事故的损失及火灾发生地与最近的消防站的距离:

序号	距消防站距离 x/km	火灾损失 y/千元	序号	距消防站距离 x/km	火灾损失 y/千元
1	3.4	26.2	9	2.6	19.6
2	1.8	17.8	10	4.3	31.3
3	4.6	31.3	11	2.1	24
4	2.3	23.1	12	1.1	17.3
5	3.1	27.5	13	6.1	43.2
6	5.5	36	14	4.8	36.4
7	0.7	14.1	15	3.8	26.1
8	3	22.3			

假定火灾损失数额服从正态分布.

(1) 构造火灾损失 y 关于距消防站距离 x 的散点图,该散点图是否提示两者之间存在线性关系?

(2) 给出火灾损失 y 关于距消防站距离 x 的最小二乘回归直线.

5. 一家保险公司十分关心其总公司营业部加班的情况,决定认真调查一下现状.经过 10 周时间,收集了每周加班工作时间的数据和签发的新保单数目,x 为每周签发的新保单数目,y 为每周加班工作时间(单位:h)(假定每周加班时间服从正态分布).

序号	x	y/h	序号	x	y/h
1	825	3.5	6	920	3
2	215	1	7	1 350	4.5
3	1 070	4	8	325	1.5
4	550	2	9	670	3
5	480	1	10	1 215	5

（1）构造每周加班工作时间 y 关于每周签发的新保单数目 x 的散点图，该散点图是否提示两者之间存在线性关系？

（2）给出每周加班工作时间 y 关于每周签发的新保单数目 x 的最小二乘回归直线.

6. 为研究某一大都市报刊开设周日版的可行性，获得了 35 种报纸的平日和周日的发行量信息（单位：千）. 数据如下表所示：

序号	平日发行量 x/千	周日发行量 y/千	序号	平日发行量 x/千	周日发行量 y/千
1	391.952	488.506	19	781.796	983.240
2	516.981	798.198	20	1 209.225	1 762.015
3	355.628	235.084	21	825.512	960.308
4	238.555	299.451	22	223.748	284.611
5	391.952	488.506	23	354.843	407.760
6	537.780	559.093	24	515.523	982.663
7	733.775	1 133.249	25	220.465	557.000
8	198.832	348.744	26	337.672	440.923
9	252.624	417.779	27	197.120	268.060
10	206.204	344.522	28	133.239	262.048
11	231.177	323.084	29	374.009	432.052
12	449.755	620.752	30	273.844	338.355
13	288.571	423.305	31	570.364	704.322
14	185.736	202.614	32	391.286	585.681
15	1 164.388	1 531.527	33	201.860	267.781
16	444.581	553.479	34	321.626	408.343
17	412.871	685.975	35	838.902	1 165.567
18	272.280	324.241			

假定周日发行量服从正态分布.

（1）构造周日发行量 y 关于平日发行量 x 的散点图，该散点图是否提示两者之间存在线性关系？

（2）给出周日发行量 y 关于平日发行量 x 的最小二乘回归直线.

7. 回归一词是英国统计学家高尔顿(F. Galton, 1822—1911)和他的学生皮尔逊(K. Pearson, 1856—1936)在研究父母身高与其子女身高的遗传问题时提出的.他们观察了928对夫妇,以每对夫妇的平均身高作为自变量 x,而取他们的一个成年儿子的身高作为因变量 y,他们发现:虽然高个子的先代会有高个子的后代,但子代的身高并不与其父代身高趋同,而是趋向于比他们的父代更加平均,就是说如果父亲身材高大而大大高于平均值,则子代的身材要比父代矮小一些;如果父亲身材矮小而大大低于平均值,则子代的身材要比父代高大一些.换言之,子代的身高有向平均值靠拢的趋向.因此,他用回归一词来描述子代身高与父代身高的这种关系.尽管"回归"这个名称的由来具有其特定的含义,人们在研究大量的问题中变量 x 与 y 之间的关系并不总是具有"回归"的含义,但用这个名词来表示 x 与 y 之间的统计关系也是对高尔顿这位伟大的统计学家的纪念.

现截取其中的10对数据如下(其中 x 为父母平均身高(单位:in, 1 in = 2.54 cm), y 为儿子身高):

序号	x/in	y/in	序号	x/in	y/in
1	60	63.6	6	67	67.1
2	62	65.2	7	68	67.4
3	64	66	8	70	68.3
4	65	65.5	9	72	70.1
5	66	66.9	10	74	70

(1) 构造成年儿子身高 y 关于父母平均身高 x 的散点图,该散点图是否提示两者之间存在线性关系?

(2) 给出成年儿子身高 y 关于父母平均身高 x 的最小二乘回归直线.

第二节　一元线性回归的检验和置信推断

一、确定系数 R^2

在实际问题中,响应变量总是有变异的,回归分析的一个重要目的在于确定选用的最小二乘回归直线能够解释这种变异的程度.

描述响应变量变异程度的一个指标为总平方和

$$SST = \sum_{i=1}^{n} (y_i - \bar{y})^2 = \sum_{i=1}^{n} y_i^2 - n(\bar{y})^2, \tag{6}$$

注意到与 SSE 的表达式(5)相比较, SSE 是关于最小二乘回归直线的偏差平方和,而 SST 是关于水平直线 $y=\bar{y}$ 的偏差平方和.如记

$$SSR \triangleq SST - SSE,$$

容易证明

$$SSR = \sum_{i=1}^{n} (\hat{y}_i - \bar{y})^2, \tag{7}$$

我们称 SSR 为回归平方和.注意到,残差平方和 SSE 是总体变异中扣除为回归直线所解释的剩余部分的平方和.因此 SSR 正好是响应变量的变异为回归直线所解释的那部分

平方和.于是我们得到一个平方和分解式

$$SST=SSR+SSE, \tag{8}$$

而且可以使用这些平方和定义回归分析中的一个重要指标,即确定系数:

$$R^2=\frac{SSR}{SST}\left(=1-\frac{SSE}{SST}\right). \tag{9}$$

按各平方和的含义可知,确定系数是响应变量的变异为回归直线所解释的那部分变异在总变异中所占的比例.注意到由(8)式可知 $0\leqslant SSR\leqslant SST$,因此

$$0\leqslant R^2\leqslant 1.$$

如果 $R^2=1$,表明总变异的 100%可以为回归直线所解释,此时两变量 x,y 完全线性相关,数据集的每一点都落在最小二乘直线上(事实上,由 $R^2=1$ 即知 $SSE=0$,由 SSE 定义即可推出 $y_i=\hat{y}_i, i=1,2,\cdots,n$).因此从这个角度看,$R^2$ 也是回归直线拟合数据的拟合程度的度量,较好的拟合,R^2 接近 1;较弱的线性关系或没有线性关系,则 R^2 接近 0.

例 5(例 2 续) 计算儿童睡眠数据的确定系数.首先注意到有一个 SSE 的等价的计算式(见习题 12.2 第 5 题):

$$SSE=\sum_{i=1}^{n}y_i^2-\hat{a}\sum_{i=1}^{n}y_i-\hat{b}\sum_{i=1}^{n}x_iy_i,$$

代入例 3 的结果

$$\hat{a}=645.420\ 5,\quad \hat{b}=-13.947\ 4$$

及 $n=13, \bar{y}=519.303\ 8, \sum_{i=1}^{n}x_iy_i=59\ 744.27, \sum_{i=1}^{n}y_i^2=3\ 525\ 918$,立即可得

$$SSE=1\ 993.707.$$

又

$$SST=\sum_{i=1}^{n}(y_i-\bar{y})^2=\sum_{i=1}^{n}y_i^2-n\bar{y}^2=20\ 124.323,$$

因此,

$$R^2=1-\frac{1\ 993.707}{20\ 124.323}=0.900\ 930.$$

也就是说,90.093 0%的儿童睡眠时间的观察变异可以为儿童睡眠时间与年龄之间的近似线性关系所解释,这是给人印象深刻的结果.这一点也可在数据的散点图上得到印证.

二、σ^2 的估计

一元线性回归模型(2)除了含有参数 a,b 外,尚隐含未知参数 σ^2,这是一个度量回归模型变异程度的参数,一个大的 σ^2 值表明数据集 $(x_i,y_i), i=1,2,\cdots,n$ 将围绕真回归直线有较大的波动;而对于小的 σ^2,则数据非常接近回归直线.

为构造 σ^2 的估计,我们回顾残差平方和 SSE 的表达式(5),注意到,残差 $y_i-\hat{y}_i$ 是数据点到最小二乘回归直线的垂直偏差,残差平方和 SSE 是反映数据点围绕最小二乘

回归直线波动程度的一个综合指标,可以近似刻画数据围绕真回归直线的波动.因此我们定义 σ^2 的估计为

$$\widehat{\sigma^2}=S^2=\frac{SSE}{n-2}=\frac{1}{n-2}\sum_{i=1}^{n}(y_i-\hat{y}_i)^2, \tag{10}$$

此处分母 $n-2$ 是与估计相伴的自由度(因为为得到残差,必须估计两个参数 a 及 b,所以损失 2 个自由度).S^2 的算术平方根 S 定义为标准差 σ 的估计.可以证明 S^2 是 σ^2 的无偏估计(但 S 不是 σ 的无偏估计).

例 6 在高三阶段,每个学生都会参加若干次的模拟考试,按以往经验,模拟考试成绩必然与高考成绩在数值上存在密不可分的关系.为探究并验证高考成绩与模拟考试成绩之间的线性回归关系,采集了某高中 44 位学生的某一次模拟考试成绩 x(单位:分)和高考成绩 Y(单位:分),汇总如下:

考生编号	模拟考试成绩	高考成绩	考生编号	模拟考试成绩	高考成绩	考生编号	模拟考试成绩	高考成绩
1	534	549	16	548	558	31	591	559
2	487	466	17	515	536	32	523	467
3	577	607	18	640	637	33	650	583
4	658	656	19	639	611	34	577	545
5	536	516	20	589	607	35	594	531
6	554	573	21	611	585	36	519	505
7	594	549	22	625	632	37	611	569
8	508	526	23	546	528	38	455	635
9	579	560	24	561	553	39	568	579
10	623	636	25	625	574	40	590	599
11	581	583	26	625	593	41	615	593
12	663	605	27	577	523	42	561	583
13	534	511	28	565	603	43	587	580
14	613	599	29	656	644	44	596	561
15	581	548	30	602	563			

其散点图如图 12.5 所示.

散点图显示 x 与 Y 有简单的线性关系,经计算,有

$$\sum_{i=1}^{44}x_i=25\ 583,\quad \sum_{i=1}^{44}x_i^2=14\ 969\ 851,$$

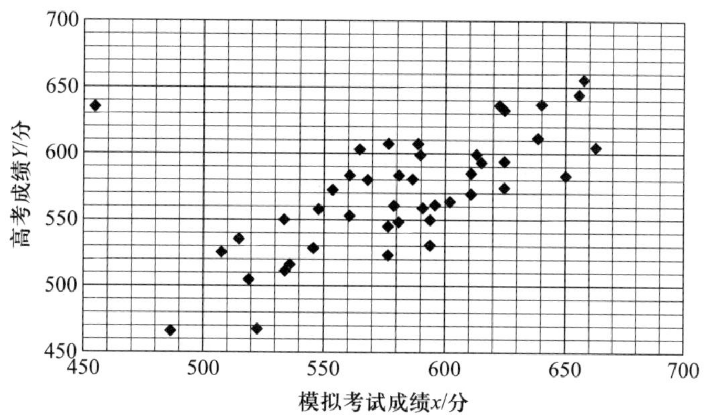

图 12.5

$$\sum_{i=1}^{44} y_i = 25\ 120, \quad \sum_{i=1}^{44} x_i y_i = 14\ 660\ 699, \quad \sum_{i=1}^{44} y_i^2 = 14\ 424\ 806,$$

因此

$$S_{xx} = \sum_{i=1}^{44} (x_i - \overline{x})^2 = 95\ 080.8, \quad S_{xy} = \sum_{i=1}^{44} (x_i - \overline{x})(y_i - \overline{y}) = 55\ 131.7,$$

$$\hat{b} = \frac{S_{xy}}{S_{xx}} = 0.579\ 8, \quad \hat{a} = \overline{y} - \hat{b}\,\overline{x} = 233.794\ 9, \quad SSE = \sum_{i=1}^{44} y_i^2 - \hat{a}\sum_{i=1}^{44} y_i - \hat{b}\sum_{i=1}^{44} x_i y_i = 51\ 604.83,$$

于是 σ^2 的估计

$$\widehat{\sigma^2} = \frac{SSE}{n-2} = 1\ 228.69,$$

而 σ 的估计 $\hat{\sigma} = 35.05$.此时,$\widehat{\sigma^2}$ 值较大,因此数据相对于回归直线的波动也较大,这从散点图也可得到印证.

三、回归系数的显著性检验

回归系数 b 的含义是:当解释变量 x 有一个单位增量时,响应变量 Y 的改变量的真平均就是 b.因此从平均意义上说,Y 与 x 的关联度是同回归系数 b 息息相关的.一个极端的情况是 $b=0$,此时,Y 的变异只同随机误差 ε 有关而与 x 没有关系,这当然是必须首先排除的情况.这可归结为假设 $H_0:b=0$ 的统计检验问题.

下面先陈述几个后文要用到的有关回归模型参数估计以及平方和统计量的结果.

定理 1 在一元线性回归模型(2)的假设条件下,有

(i) $\hat{b}$服从正态分布;

(ii) $E(\hat{b}) = b, D(\hat{b}) = \dfrac{\sigma^2}{S_{xx}}$;

(iii) $(\hat{a},\hat{b})$ 与 $\widehat{\sigma^2}$ 相互独立;

(iv) $\frac{(n-2)\widehat{\sigma^2}}{\sigma^2} \sim \chi^2(n-2)$.

证明从略.

定理 2 在一元线性回归模型(2)的假设条件下,有

(i) $\frac{SSE}{\sigma^2} \sim \chi^2(n-2)$;

(ii) SSE 与 SSR 相互独立;

(iii) 当 $b=0$ 时,$\frac{SSR}{\sigma^2} \sim \chi^2(1)$.

证明见附录.

现在回到假设 H_0 的检验问题,考察作为回归系数 b 的估计 $\hat{b}=\frac{S_{xy}}{S_{xx}}$ 的统计性质,从定理 1 的(ii)知,估计量 $\hat{b}$ 有标准差 $\sigma_{\hat{b}}=\frac{\sigma}{\sqrt{S_{xx}}}$,如用 S 替代 σ,则得到 $\hat{b}$ 的标准差的估计 $\hat{\sigma}_{\hat{b}}=\frac{S}{\sqrt{S_{xx}}}$.文献上也称此为回归系数的标准误,也称为标准误差.定义 $T=\frac{\hat{b}}{S/\sqrt{S_{xx}}}$,我们有

定理 3 在一元线性回归模型(2)的假设条件下,若 H_0 成立,则有 $T\sim t(n-2)$.

证明见附录.

由定理 3 可以知道,T 是假设 H_0 的一个合适的检验统计量,且对给定的 $0<\alpha<1$,假设 H_0 的显著性水平 α 检验有拒绝域

$$R=\{|T|\geqslant t_{1-\frac{\alpha}{2}}(n-2)\},$$

或者基于观测数据得到统计量 T 的观测值 t,可以计算出 p 值

$$p \triangleq P(|T|\geqslant|t|\,|H_0).$$

若 p 值很小,则应拒绝 H_0.

在实际应用中,不必直接计算 t 值及 p 值,只需使用常用统计软件,输入数据后,便可得到如下形式的回归分析表:

回归分析表

变量	参数估计	标准误差	T 值	p 值
常数项	*	*	*	*
x	*	*	*	*

此处"标准误差"这一列,是指参数估计量的标准差的估计值.

例 7 某快餐连锁店的人力资源部为研究职员出勤率与参加工作时间的关系,收集了下属 10 家门店的数据,其中 y 为每 100 名职员一周内的缺勤次数,x 为在门店工作的平均月数.

工作的平均月数 x	缺勤次数 y	工作的平均月数 x	缺勤次数 y
18.1	31.5	22.4	27.8
20	33.1	22.9	23.3
20.8	27.4	24	24.7
21.5	24.5	25.4	16.9
22	27	27.3	18.1

其散点图如图 12.6 所示.

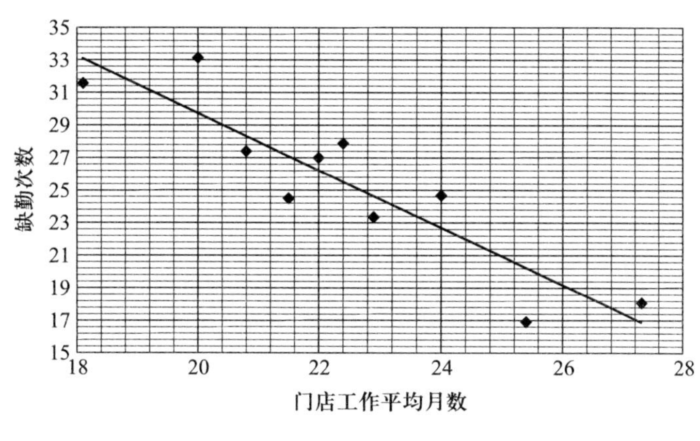

图 12.6

该图显示数据点明显落在一条下降直线周围,使用直线拟合是较为合理的.以下是由 Excel 的输出结果:

	Coefficients	标准误差	t Stat	P-value
Intercept	64.671 77	6.762 107	9.563 848	1.18E-05
X Variable 1	-1.748 74	0.299 457	-5.839 71	0.000 387

由此表可知,我们的线性回归模型的最小二乘回归直线为

$$\hat{y}=64.7-1.75x.$$

由于 p 值接近 0,因此回归系数是高度显著的,注意此处 b 值为负值,其含义是相应绝对值的减少,例如一家门店的员工如平均工作时间增加一个月,则每 100 名员工中在一周内平均缺勤次数减少 1.75 次.

我们从 Excel 的输出结果还可得到 σ 的估计 $s=2.388$,确定系数 $R^2=0.81$.

例 8 Houck 研究过铋 Ⅰ-Ⅱ 的转移压力与温度的关系,他在每个给定温度下重复观测转移压力.以下是对同一组温度下的重复观测数据的平均值,得到 8 个平均转移压力(单位:bar,1 bar=0.1 MPa)y 与温度(单位:℃)x 的样本数据①.

① 本例数据来自 J.Res.Natl.Bur.Stand.,1970:74A,51-54.

温度 x/℃	压力 y/bar	温度 x/℃	压力 y/bar
21	25 352.7	25	25 143
22	25 276.3	34	24 751
22.5	25 235.3	42.7	24 429
23	25 157	50	24 103.7

其散点图如图 12.7 所示.

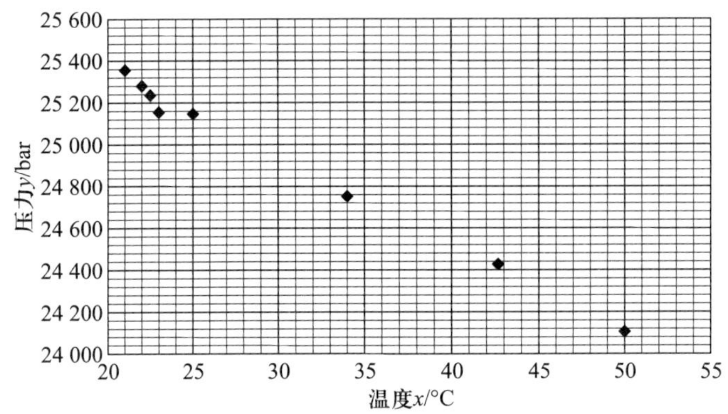

图 12.7

Excel 给出如下的回归分析表:

	Coefficients	标准误差	t Stat	P-value
Intercept	26 167.99	38.377 948	681.849 686 1	6.717E-16
X Variable 1	-41.198 7	1.2 087 513	-34.083 703 2	4.248E-08

可知最小二乘回归直线为$\hat{y}=26\ 167.99-41.198\ 7x$,且 p 值非常接近零,回归系数是高度显著的.事实上由 Excel 输出结果还可知 $R^2=0.994\ 9$,因此压力数据变异的 99.49%可由压力与温度的线性关系所解释,回归直线的拟合度很好.

四、置信推断

在前段的回归系数显著性检验中,我们对于这样的问题:"变量 x 与 y 之间是否存在线性关系"的回答找到支持的证据,但"这种'效应'有多大?"或者说"虽然 $b\neq 0$,但 b 的真值究竟是多少?"并未解决.注意由于种种原因参数估计不可能将一个未知参数估计得很准确,而量化参数估计准确程度的工具就是置信区间.因此,一旦通过了回归系数 b 的显著性检验,尚需做 b 的置信区间.我们可以从前段的论述得知(证明从略)

$$t=\frac{\hat{b}-b}{S/\sqrt{S_{xx}}}\sim t(n-2),$$

因此,可得 b 的置信水平为 $1-\alpha$ 的置信区间为

$$\left[\hat{b}-t_{1-\frac{\alpha}{2}}(n-2)\frac{S}{\sqrt{S_{xx}}},\hat{b}+t_{1-\frac{\alpha}{2}}(n-2)\frac{S}{\sqrt{S_{xx}}}\right].$$

例 9(例 7 续) 由例 7 的回归分析表可知,b 的估计 $\hat{b}=-1.75$,且回归系数的估计标准误为 0.299 457,对于给定 $1-\alpha=0.95$,有 $t_{1-\frac{\alpha}{2}}(n-2)=2.306$,因此由例 7 的数据,得到 b 的置信水平为 0.95 的置信区间的观测值为

$$(-1.75-2.306\times0.299\ 457,-1.75+2.306\times0.299\ 457),$$

即

$$(-2.440\ 5,-1.059\ 5),$$

注意到这个置信区间位于零点的左侧,且不含零点,因此给人以回归系数真值不为零的强烈印象,回归模型有较强的"效应".

例 10(例 8 续) 由例 8 的回归分析表可知,b 的估计 $\hat{b}=-41.198\ 7$,且回归系数的估计标准误为 1.208 751 3,对给定 $1-\alpha=0.95$,有 $t_{1-\frac{\alpha}{2}}(n-2)=t_{0.975}(6)=2.446\ 9$,因此由例 8 的数据,得到 b 的置信水平为 0.95 的置信区间的观测值为$(-44.156\ 4,-38.241)$,这加深了回归系数的真值不为零的印象.

习题 12.2

1. 教育学家测试了 21 个儿童的年龄 x(单位:月)及某种智力指标 y,试建立智力随年龄变化的关系.从样本数据可算得:$\bar{x}=14.38$,$\bar{y}=93.67$,$\sum_{i=1}^{21}x_i^2=5\ 606$,$\sum_{i=1}^{21}y_i^2=188\ 155$,$\sum_{i=1}^{21}x_iy_i=26\ 864$.

(1) 给出智力随年龄变化的最小二乘回归直线.

(2) 计算随机误差的标准误差估计 $\hat{\sigma}$;

(3) 计算 $D(\hat{b})$.

2. (习题 12.1 第 3 题续)

(1) 作回归系数 b 的显著性 T 检验,取显著性水平为 5%;

(2) 给出 b 的 95%置信区间;

*(3) 用 Excel 给出方差分析表.

3. (习题 12.1 第 4 题续)

(1) 求回归模型随机误差的标准误差估计 $\hat{\sigma}$;

(2) 作回归系数 b 的显著性 T 检验,取显著性水平为 5%;

*(3) 作出平方和分解并用 Excel 给出方差分析表.

4. (习题 12.1 第 5 题续)

*(1) 作回归系数 b 的显著性 F 检验,并列出方差分析表;

(2) 给出 b 的 90%置信区间.

*5. 证明:(1) $SSE=\sum_{i=1}^{n}y_i^2-\hat{a}\sum_{i=1}^{n}y_i-\hat{b}\sum_{i=1}^{n}x_iy_i$;

(2) $SSE=\sum_{i=1}^{n}(y_i-\bar{y})^2-\hat{b}\sum_{i=1}^{n}(x_i-\bar{x})(y_i-\bar{y})$.

第三节　预　　测

回归分析的主要应用有两个：一是描述和解释，前面的例子多是这方面的应用；二是预测，即基于对自变量的了解，或者说对给定自变量的值，去预测响应变量的相应值是多少，这也是回归分析的最重要的应用．本节将讨论如何进行回归分析预测．

一、对给定 x_0，响应变量值 y_0 的预测

先明确预测问题的提法，即在一元线性回归模型（2）的假定（i）—（iii）下，对于给定自变量 $x=x_0$（与 $x_1,x_2,\cdots,x_n$ 不同），基于观测 $\{(x_i,y_i),i=1,2,\cdots,n\}$ 预测响应变量 $y_0\left(=y\big|_{x=x_0}\right)$ 之值是多少？前已指出，预测与参数估计问题不同，预测对象是随机变量．这也是统计预测一个重要特点．要做预测必须回答两个问题：一是用什么作 y_0 的预测值？二是预测精度是多大？

今回答第一个问题，先设想 y_0 的期望即 $\xi_0=E(y_0)$ 是已知的（此处为记号简化起见，记 $E(y_0)=E(y\mid x_0)$）．注意到 y_0 是随机的，其取值是不确定的，但 ξ_0 作为 y_0 中心位置的特征，对刻画 y_0 的取值情况是十分重要的，因而对 y_0 的不确定性缺乏进一步了解的情况下，将 ξ_0 作为 y_0 的预测值是合理的．这样做在理论上的好处在于以下事实：同其他所有可能的预测相比，ξ_0 是均方误差最小的预测，即对任何 y_0 的预测 $f(x_0)$，有

$$E\left[(y_0-\xi_0)^2\right]\leqslant E\left[(y_0-f(x_0))^2\right].$$

事实上，对任何预测 $f(x_0)$，有

$$E\left[(y_0-f(x_0))^2\right]=E\left[(y_0-\xi_0)^2\right]+(\xi_0-f(x_0))^2\geqslant E\left[(y_0-\xi_0)^2\right]$$

且等式当且仅当 $f(x_0)=\xi_0$ 成立．这就证明了前述断言．

但现在由于 a,b 未知，因而 y_0 的期望 $\xi_0=E(y_0)=a+bx_0$ 是未知的，不能直接将 ξ_0 用于预测．自然想到使用最小二乘原理得到的估计 $\hat{a},\hat{b}$ 替换 a,b，最终得到 y_0 的预测值为 $\hat{y}_0=\hat{a}+\hat{b}x_0$，其中 $\hat{a},\hat{b}$ 如（4）式所示．

对于第二个问题，描述预测精度的一个常用指标即均方误差．为计算预测 $\hat{y}_0$ 的均方误差，注意到预测偏差

$$y_0-\hat{y}_0=(\xi_0-\hat{y}_0)+\varepsilon_0,$$

即预测偏差分解成上式右边两个部分：$\xi_0-\hat{y}_0$ 及 ε_0．容易知道这两个部分是相互独立的，事实上，$\xi_0-\hat{y}_0$ 只与 $y_1,y_2,\cdots,y_n$ 有关，ε_0 只与 y_0 有关．而 $y_1,y_2,\cdots,y_n$ 与 y_0 是相互独立的，因而 $\xi_0-\hat{y}_0$ 与 ε_0 相互独立．现在我们可以计算预测 $\hat{y}_0$ 的均方误差，由独立性，

$$\begin{aligned}E\left[(y_0-\hat{y}_0)^2\right]&=E\left[(\xi_0-\hat{y}_0)^2\right]+E\left[(\varepsilon_0)^2\right]+2\operatorname{cov}(\xi_0-\hat{y}_0,\varepsilon_0)\\&=E\left[(\xi_0-\hat{y}_0)^2\right]+E\left[(\varepsilon_0)^2\right]\\&=D(\hat{y}_0)+D(\varepsilon_0),\end{aligned}$$

而

$$D(\hat{y}_0)=D(\hat{a}+\hat{b}x_0)=D(\bar{y}+(x_0-\bar{x})\hat{b})$$

$$=D(\bar{y})+(x_0-\bar{x})^2D(\hat{b})+2(x_0-\bar{x})\operatorname{cov}(\bar{y},\hat{b}),$$

注意到诸 y_i 相互独立,以及 $\sum_{i=1}^{n}(x_i-\bar{x})=0$,可知 $\operatorname{cov}(\bar{y},\hat{b})=0$.再由定理 1 知 $D(\hat{b})=\dfrac{\sigma^2}{\sum_{i=1}^{n}(x_i-\bar{x})^2}$,因而 $D(\hat{y}_0)=\sigma^2\left(\dfrac{1}{n}+\dfrac{(x_0-\bar{x})^2}{\sum_{i=1}^{n}(x_i-\bar{x})^2}\right)$.最后得到预测$\hat{y}_0$的均方误差为

$$E[(y_0-\hat{y}_0)^2]=\sigma^2\left(1+\frac{1}{n}+\frac{(x_0-\bar{x})^2}{\sum_{i=1}^{n}(x_i-\bar{x})^2}\right). \tag{11}$$

从中也可看到,如果模型的误差方差 σ^2 很大,则即使获取更多的数据,也不能根本改善 $\hat{y}_0$ 的预测精度.

例 11 在例 7 中要预测 $x_0=21$ 个月的 100 个职工的周缺勤次数 y_0,我们得到 y_0 的预测值为$\hat{y}_0=64.7-1.75x_0=27.95$.即工作平均月数为 21 个月的 100 个职工,周缺勤数为 27.95 次.

二、y_0 的预测区间

从前段可知,预测$\hat{y}_0$ 仅仅给出 y_0 的平均值的一个估计,我们通常还需要知道作为随机变量的 y_0,其可能取值的散布范围,也即寻找 y_0 的预测区间.详而言之,对给定 $0<\alpha<1$,寻找一个区间,使得 y_0 落在该区间的概率至少为 $1-\alpha$,此时称此区间为 y_0 的预测区间,$1-\alpha$ 为置信水平.

由一元线性回归模型(2) 的基本假定可以证明(证明从略):

$$\frac{\hat{y}_0-y_0}{S\sqrt{1+\dfrac{1}{n}+\dfrac{(x_0-\bar{x})^2}{\sum_{i=1}^{n}(x_i-\bar{x})^2}}}\sim t(n-2).$$

因此 y_0 的置信水平为 $1-\alpha$ 的预测区间为

$$\left[\hat{y}_0-t_{1-\frac{\alpha}{2}}(n-2)S\sqrt{1+\frac{1}{n}+\frac{(x_0-\bar{x})^2}{\sum_{i=1}^{n}(x_i-\bar{x})^2}},\hat{y}_0+\right.$$

$$\left.t_{1-\frac{\alpha}{2}}(n-2)S\sqrt{1+\frac{1}{n}+\frac{(x_0-\bar{x})^2}{\sum_{i=1}^{n}(x_i-\bar{x})^2}}\right], \tag{12}$$

其中 $S=\sqrt{\dfrac{SSE}{n-2}}$(见(10)式)为总体标准差 σ 的估计.

如记 $k = t_{1-\frac{\alpha}{2}}(n-2)S\sqrt{1+\frac{1}{n}+\frac{(x_0-\bar{x})^2}{\sum_{i=1}^{n}(x_i-\bar{x})^2}}$，则预测区间（12）满足 $P(|y_0-\hat{y}_0|\leqslant k)=1-\alpha$.基此可以给出统计预测结果的一个更为直观的解释：若多次重复试验，每次计算出$\hat{y}_0$及 k 值，并用$\hat{y}_0$作 y_0 的预测值，则$\hat{y}_0$并不会正好与 y_0 重合，而是落在 y_0 的左边或右边，且平均来说 100 次中有$(1-\alpha)\times100$ 次，以$\hat{y}_0$为中心的区间$(\hat{y}_0-k,\hat{y}_0+k)$是包含 y_0 的.顺便指出，回归模型预测的精度，也可以用预测区间(12)式的宽度即 $2t_{1-\frac{\alpha}{2}}(n-2)S\sqrt{1+\frac{1}{n}+\frac{(x_0-\bar{x})^2}{\sum_{i=1}^{n}(x_i-\bar{x})^2}}$ 来度量.这与前段提到的用预测$\hat{y}_0$的均方误差(11)式表达精度在形式上是相似的.但区间宽度可计算，而均方误差则不然（由(11)式可知，其中含有未知参数 σ^2）.此外从宽度公式中可见，当预测点 x_0 愈接近数据中心位置$\bar{x}$时预测愈精确，而若预测点 x_0 偏离数据$\{x_i\}$太远，则预测精度很差.

在实际操作中可使用统计软件，如对于例 7，要求 $x_0=22.4$ 或 30.4 时的 95%预测区间，有如下的输出结果：

Fit	标准误	95%C.I.
25.50	0.755	[19.72,31.28]
11.51	2.500	[3.54,19.48]

以上第一列的数字是预测值，第二列为标准误，而第三列则为 95%的预测区间.如 $x_0=22.4$ 的预测值为 25.50，而 $x_0=30.4$ 时的预测值为 11.51，95%的预测区间分别为(19.72,31.28)，(3.54,19.48).注意到 $x_0=22.4$ 的预测区间宽度约为 11.56，而 $x_0=30.4$ 时的预测宽度约为 16，后者比前者要大，这正如前段所述，因为 $x_0=30.4$ 已经超出 x 的数据范围，对 x_0 的预测，实际上是一种外推，所以必然带来精度上的损失.

例 12（例 8 续） 对于例 8 的数据，下表列出由不同温度 x 的给定值，相应的压力 y 的置信水平为 95%的预测区间的计算结果：

温度 x	压力 y 观测值	压力 y 的预测值$\hat{y}$	y 的 95%置信下限	y 的 95%置信上限
21	25 352.7	25 302.82	25 207.409 90	25 398.226 98
22	25 276.3	25 261.62	25 166.996 07	25 356.243 38
22.5	25 235.3	25 241.02	25 146.756 79	25 335.283 93
23	25 157	25 220.42	25 126.495 62	25 314.346 39
25	25 143	25 138.02	25 045.227 28	25 230.819 85
34	24 751	24 767.24	24 674.885 31	24 859.584 87
42.7	24 429	24 408.81	24 309.833 12	24 507.779 35
50	24 103.7	24 108.06	23 999.056 83	24 217.054 34

习题 12.3

1. (习题 12.1 第 5 题续)该公司预计下一周签发新保单的数目 $x_0 = 1\ 000$,给出需要的加班时间的置信水平为 95%的预测区间.

2. (习题 12.1 第 6 题续)

(1) 计算确定系数 R^2 的值;

(2) 某一正在考虑提供周日版的报纸,平日发行量为 500,给出该报纸周日发行量的置信水平为 95%的预测区间.

附　录

一、定理 2 及定理 3 的证明

定理 2 的证明:由定理 1 的(iv)知$\dfrac{SSE}{\sigma^2}=\dfrac{(n-2)S^2}{\sigma^2}\sim\chi^2(n-2)$,即得证(i).又

$$SSR=\sum_{i=1}^{n}(\hat{y}_i-\bar{y})^2=\sum_{i=1}^{n}(\hat{a}+\hat{b}x_i-\bar{y})^2=\hat{b}^2\sum_{i=1}^{n}(X_i-\bar{X})^2=\hat{b}^2S_{xx},$$

由定理 1 的(iii),$SSE=(n-2)\widehat{\sigma^2}$与$\hat{b}$相互独立,从而有 SSE 与 SSR 相互独立,此即(ii)成立.

最后,当 $b=0$ 时,由定理 1 的(i)和(ii)可知$\hat{b}\sim N\left(0,\dfrac{\sigma^2}{S_{xx}}\right)$,从而$\sqrt{S_{xx}}\dfrac{\hat{b}}{\sigma}\sim N(0,1)$,因此$\dfrac{SSR}{\sigma^2}=S_{xx}\dfrac{\hat{b}^2}{\sigma^2}\sim\chi^2(1)$,得证(iii),故定理 2 成立.

定理 3 的证明:由上面的证明有 $X\equiv\sqrt{S_{xx}}\dfrac{\hat{b}}{\sigma}\sim N(0,1)$,再由定理 1 的(iv)$\chi^2\equiv\dfrac{(n-2)\widehat{\sigma^2}}{\sigma^2}=\dfrac{(n-2)S^2}{\sigma^2}\sim\chi^2(n-2)$,且由定理 1 的(iii)$(\hat{a},\hat{b})$与 $S^2=\widehat{\sigma^2}$ 相互独立,从而χ^2与 X 相互独立,由 t 分布的定义,即知

$$T=\frac{\hat{b}}{S/\sqrt{S_{xx}}}=\frac{X}{\sqrt{\chi^2/n-2}}\sim t(n-2).$$

二、回归模型的显著性检验及方差分析表

所谓回归模型是否显著的问题,即引入模型的诸多解释变量对响应变量的解释是否有效.但由于一元线性回归模型只有一个解释变量,因而回归模型的显著性等价于回

归系数的显著性(然而在多元线性回归的情况则不然,尽管本书不涉及多元情况).在此介绍回归模型显著性的 F 检验方法(它当然也可用于一元线性回归中的回归系数的显著性检验).我们要检验的假设仍然是 $H_0:b=0$,因为若 H_0 成立,则一元线性回归的解释变量与响应变量的变异没有任何关系,模型当然是无效的.

我们回顾平方和分解式(8),其中 SSR 是响应变量的变异为回归直线所解释的那部分平方和.若回归所引起的变异(用 SSR 度量)相对来说要比因随机误差引起的变异(用 SSE 度量)偏大,则应倾向于拒绝 H_0.然后经过适当修正,就得到如下的检验统计量:

$$F=\frac{SSR/1}{SSE/(n-2)},$$

由定理 2 可知,当 H_0 成立,$F\sim F(1,n-2)$,因而可以得到检验的拒绝域

$$R=\{F>F_{1-\alpha}(1,n-2)\},$$

其中 $0<\alpha<1$ 是检验水平.

在实际操作中,只要使用相应的统计软件并输入数据,就可输出用下述的称之为方差分析表形式表示的结果:

方差分析表(ANOVA)

方差来源	平方和	自由度	均方	F 值	p 值
回归	SSR	1	$MSR=SSR/1$	MSR/MSE	$P(F>F$ 值$)=p$ 值
误差	SSE	$n-2$	$MSE=SSE/(n-2)$		
总和	SST	$n-1$			

其中 p 值即是

$$p=P(F>F_0\mid H_0),$$

而 F_0 是基于数据得到的 F 的观测值.

注意到,因 $SSR=\hat{b}^2S_{xx}$,可知 $F=(T)^2$.所以假设 H_0 的 t 检验与 F 检验是等价的.

下面我们以例 7 为例,统计软件输出如下结果:

方差分析表(ANOVA)

方差来源	平方和	自由度	均方	F 值	p 值
回归	194.45	1	194.45	34.10	0.000
误差	45.61	8	5.70		
总和	240.06	9			

注意此处 p 值一栏为 0.000,表明实际 p 值小于 0.000 5,因此回归是高度显著的.这同我们在例 7,使用 t 检验得到的结果是一致的.

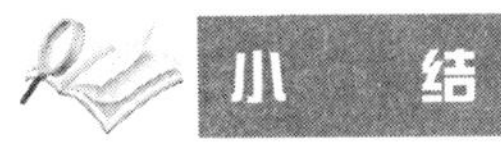

小　结

在一元线性回归模型中，响应变量 Y 总是随机的，而解释变量 x 是可以给定的，Y 与 x 之间存在一种关联，其关系用

$$Y=a+bx+\varepsilon$$

来描述，其中 ε 是随机的，且假定对任何给定的 x，ε 服从均值 0，方差为 σ^2 的正态分布. 称

$$y\equiv\mu(x)=a+bx$$

为真回归直线，b 为回归系数，ε 为随机误差，它表示 Y 的观测与回归直线对应值的偏差. 因此诸样本观测点 (x_i,y_i)，$i=1,2,\cdots,n$ 并不是正好落在回归直线上.

最小二乘直线 $\hat{y}=\hat{a}+\hat{b}x$ 是使偏差平方和

$$Q(a,b)=\sum(y_i-(a+bx_i))^2$$

达到最小的那条直线，其中 $\hat{a}$，$\hat{b}$ 由(4)式确定，分别为参数 a，b 的最小二乘估计.

确定系数 R^2 是响应变量的变异为回归直线所解释的那部分变异在总变异中所占的比例，是回归直线拟合数据的拟合度的度量.

在建立了回归模型以后，回归分析首先要回答的问题是回归系数是否显著，即进行假设 $H_0:b=0$ 的显著性检验. 常用的检验是 t 检验(或等价的 F 检验)；当回归显著时，还需建立回归系数的置信区间.

基于观测样本，对给定自变量的值 x_0，去预测响应变量 y_0 的值，是回归分析的重要应用. 通常使用最小二乘回归直线作预测，即确定 y_0 的预测值为 $\hat{y}_0=\hat{a}+\hat{b}x_0$. 公式(12)给出了具有置信水平 $1-\alpha$ 的 y_0 的预测区间，其区间的长度可以作为度量预测精度的指标.

第十二章综合题

1. 根据某商店 2012 年至 2019 年营业额 X(单位：百万元)和利润值 Y(单位：百万元)的统计资料计算得：$\bar{x}=80.74$，$\bar{y}=48.6$，$\sum_{i=1}^{8}x_i^2=60\ 742$，$\sum_{i=1}^{8}y_i^2=21\ 967$，$\sum_{i=1}^{8}x_iy_i=36\ 506$.

(1) 试建立营业额 X 与利润值 Y 的最小二乘回归直线 $\hat{y}=\hat{a}+\hat{b}x$，并给出解释；

(2) 对建立的回归模型，给出确定系数 R^2，以及 $\widehat{\sigma^2}$；

(3) 作回归系数 b 的显著性 T 检验，取显著性水平为 5%；

(4) 给出回归系数 b 的置信区间，取置信水平为 95%；

(5) 又知该商店 2019 年的营业额达到 1.55 亿元，试对该商店 2020 年的利润值进行预测.

2. 在一个一元线性回归模型中，采集到了 20 条样本数据 (x_1,y_1)，(x_2,y_2)，$\cdots$，(x_{20},y_{20})，经过

Excel 计算得如下方差分析表和回归系数表.可是其中有 11 处的数字被涂掉了,请填写出表中带"☆"的选项.

方差分析表

方差来源	自由度	平方和	均方	F 值	p 值
回归	☆	☆	☆	☆	0.000 1
偏差	☆	48	☆		
总和	☆	200			

回归分析表

变量	DF	参数估计	标准误差	T 值	p 值
常数项	☆	1	0.1	☆	<0.001
x	☆	0.1	0.05	☆	0.04

第十二章自测题

第十二章习题参考答案

辅助材料　统计软件 Excel 简介

Excel 是由 Microsoft 公司推出的一种电子表格软件，具有数据处理的表格管理和统计图形制作的功能.此外，还提供称之为“分析工具库”的数据分析工具，其中包括一组常见统计函数和一个统计宏软件包.

Excel 的统计功能既可以满足学习本课程涉及的概率统计计算需要，也可以对一些计算量不大、统计方法要求不高的应用问题进行计算，加之具有简单、易操作的特点，因此 Excel 是学习统计软件入门知识的一种理想选择.

Excel 包含了 108 个常用统计函数及 19 种可供选择的统计方法，我们已在回归分析这一章展示了相关统计方法及软件的输出形式.下面将结合本教程的有关例题介绍统计函数的使用.

以下所有内容都是在 Excel 2016 平台上操作完成 .

一、利用 Excel 计算常用分布的概率值

1. Excel 在二项分布中的应用

启动 Excel，单击某一单元格，点击菜单“公式”中的“其他函数”，再点击“统计”，选择二项分布函数“BINOM.DIST”，如图 1 所示.

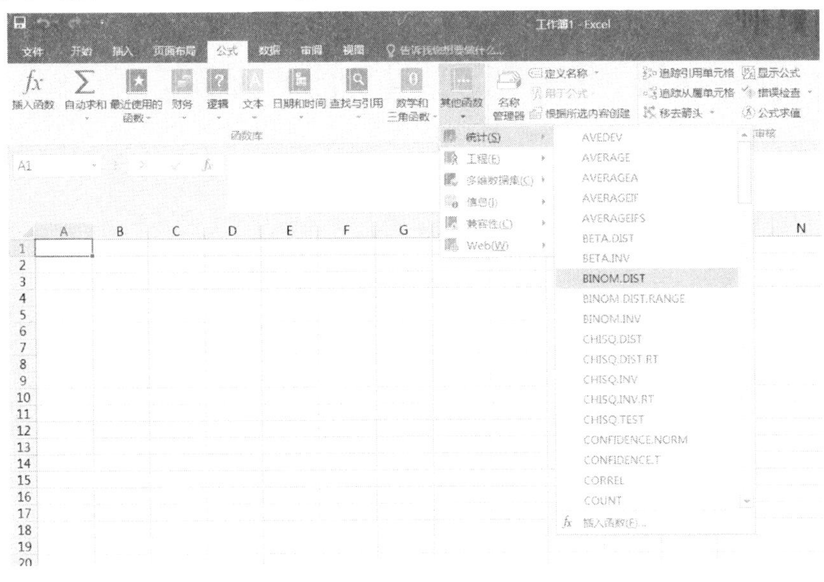

图 1

然后出现如图 2 所示窗口.

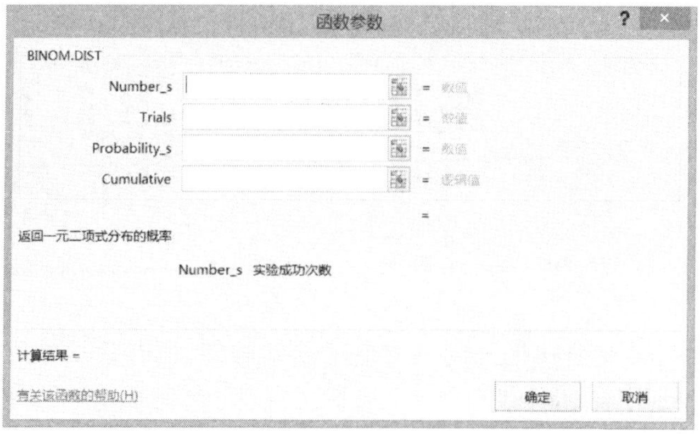

图 2

将光标置于那几个参数对应的空格中,上述窗口的下部就会显示此参数的含义:

(1) 如图 2 光标位于“Number_s”,窗口下半部分出现“Number_s 实验成功次数”的说明;

(2) 如图 2 光标位于“Trials”,窗口下半部分出现“Trials 独立实验的次数”的说明;

(3) 如图 2 光标位于“Probability_s”,窗口下半部分出现“Probability_s 一次实验中成功的概率”的说明;

(4) 如图 2 光标位于“Cumulative”,窗口下半部分出现“Cumulative 逻辑值,决定函数的形式.累积分布函数,使用 TRUE;概率密度函数,使用 FALSE”的说明.

填写各项参数,点击“确定”即可.

Excel演示视频

例1

例 1(第四章例 6 续) 设随机变量 $X\sim B\left(3,\dfrac{1}{4}\right)$,则该例要求解的 $P(X\leqslant 1)$ 的值,可如图 3 所示在参数栏中填写参数值.

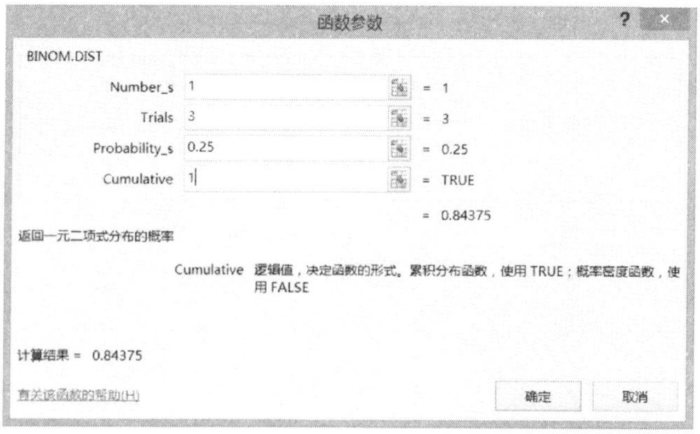

图 3

点击“确定”,窗口中出现结果 0.843 75.

或者直接在 Excel 单元格中输入“=BINOM.DIST(1,3,0.25,1)”,回车即在该单元格中显示 0.843 75,如图 4 所示.

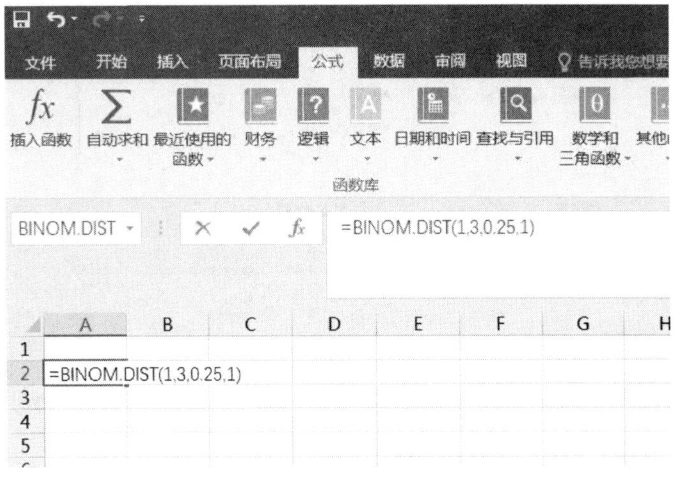

图 4

2. Excel 在泊松分布中的应用

启动 Excel,单击某一单元格,点击菜单“公式”中的“其他函数”,再点击“统计”,选择泊松分布函数“POISSON.DIST”,如图 5 所示.

图 5

然后出现如图 6 所示窗口.

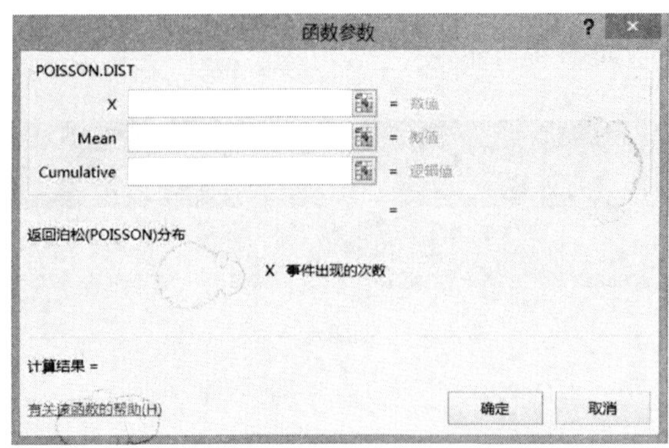

图 6

将光标置于那几个参数对应的空格中,上述窗口的下部就会显示此参数的含义:

(1) 如图 6 光标位于“X”,窗口下半部分出现“X 事件出现的次数”的说明;

(2) 如图 6 光标位于“Mean”,窗口下半部分出现“Mean 期望值(正数)”的说明;

(3) 如图 6 光标位于“Cumulative”,窗口下半部分出现“Cumulative 逻辑值,指定概率分布的返回形式”的说明.

填写各项参数,点击“确定”即可.

Excel演示视频

例2

例 2(第四章例 11 续) 设随机变量 $X \sim P(1)$,则该例要求解的 $P(X \geqslant 2)$ 的值,可如图 7 所示在参数栏中填写参数值.

图 7

先计算出 $P(X \leqslant 1) = 0.735\ 76$,然后再利用 Excel 计算 $P(X \geqslant 2) = 1 - P(X \leqslant 1) = 1 - 0.735\ 76 = 0.264\ 24$.

也可在单元格中输入“=1-POISSON.DIST(1,1,1)”,回车即在该单元格中显示 0.264 24,如图 8 所示.

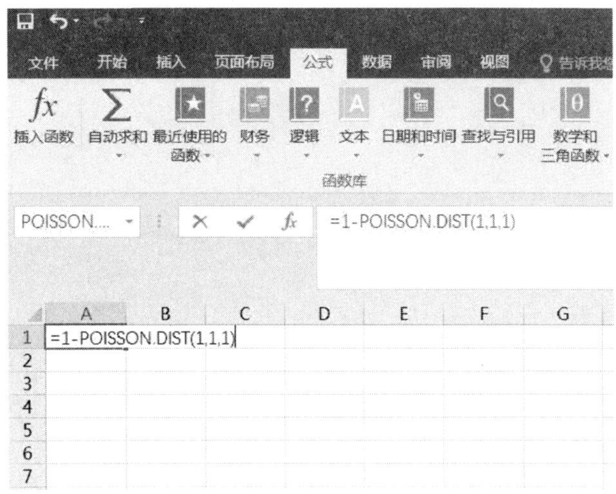

图 8

3. Excel 在指数分布中的应用

启动 Excel,单击某一单元格,点击菜单“公式”中的“其他函数”,再点击“统计”,选择指数分布函数“EXPON.DIST”,如图 9 所示.

图 9

然后出现如图 10 所示窗口 .

将光标置于那几个参数对应的空格中,上述窗口的下部就会显示此参数的含义:

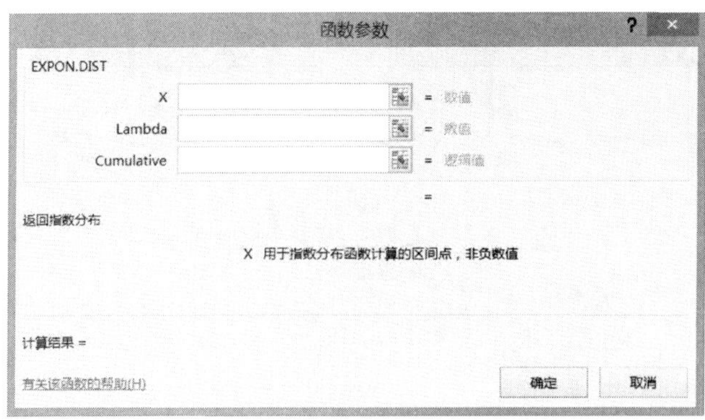

图 10

(1) 如图 10 光标位于“X”,窗口下半部分出现“X 用于指数分布函数计算的区间点,非负数值”的说明;

(2) 如图 10 光标位于“Lambda”,窗口下半部分出现“Lambda 指数分布函数的参数,正数”的说明;

(3) 如图 10 光标位于“Cumulative”,窗口下半部分出现“Cumulative 逻辑值,当函数为累积分布函数时,返回值为 TRUE;当为概率密度函数时,返回值为 FALSE,指定使用何种形式的指数函数”的说明.

填写各项参数,点击“确定”即可.

Excel演示视频

例3

例 3(第四章例 17) 设随机变量 $X\sim E(0.2)$,则该例要求 $P(X>5)$ 的值,可如图 11 所示在参数栏中填写参数值.

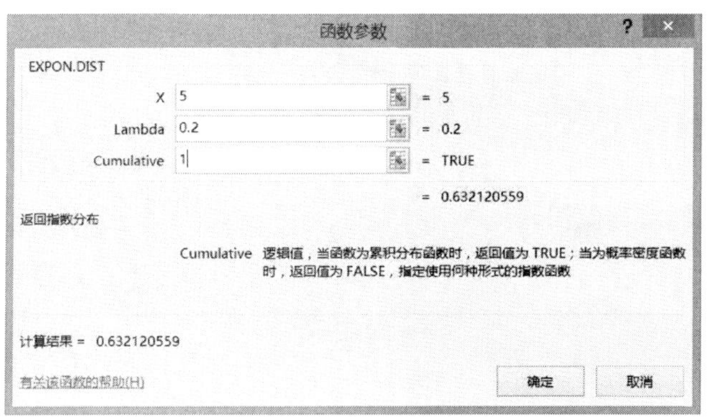

图 11

先计算出 $P(X\leqslant 5)=0.632\ 12$,然后再利用 Excel 计算 $P(X>5)=1-P(X\leqslant 5)=1-0.632\ 12=0.367\ 88$.

也可在 Excel 单元格中直接输入“=1-EXPON.DIST(5,0.2,1)”,回车即在该单元格中显示 0.367 88, 如图 12 所示.

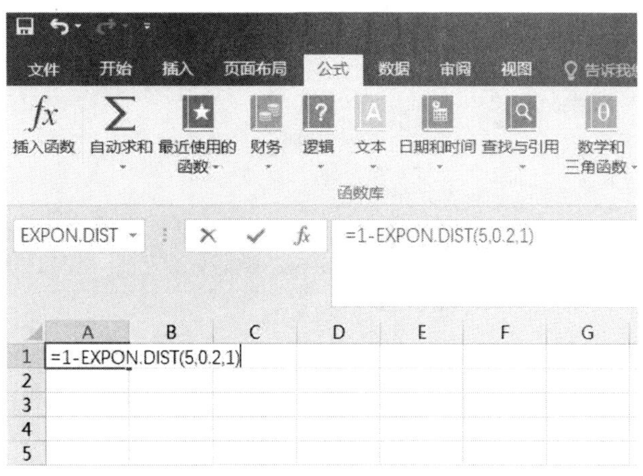

图 12

而要求 $P(5<X<10)$ 的值可在单元格中直接输入“=EXPON.DIST(10,0.2,1)-EXPON.DIST(5,0.2,1)”,回车即在单元格中显示 0.232 5.

4. Excel 在正态分布中的应用

启动 Excel,单击某一单元格,点击菜单“公式”中的“其他函数”,再点击“统计”,选择正态分布函数“NORM.DIST”,如图 13 所示.

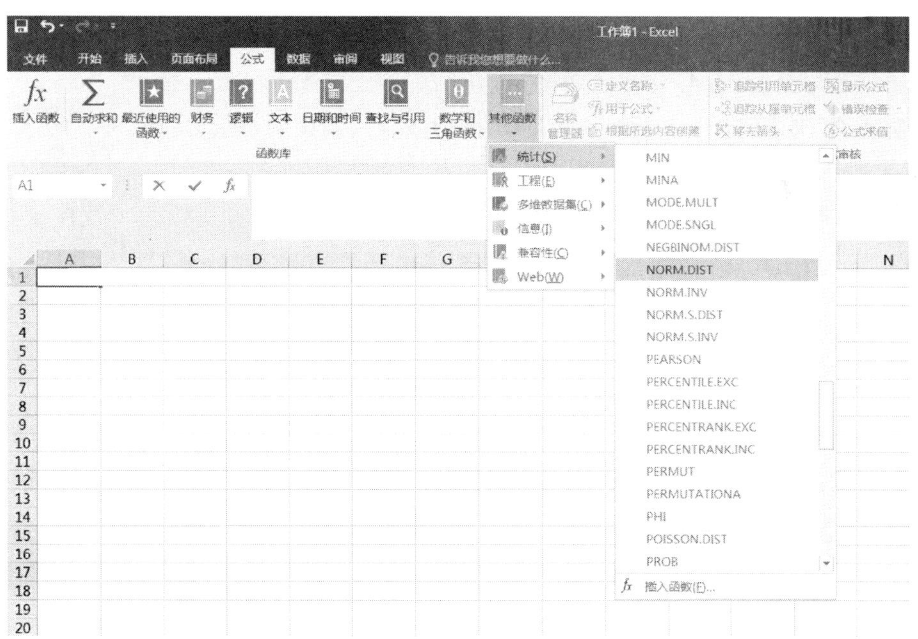

图 13

然后出现如图 14 所示窗口.

将光标置于那几个参数对应的空格中,上述窗口的下部就会显示此参数的含义:

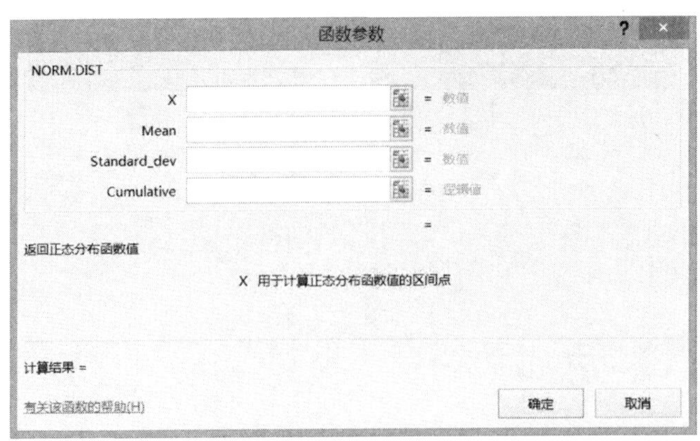

图 14

(1) 如图 14 光标位于“X”,窗口下半部分出现“X 用于计算正态分布函数值的区间点”的说明;

(2) 如图 14 光标位于“Mean”,窗口下半部分出现“Mean 分布的算术平均”的说明;

(3) 如图 14 光标位于“Standard_dev”,窗口下半部分出现“Standard_dev 分布的标准方差,正数”的说明;

(4) 如图 14 光标位于“Cumulative”,窗口下半部分出现“Cumulative 逻辑值,决定函数的形式.累积分布函数,使用 TRUE;概率密度函数,使用 FALSE”的说明.

填写各项参数,点击“确定”即可.

Excel演示视频 例4

例 4(第四章例 21) 设随机变量 $Y\sim N(1.5,4)$,则该例要求 $P(Y\leqslant 3.5)$ 的值,在如图 15 所示上述参数栏中填写参数值.

点击“确定”,窗口中出现结果 0.841 3.

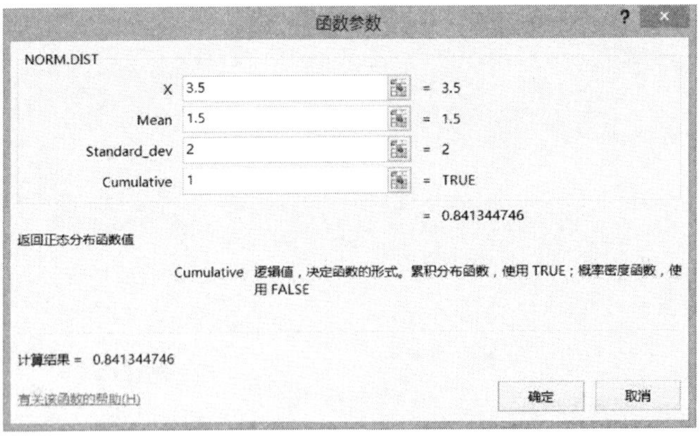

图 15

或者直接在 Excel 单元格中输入“=NORM.DIST(3.5,1.5,2,1)”,回车即在该单元格中显示 0.841 3, 如图 16 所示.

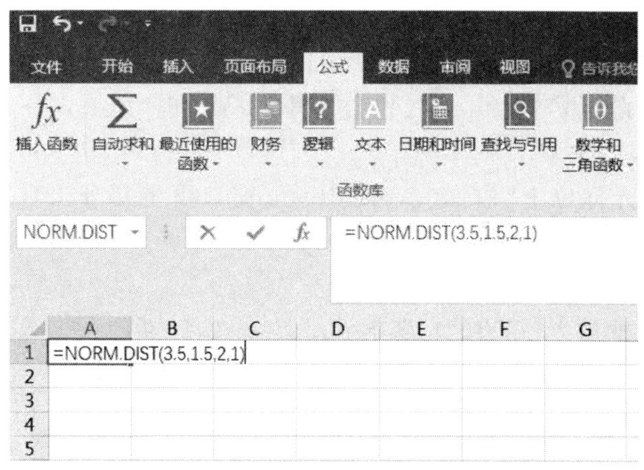

图 16

而要求 $P(Y\leqslant-4)$ 的值可在单元格中直接输入"= NORM.DIST(-4,1.5,2,1)",回车即在单元格中显示 0.002 98.

要求 $P(Y>2)$ 的值可在单元格中直接输入"=1-NORM.DIST(2,1.5,2,1)",回车即在单元格中显示 0.401 29.

要求 $P(|Y|<3)$ 的值可在单元格中直接输入"=NORM.DIST(3,1.5,2,1)-NORM.DIST(-3,1.5,2,1)",回车即在单元格中显示 0.761 15.

5. Excel 在其他分布概率计算中的应用

同上,只需在"统计"窗口选择对应的函数即可.

二、利用 Excel 计算常用分布(正态分布、χ^2 分布、t 分布和 F 分布)的分位数

1. Excel 在正态分布分位数计算中的应用

首先启动 Excel,单击某一单元格,点击菜单"公式"中的"其他函数",再点击"统计",选择正态分布分位数函数"NORM.INV",点击"确定",出现窗口如图 17 所示.

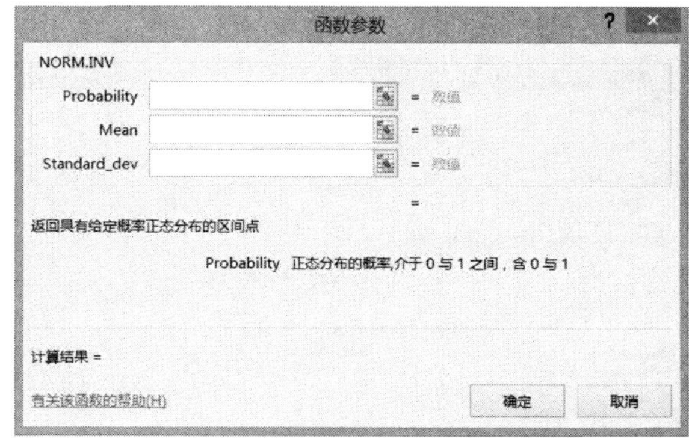

图 17

将光标置于那几个参数对应的空格中,上述窗口的下部就会显示此参数的含义:

(1) 如图 17 光标位于“Probability”,窗口下半部分出现“Probability 正态分布的概率,介于 0 与 1 之间,含 0 与 1”的说明;

(2) 如图 17 光标位于“Mean”,窗口下半部分出现“Mean 分布的算术平均”的说明;

(3) 如图 17 光标位于“Standard_dev”,窗口下半部分出现“Standard_dev 分布的标准方差,正数”的说明.

填写各项参数,点击“确定”即可.

Excel演示视频

例5

例 5 设随机变量 $X \sim N(0,1)$,要求满足 $P(X \leqslant x) = \Phi(x) = 0.9$ 的 x,如图 18 所示在参数栏中填写参数值.

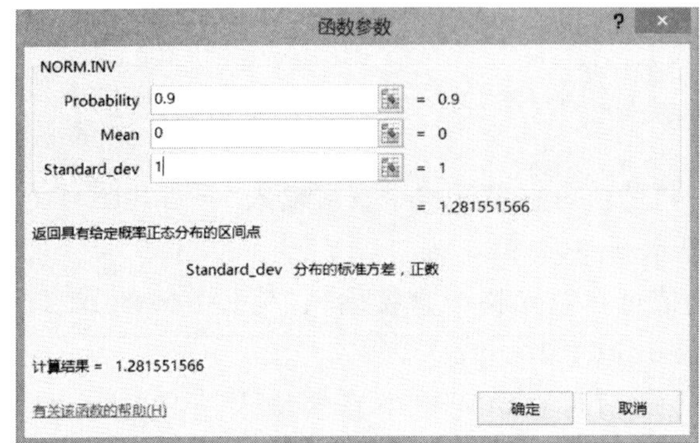

图 18

点击“确定”,窗口中出现结果 1.282.

或者直接在 Excel 单元格中输入“=NORM.INV(0.9,0,1)”,回车即在该单元格中显示 1.282.

2. Excel 在 χ^2 分布分位数计算中的应用

首先启动 Excel,单击某一单元格,点击菜单“公式”中的“其他函数”,再点击“统计”,选择 χ^2 分布分位数函数“CHISQ.INV.RT”,点击确定,出现窗口如图 19 所示.

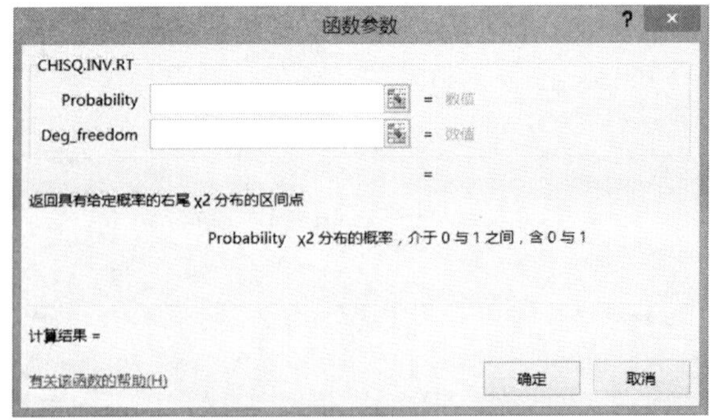

图 19

将光标置于那几个参数对应的空格中,上述窗口的下部就会显示此参数的含义:

(1) 如图 19 光标位于“Probability”,窗口下半部分出现“Probability χ^2分布的概率,介于 0 与 1 之间,含 0 与 1”的说明;

(2) 如图 19 光标位于“Deg_freedom”,窗口下半部分出现“Deg_freedom 自由度,介于 1 与 10^10 之间,不含 10^10”的说明.

填写各项参数,点击“确定”即可.

例 6 设随机变量 $X\sim\chi^2(12)$,要求满足 $P(X\leqslant\chi^2_{0.9}(12))=0.9$ 的值$\chi^2_{0.9}(12)$,则如图 20 所示在上述参数栏中填写参数值.

Excel演示视频

例6

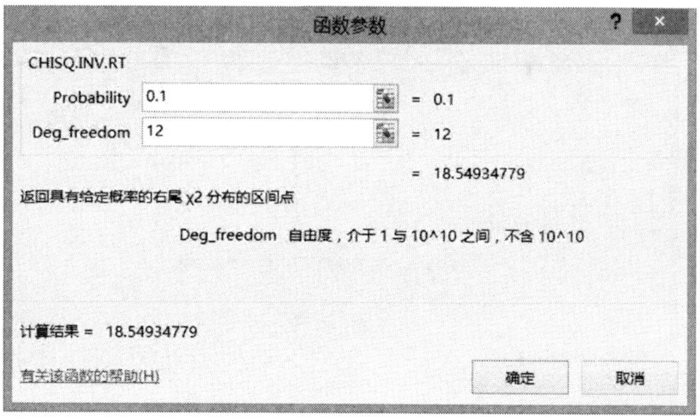

函数参数

CHISQ.INV.RT

Probability 0.1 = 0.1

Deg_freedom 12 = 12

= 18.54934779

返回具有给定概率的右尾 χ2 分布的区间点

Deg_freedom 自由度,介于 1 与 10^10 之间,不含 10^10

计算结果 = 18.54934779

有关该函数的帮助(H) 确定 取消

图 20

点击“确定”,窗口中出现结果 18.549.

或者直接在 Excel 单元格中输入“=CHISQ.INV.RT(0.1,12)”,回车即在该单元格中显示 18.549.

3. Excel 在 t 分布分位数计算中的应用

首先启动 Excel,单击某一单元格,点击菜单“公式”中的“其他函数”,再点击“统计”,选择 t 分布分位数函数“T.INV.2T”,点击确定,出现窗口如图 21 所示.

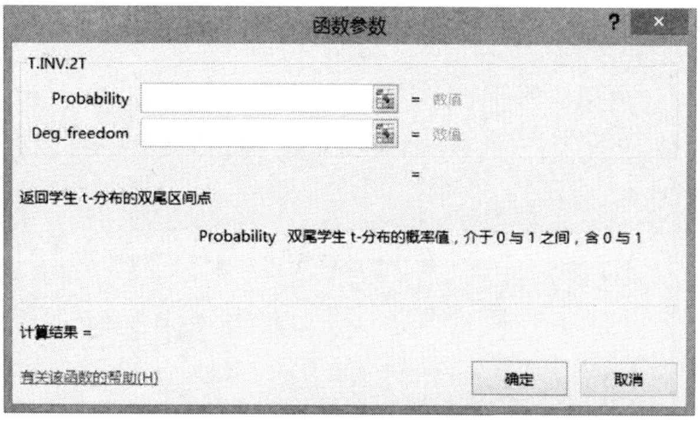

函数参数

T.INV.2T

Probability = 数值

Deg_freedom = 数值

=

返回学生 t-分布的双尾区间点

Probability 双尾学生 t-分布的概率值,介于 0 与 1 之间,含 0 与 1

计算结果 =

有关该函数的帮助(H) 确定 取消

图 21

将光标置于那几个参数对应的空格中，上述窗口的下部就会显示此参数的含义：

(1) 如图 22 光标位于“Probability”，窗口下半部分出现“Probability 双尾学生 t-分布的概率值，介于 0 与 1 之间，含 0 与 1 的说明；

(2) 如图 22 光标位于“Deg_freedom”，窗口下半部分出现“Deg_freedom 为一正整数，用于定义分布的自由度”的说明．

填写各项参数，点击“确定”即可．

Excel演示视频

例7

例 7 设随机变量 $X\sim t(12)$，要求满足 $P(X\leqslant t_{0.95}(12))=0.95$ 的值 $t_{0.95}(12)$（若$t_{0.95}(12)$点左尾概率为 0.95，则 $t_{0.95}(12)$点右尾概率为 $1-0.95=0.05$，所以 $P(|X|\geqslant t_{0.95}(12))=0.1$，即称双尾的概率为 0.1），则如图 22 所示在参数栏中填写参数值．

图 22

点击“确定”，窗口中出现结果 1.782．

或者直接在 Excel 单元格中输入“=T.INV.2T(0.1,12)”，回车即在该单元格中显示 1.782．

4. Excel 在 *F* 分布分位数计算中的应用

首先启动 Excel，单击某一单元格，点击菜单“公式”中的“其他函数”，再点击“统计”，选择 F 分布分位数函数“F.INV.RT”，点击确定，出现窗口如图 23 所示．

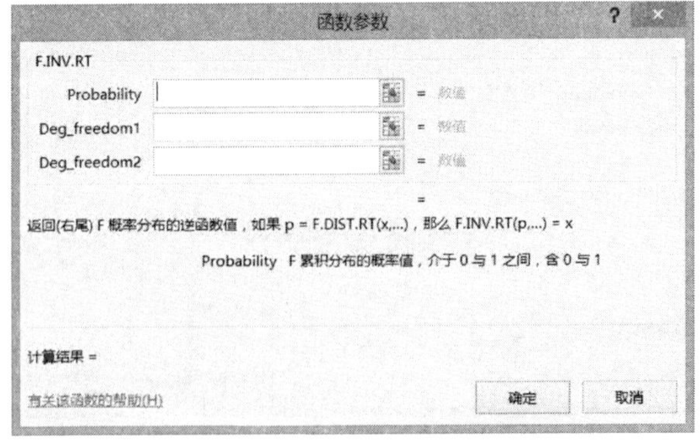

图 23

将光标置于那几个参数对应的空格中，上述窗口的下部就会显示此参数的含义：

(1) 如图 23 光标位于“`Probability`”，窗口下半部分出现“`Probability F` 累积分布的概率值，介于 `0` 与 `1` 之间，含 `0` 与 `1`”的说明；

(2) 如图 23 光标位于“`Deg_freedom1`”，窗口下半部分出现“`Deg_freedom` 分子的自由度，大小介于 `1` 与 `10^10` 之间，不含 `10^10`”的说明；

(3) 如图 23 光标位于“`Deg_freedom2`”，窗口下半部分出现“`Deg_freedom` 分母的自由度，大小介于 `1` 与 `10^10` 之间，不含 `10^10`”的说明.

填写各项参数，点击“确定”即可.

例 8　设随机变量 $X\sim F(3,4)$，要求满足 $P(X\leqslant F_{0.95}(3,4))=0.95$ 的值 $F_{0.95}(3,4)$，则如图 24 所示在参数栏中填写参数值.

例8

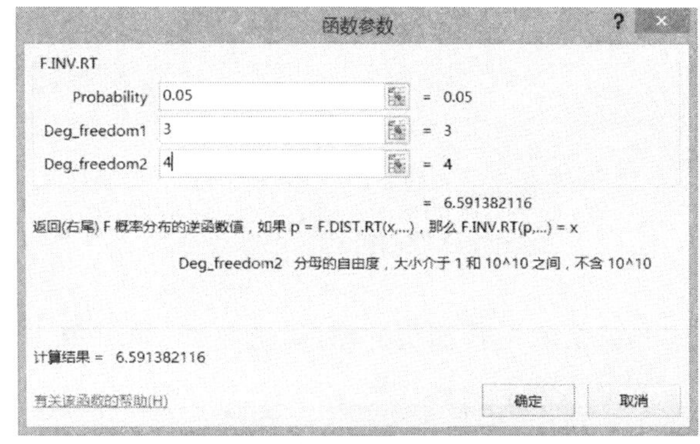

图 24

点击“确定”，窗口中出现结果 `6.591`.

或者直接在 Excel 单元格中输入“`=F.INV.RT(0.05,3,4)`”，回车即在该单元格中显示 `6.591`.

5. Excel 在其他分布分位数计算中的应用

只需在“统计”窗口选择对应分布函数名中带 `INV` 的逆函数名称即可.

三、利用 Excel 计算常见的统计量

1. 样本均值 $\bar{x}$ 的计算

例 9(第八章习题 8.2 第 1 题(2))　如样本的一组观测值是 0.5,1,0.7,0.6,1,1，写出样本均值.

例9

先在单元格 A1:A6 中输入样本观测值，在“统计”窗口选择“`AVERAGE`”，求解样本均值，出现窗口如图 25 所示.

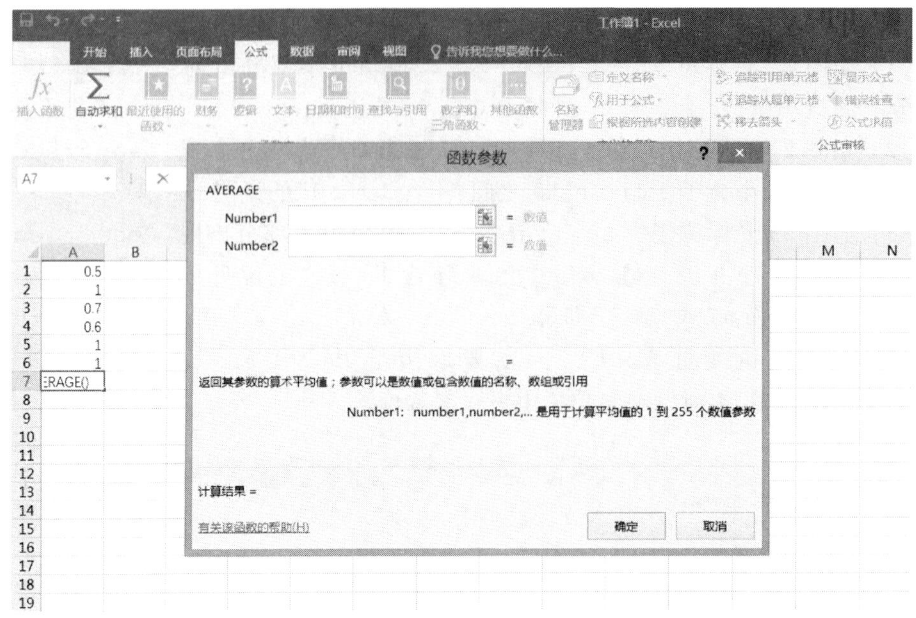

图 25

点击“Number1”长条最右边带箭头的图标，选数据，如图 26 所示 .

图 26

再点击最右边带箭头的图标,返回,如图 27 所示.

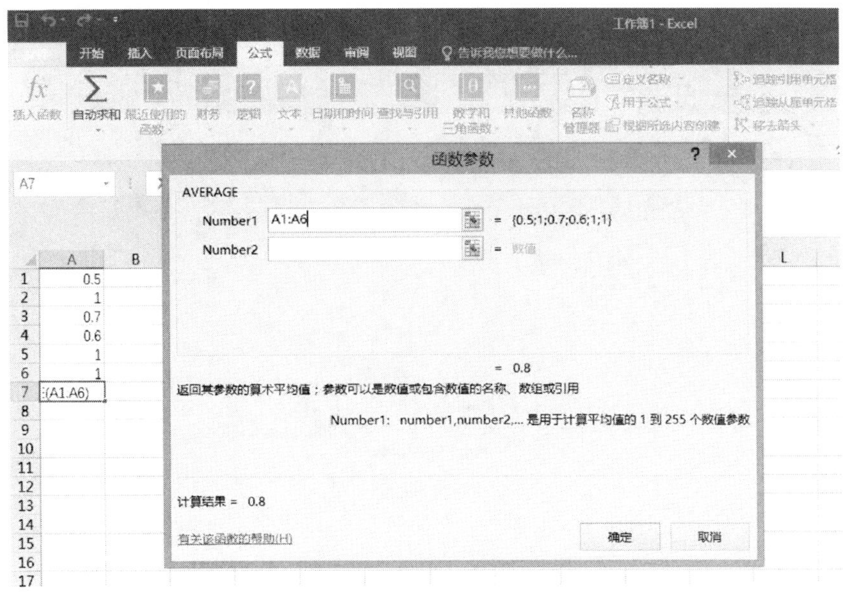

图 27

点击“确定”,即在选择的单元格中显示结果 0.8.

2. 样本方差、样本标准差的计算

例 10(第八章习题 8.2 第 1 题(2)续)　如样本的一组观测值是 0.5,1,0.7,0.6,1,1,写出样本方差和样本标准差.

Excel演示视频

例10

同上步骤,在“统计”窗口选择“VAR.P”,求解样本方差,出现窗口如图 28 所示.

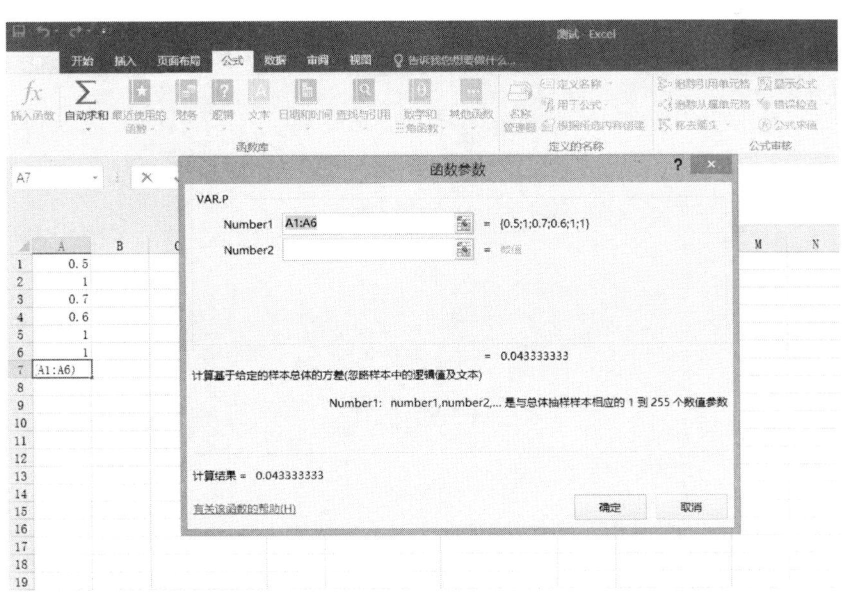

图 28

点击“确定”,即在选择的单元格中显示结果 0.043 3.

同上步骤,在“统计”窗口选择“STDEV.P”,求解样本标准差,出现窗口如图 29 所示.

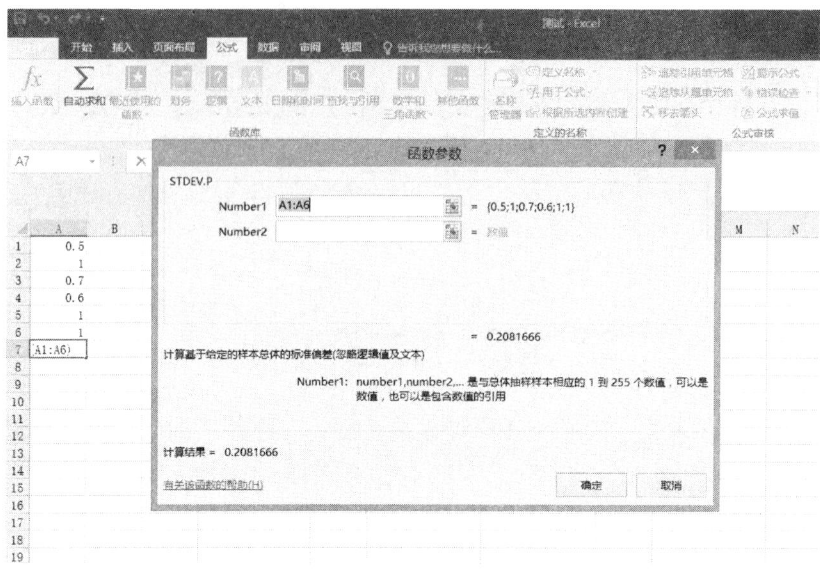

图 29

点击“确定”,即在选择的单元格中显示结果 0.208 2.

3. 样本中位数的计算

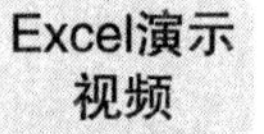

例11

例 11(例 10 续)　如样本的一组观测值是 0.5,1,0.7,0.6,1,1,写出样本中位数.

同上步骤,在“统计”窗口选择“MEDIAN”,求解样本中位数,出现窗口如图 30 所示.

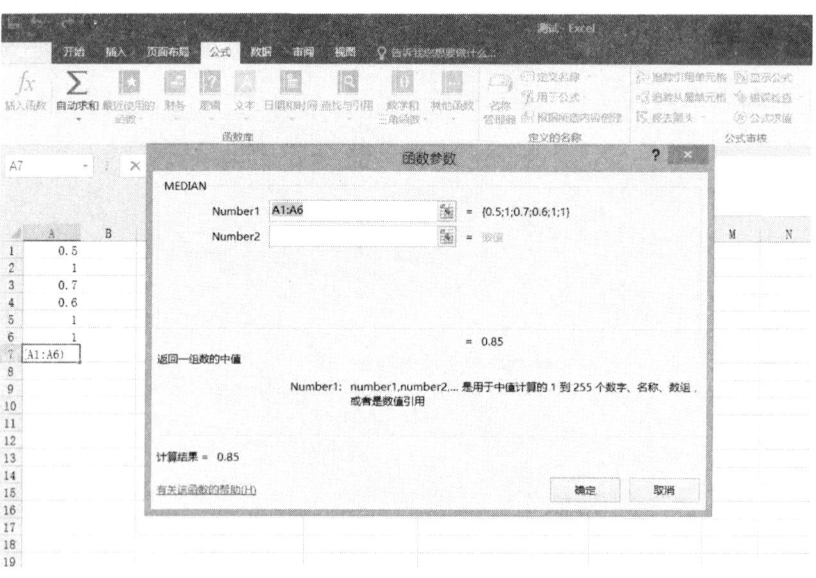

图 30

点击“确定”,即在选择的单元格中显示结果 0.85.

4. 样本相关系数的计算

例 12(第八章习题 8.2 第 4 题)　根据训练水平与心脏血液输出量之间的关系,写出样本相关系数.

Excel演示视频
例12

同上步骤,在“统计”窗口选择“CORREL”,求解样本相关系数,出现窗口如图 31 所示.

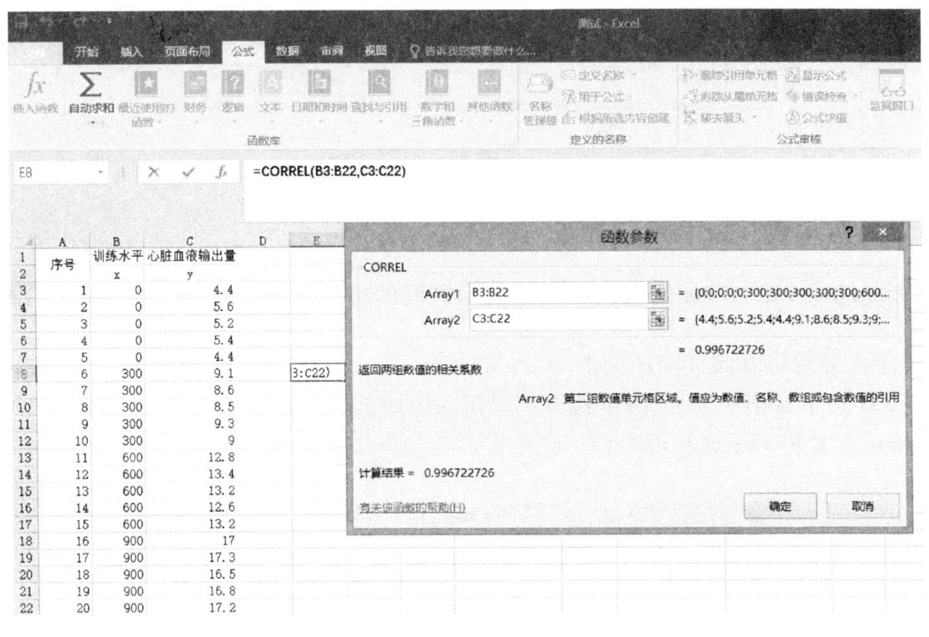

	A	B	C
1	序号	训练水平	心脏血液输出量
2		x	y
3	1	0	4.4
4	2	0	5.6
5	3	0	5.2
6	4	0	5.4
7	5	0	4.4
8	6	300	9.1
9	7	300	8.6
10	8	300	8.5
11	9	300	9.3
12	10	300	9
13	11	600	12.8
14	12	600	13.4
15	13	600	13.2
16	14	600	12.6
17	15	600	13.2
18	16	900	17
19	17	900	17.3
20	18	900	16.5
21	19	900	16.8
22	20	900	17.2

图 31

点击“确定”,即在选择的单元格中显示结果 0.996 723.

四、Excel 在单正态总体均值置信区间中的应用

1. 总体方差 σ^2 已知时

当总体方差 σ^2 已知时,总体均值 μ 的双侧置信水平为 $1-\alpha$ 的置信区间为 $\left[\overline{X}-u_{1-\frac{\alpha}{2}}\frac{\sigma}{\sqrt{n}},\overline{X}+u_{1-\frac{\alpha}{2}}\frac{\sigma}{\sqrt{n}}\right]$.

同上步骤,在“统计”窗口选择“CONFIDENCE.NORM”,出现窗口如图 32 所示.

将光标置于那几个参数对应的空格中,上述窗口的下部就会显示此参数的含义:

(1) 如图 32 光标位于“Alpha”,窗口下半部分出现“Alpha 用来计算置信区间的显著性水平,一个大于 0 小于 1 的数值”的说明;

(2) 如图 32 光标位于“Standard_dev”,窗口下半部分出现“Standard_dev 假设为已知的总体标准方差 Standard_dev 必须大于 0”的说明;

(3) 如图 32 光标位于“Size”,窗口下半部分出现“Size 样本容量”的说明.

函数参数
?
CONFIDENCE.NORM
Alpha = 数值
Standard_dev = 数值
Size = 数值
=
使用正态分布，返回总体平均值的置信区间
Alpha 用来计算置信区间的显著性水平，一个大于 0 小于 1 的数值
计算结果 =
有关该函数的帮助(H)
确定
取消

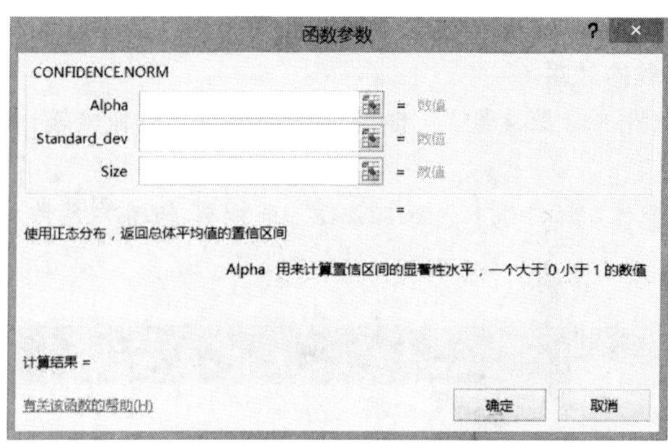

图 32

填写各项参数，点击“确定”即可.

CONFIDENCE.NORM 函数给出的是置信区间的后半部分 $u_{1-\frac{\alpha}{2}}\frac{\sigma}{\sqrt{n}}$，再用 $\overline{X}$ 加或减去后半部分就得到均值的置信区间的右、左端点值.

Excel演示视频

例13

例 13(第十章第一节的例 1 续)　求解 μ 的置信水平为 95% 的置信区间，则如图 33 所示在参数栏中填写参数值.

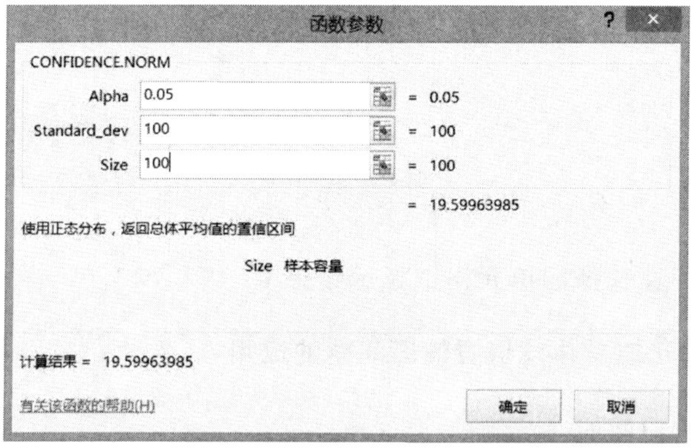

函数参数
?
CONFIDENCE.NORM
Alpha 0.05 = 0.05
Standard_dev 100 = 100
Size 100 = 100
= 19.59963985
使用正态分布，返回总体平均值的置信区间
Size 样本容量
计算结果 = 19.59963985
有关该函数的帮助(H)
确定
取消

图 33

点击“确定”，窗口中出现结果 19.6.再在 Excel 单元格中输入“=500-19.6”，回车即为置信区间的下限；在 Excel 单元格中输入“=500+19.6”，回车即为置信区间的上限.

或者直接在 Excel 单元格中输入“=500-CONFIDENCE.NORM(0.05,100,100)”，回车即在该单元格中显示 480.4，为置信区间的下限值；在 Excel 单元格中输入“=500+CONFIDENCE.NORM(0.05,100,100)”，回车即在该单元格中显示 519.6，为置信区间的上限值.

2. 总体方差 σ^2 未知时

启动 Excel，点击左上角“文件”中的“选项”，如图 34 所示.

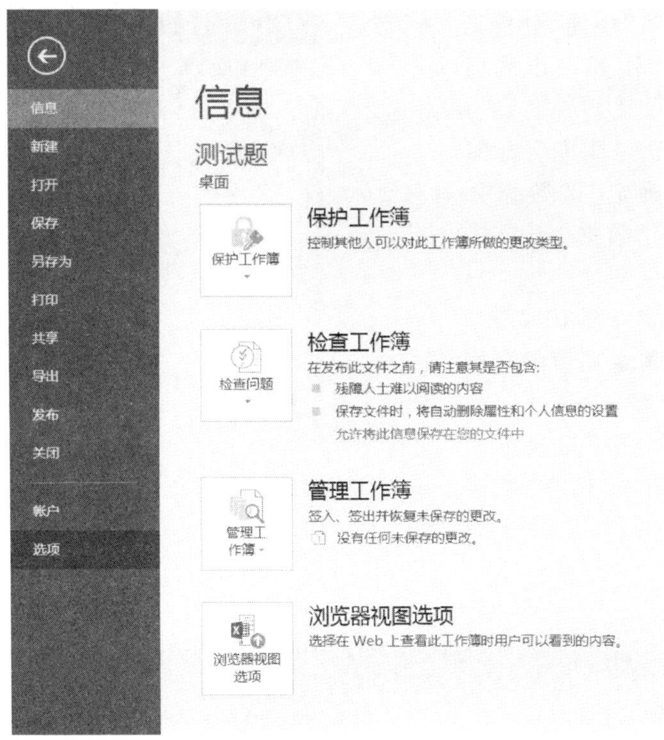

图 34

出现如图 35 所示窗口.

图 35

点击“加载项”中的“分析工具库”，再点击“转到”，出现窗口，如图 36 所示.

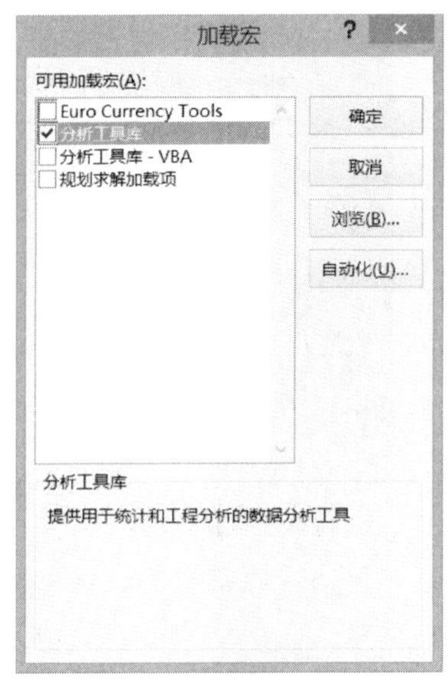

图 36

勾中“分析工具库”前面的方框，点击“确定”.“数据分析”就会出现在“数据”下拉式菜单中.

Excel演示视频

例14

例 14(第十章习题 10.2 第 2 题)　商品月销售量均值的双侧 0.95 置信区间求解.

点击“数据分析”后显示的“数据分析”窗口中，选择“描述统计”，点击“确定”后，如图 37 所示.

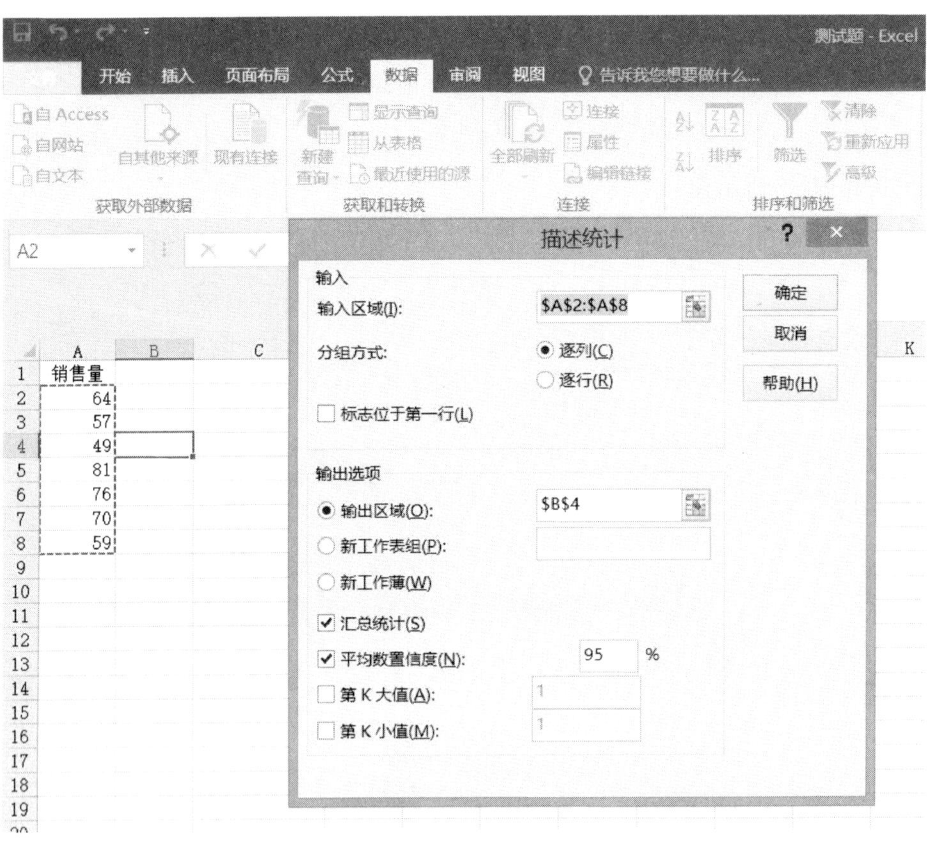

图 37

点击“输入区域”右边箭头图标选数据，在“输出区域”中选择结果输出单元格，“平均数置信度”中填写置信水平，点击“确定”，如图 38 所示.

由此可见，该序列样本均值为 65.143，置信区间长度的一半为 10.401，故 μ 的双侧 0.95 置信区间为[54.742,75.544].

	A	B	C	D
1	销售量			
2	64			
3	57			
4	49	列1		
5	81			
6	76	平均	65.14285714	
7	70	标准误差	4.25065021	
8	59	中位数	64	
9		众数	#N/A	
10		标准差	11.24616337	
11		方差	126.4761905	
12		峰度	-0.982877028	
13		偏度	0.06590601	
14		区域	32	
15		最小值	49	
16		最大值	81	
17		求和	456	
18		观测数	7	
19		置信度(9	10.40096637	
20				

图 38

Excel演示视频

例15

五、利用 Excel 作散点图

例 15(第十二章习题 12.1 第 2 题)　成年女性身高与体重数据.

启动 Excel，输入数据，选中单元格中 x 列和 y 列的数据，点击菜单“插入”中的“散点图”，如图 39 所示.

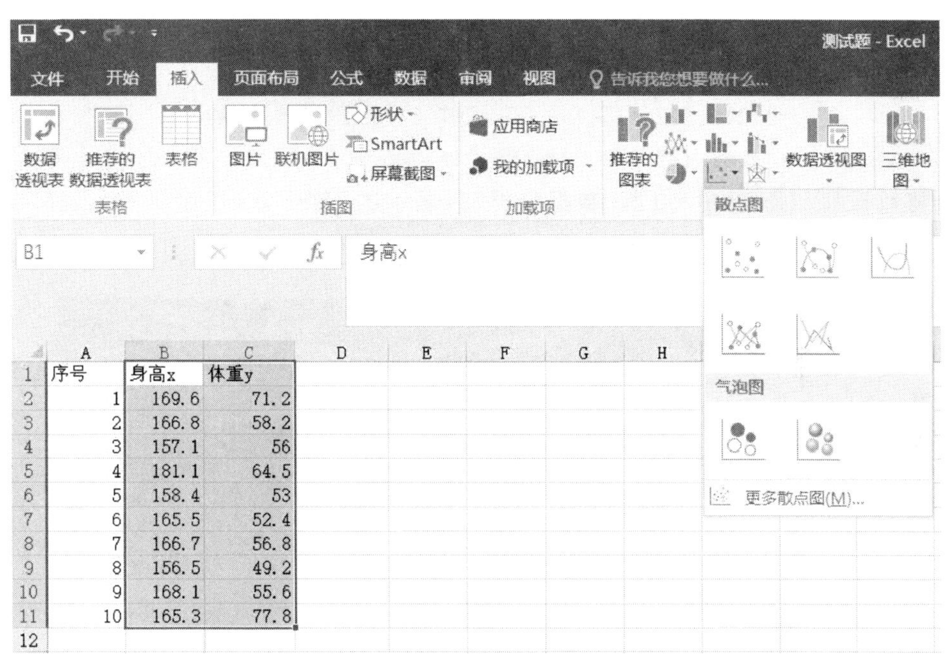

	A	B	C
1	序号	身高x	体重y
2	1	169.6	71.2
3	2	166.8	58.2
4	3	157.1	56
5	4	181.1	64.5
6	5	158.4	53
7	6	165.5	52.4
8	7	166.7	56.8
9	8	156.5	49.2
10	9	168.1	55.6
11	10	165.3	77.8
12			

图 39

选中“散点图”中的第一类图形，出现散点图如图 40 所示.

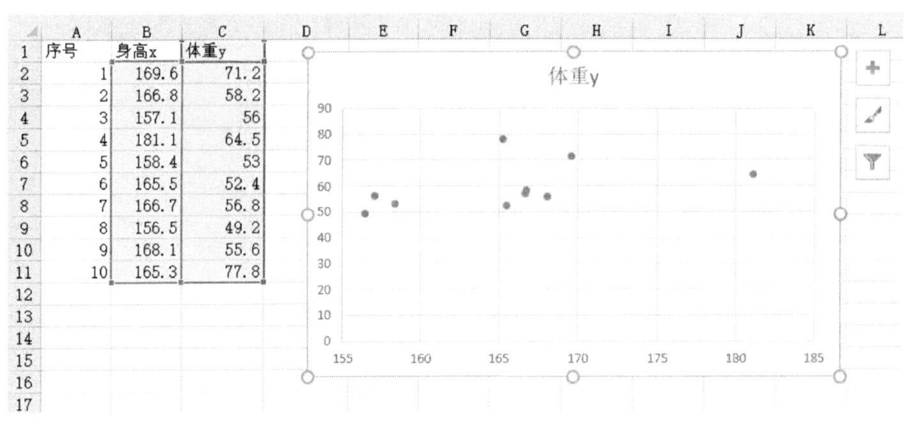

图 40

六、Excel 在直方图作图中的应用

Excel演示视频

例16

例 16（第八章第二节的例子续） 某厂生产的机器的零件的质量（单位:kg）为

215,227,216,192,207,207,214,218,205,200,

187,185,202,218,195,215,206,202,208,210.

将数据录入 Excel 中，点击“数据分析”后显示的“数据分析”窗口中，选择“直方图”，点击确定后，如图 41 所示.

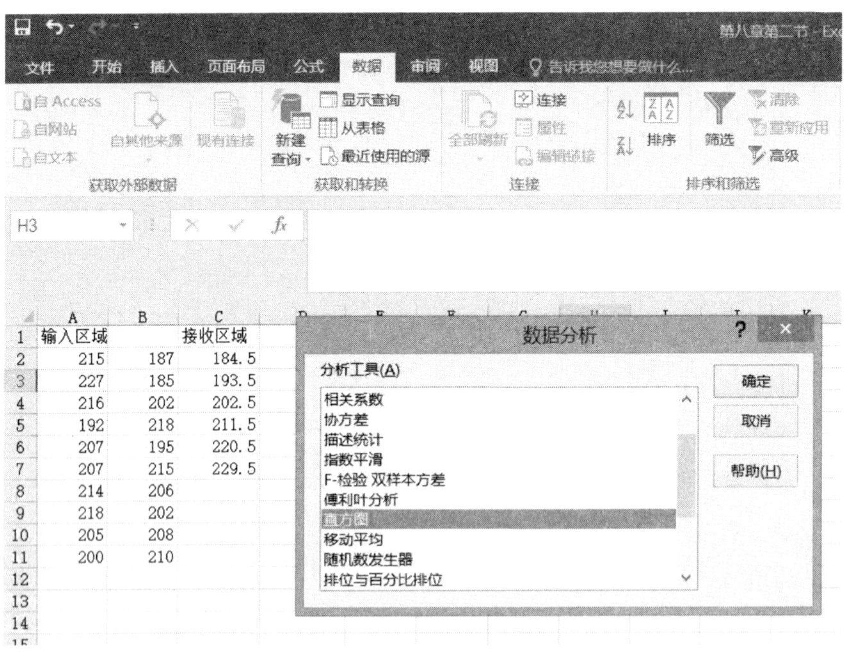

图 41

点击“确定”,出现如图 42 所示窗口.

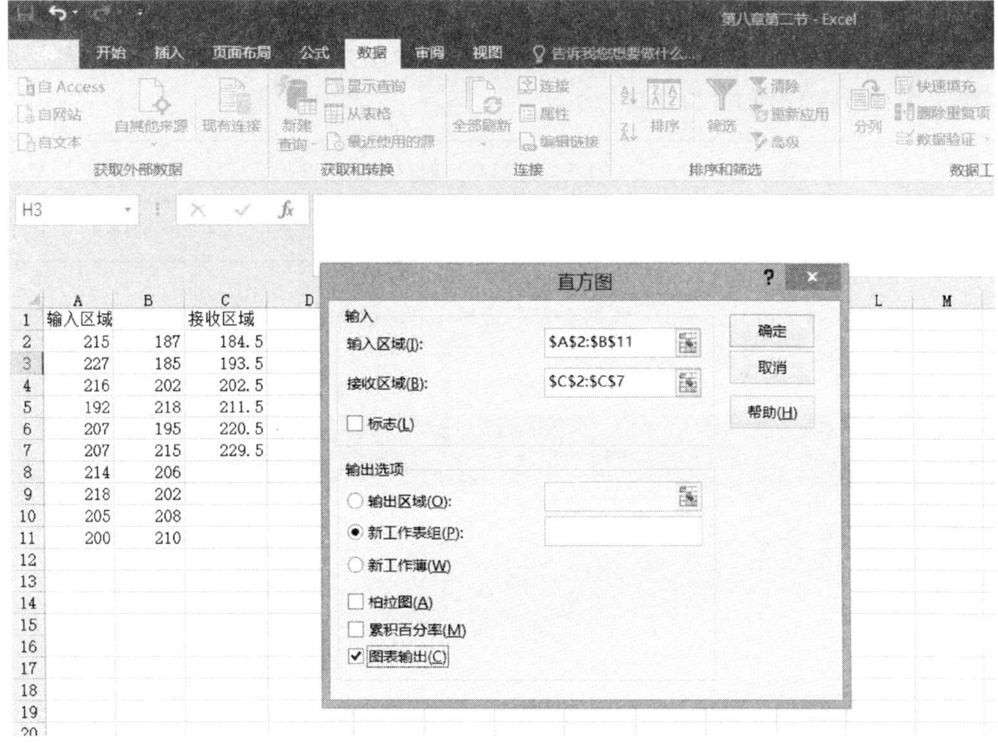

图 42

点击“确定”,得如图 43 所示直方图.

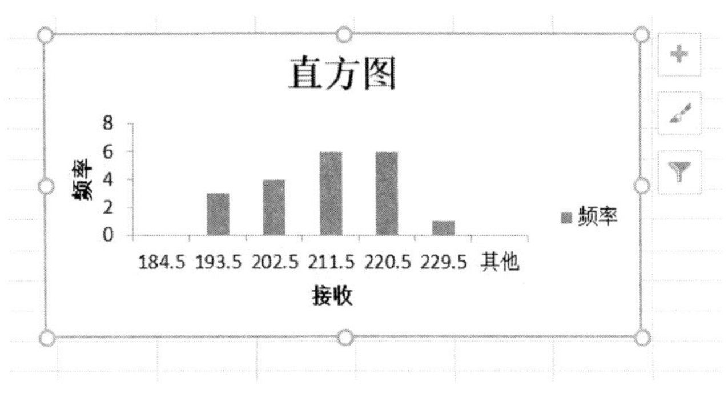

图 43

七、Excel 在一元线性回归中的应用

Excel演示视频

例17

例 17(第十二章例 7 续) 某快餐连锁店的人力资源部为研究职员出勤率与参加工作时间的关系,收集了下属 10 家门店的数据,其中 y 为每 100 名职员一周内的缺勤次数,x 为在门店工作的平均月数.

x	18.1	20.0	20.8	21.5	22.0	22.4	22.9	24.0	25.4	27.3
y	31.5	33.1	27.4	24.5	27.0	27.8	23.3	24.7	16.9	18.1

将数据录入 Excel 中,点击"数据分析"后显示的"数据分析"窗口中,选择"回归",点击确定后,如图 44 所示.

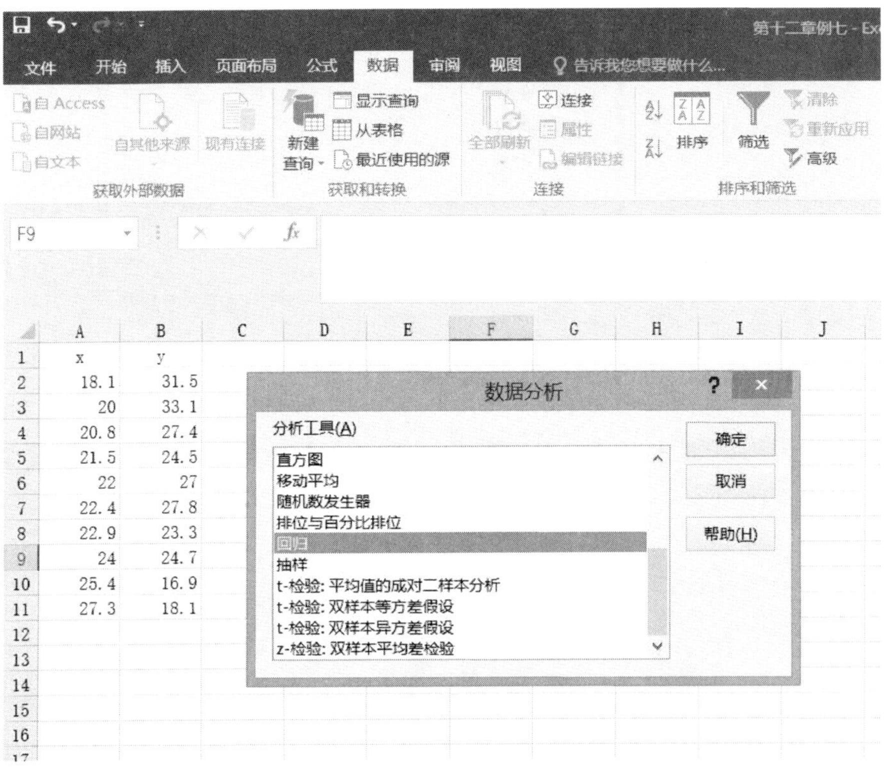

图 44

点击确定,出现如图 45 所示窗口.

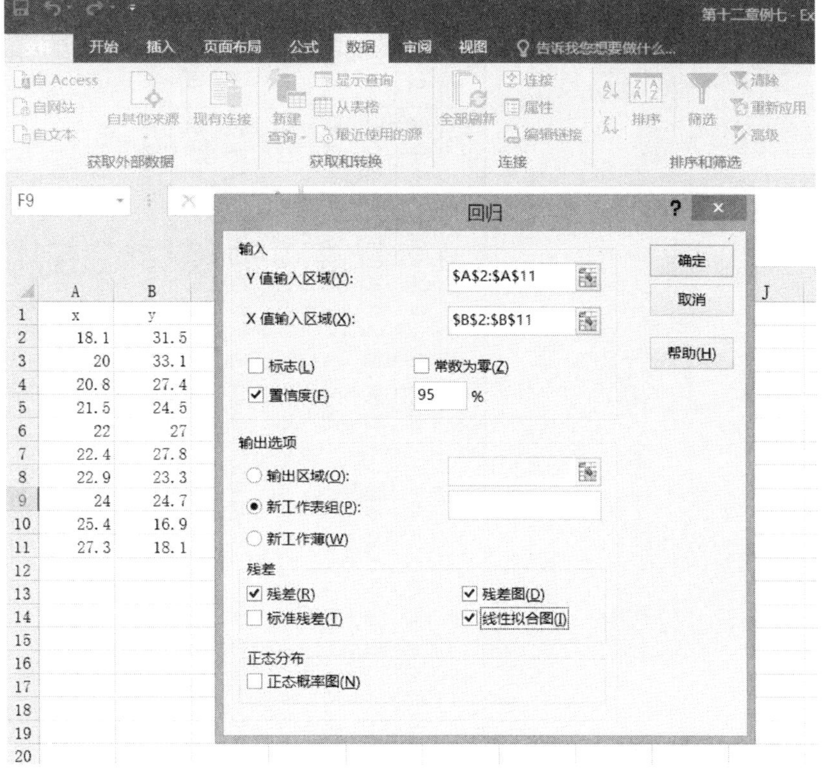

图 45

点击确定，得到如图 46 所示回归的结果.

可知有最小二乘回归直线 $y=64.671\ 8-1.748\ 7x$，且回归是显著的，回归系数的置信水平为 95%的置信区间的观测值为$(-2.439\ 3,-1.058\ 2)$.

	A	B	C	D	E	F	G	H	I
1	SUMMARY OUTPUT								
2									
3	回归统计								
4	Multiple	0.899992							
5	R Square	0.809986							
6	Adjusted	0.786234							
7	标准误差	2.387857							
8	观测值	10							
9									
10	方差分析								
11		df	SS	MS	F	gnificance F			
12	回归分析	1	194.4461	194.4461	34.10221	0.000387			
13	残差	8	45.6149	5.701862					
14	总计	9	240.061						
15									
16		Coefficien	标准误差	t Stat	P-value	Lower 95%	Upper 95%	下限 95.0%	上限 95.0%
17	Intercept	64.67177	6.762107	9.563848	1.18E-05	49.07832	80.26521	49.07832	80.26521
18	X Variab	-1.74874	0.299457	-5.83971	0.000387	-2.43929	-1.05819	-2.43929	-1.05819

图 46

附表一 二项分布表

本表列出了二项分布的概率函数值

$$P(X=k)=C_n^k p^k (1-p)^{n-k}.$$

n	x	p												
		0.100 0	0.150 0	0.200 0	0.250 0	0.300 0	0.400 0	0.500 0	0.600 0	0.700 0	0.800 0	0.900 0	0.950 0	0.990 0
4	0	0.656 1	0.522 0	0.409 6	0.316 4	0.240 1	0.129 6	0.062 5	0.025 6	0.008 1	0.001 6	0.000 1	0.000 0	0.000 0
	1	0.291 6	0.368 5	0.409 6	0.421 9	0.411 6	0.345 6	0.250 0	0.153 6	0.075 6	0.025 6	0.003 6	0.000 5	0.000 0
	2	0.048 6	0.097 5	0.153 6	0.210 9	0.264 6	0.345 6	0.375 0	0.345 6	0.264 6	0.153 6	0.048 6	0.013 5	0.000 6
	3	0.003 6	0.011 5	0.025 6	0.046 9	0.075 6	0.153 6	0.250 0	0.345 6	0.411 6	0.409 6	0.291 6	0.171 5	0.038 8
	4	0.000 1	0.000 5	0.001 6	0.003 9	0.008 1	0.025 6	0.062 5	0.129 6	0.240 1	0.409 6	0.656 1	0.814 5	0.960 6
5	0	0.590 5	0.443 7	0.327 7	0.237 3	0.168 1	0.077 8	0.031 3	0.010 2	0.002 4	0.000 3	0.000 0	0.000 0	0.000 0
	1	0.328 1	0.391 5	0.409 6	0.395 5	0.360 2	0.259 2	0.156 3	0.076 8	0.028 4	0.006 4	0.000 5	0.000 0	0.000 0
	2	0.072 9	0.138 2	0.204 8	0.263 7	0.308 7	0.345 6	0.312 5	0.230 4	0.132 3	0.051 2	0.008 1	0.001 1	0.000 0
	3	0.008 1	0.024 4	0.051 2	0.087 9	0.132 3	0.230 4	0.312 5	0.345 6	0.308 7	0.204 8	0.072 9	0.021 4	0.001 0
	4	0.000 5	0.002 2	0.006 4	0.014 6	0.028 4	0.076 8	0.156 3	0.259 2	0.360 2	0.409 6	0.328 1	0.203 6	0.048 0
	5	0.000 0	0.000 1	0.000 3	0.001 0	0.002 4	0.010 2	0.031 3	0.077 8	0.168 1	0.327 7	0.590 5	0.773 8	0.951 0

续表

n	x	p												
		0. 100 0	0. 150 0	0. 200 0	0. 250 0	0. 300 0	0. 400 0	0. 500 0	0. 600 0	0. 700 0	0. 800 0	0. 900 0	0. 950 0	0. 990 0
6	0	0. 531 4	0. 377 1	0. 262 1	0. 178 0	0. 117 6	0. 046 7	0. 015 6	0. 004 1	0. 000 7	0. 000 1	0. 000 0	0. 000 0	0. 000 0
	1	0. 354 3	0. 399 3	0. 393 2	0. 356 0	0. 302 5	0. 186 6	0. 093 8	0. 036 9	0. 010 2	0. 001 5	0. 000 1	0. 000 0	0. 000 0
	2	0. 098 4	0. 176 2	0. 245 8	0. 296 6	0. 324 1	0. 311 0	0. 234 4	0. 138 2	0. 059 5	0. 015 4	0. 001 2	0. 000 1	0. 000 0
	3	0. 014 6	0. 041 5	0. 081 9	0. 131 8	0. 185 2	0. 276 5	0. 312 5	0. 276 5	0. 185 2	0. 081 9	0. 014 6	0. 002 1	0. 000 0
	4	0. 001 2	0. 005 5	0. 015 4	0. 033 0	0. 059 5	0. 138 2	0. 234 4	0. 311 0	0. 324 1	0. 245 8	0. 098 4	0. 030 5	0. 001 4
	5	0. 000 1	0. 000 4	0. 001 5	0. 004 4	0. 010 2	0. 036 9	0. 093 8	0. 186 6	0. 302 5	0. 393 2	0. 354 3	0. 232 1	0. 057 1
	6	0. 000 0	0. 000 0	0. 000 1	0. 000 2	0. 000 7	0. 004 1	0. 015 6	0. 046 7	0. 117 6	0. 262 1	0. 531 4	0. 735 1	0. 941 5
10	0	0. 348 7	0. 196 9	0. 107 4	0. 056 3	0. 028 2	0. 006 0	0. 001 0	0. 000 1	0. 000 0	0. 000 0	0. 000 0	0. 000 0	0. 000 0
	1	0. 387 4	0. 347 4	0. 268 4	0. 187 7	0. 121 1	0. 040 3	0. 009 8	0. 001 6	0. 000 1	0. 000 0	0. 000 0	0. 000 0	0. 000 0
	2	0. 193 7	0. 275 9	0. 302 0	0. 281 6	0. 233 5	0. 120 9	0. 043 9	0. 010 6	0. 001 4	0. 000 1	0. 000 0	0. 000 0	0. 000 0
	3	0. 057 4	0. 129 8	0. 201 3	0. 250 3	0. 266 8	0. 215 0	0. 117 2	0. 042 5	0. 009 0	0. 000 8	0. 000 0	0. 000 0	0. 000 0
	4	0. 011 2	0. 040 1	0. 088 1	0. 146 0	0. 200 1	0. 250 8	0. 205 1	0. 111 5	0. 036 8	0. 005 5	0. 000 1	0. 000 0	0. 000 0
	5	0. 001 5	0. 008 5	0. 026 4	0. 058 4	0. 102 9	0. 200 7	0. 246 1	0. 200 7	0. 102 9	0. 026 4	0. 001 5	0. 000 1	0. 000 0
	6	0. 000 1	0. 001 2	0. 005 5	0. 016 2	0. 036 8	0. 111 5	0. 205 1	0. 250 8	0. 200 1	0. 088 1	0. 011 2	0. 001 0	0. 000 0
	7	0. 000 0	0. 000 1	0. 000 8	0. 003 1	0. 009 0	0. 042 5	0. 117 2	0. 215 0	0. 266 8	0. 201 3	0. 057 4	0. 010 5	0. 000 1
	8	0. 000 0	0. 000 0	0. 000 1	0. 000 4	0. 001 4	0. 010 6	0. 043 9	0. 120 9	0. 233 5	0. 302 0	0. 193 7	0. 074 6	0. 004 2
	9	0. 000 0	0. 000 0	0. 000 0	0. 000 0	0. 000 1	0. 001 6	0. 009 8	0. 040 3	0. 121 1	0. 268 4	0. 387 4	0. 315 1	0. 091 4
	10	0. 000 0	0. 000 0	0. 000 0	0. 000 0	0. 000 0	0. 000 1	0. 001 0	0. 006 0	0. 028 2	0. 107 4	0. 348 7	0. 598 7	0. 904 4

续表

n	x	p												
		0. 100 0	0. 150 0	0. 200 0	0. 250 0	0. 300 0	0. 400 0	0. 500 0	0. 600 0	0. 700 0	0. 800 0	0. 900 0	0. 950 0	0. 990 0
15	0	0. 205 9	0. 087 4	0. 035 2	0. 013 4	0. 004 7	0. 000 5	0. 000 0	0. 000 0	0. 000 0	0. 000 0	0. 000 0	0. 000 0	0. 000 0
	1	0. 343 2	0. 231 2	0. 131 9	0. 066 8	0. 030 5	0. 004 7	0. 000 5	0. 000 0	0. 000 0	0. 000 0	0. 000 0	0. 000 0	0. 000 0
	2	0. 266 9	0. 285 6	0. 230 9	0. 155 9	0. 091 6	0. 021 9	0. 003 2	0. 000 3	0. 000 0	0. 000 0	0. 000 0	0. 000 0	0. 000 0
	3	0. 128 5	0. 218 4	0. 250 1	0. 225 2	0. 170 0	0. 063 4	0. 013 9	0. 001 6	0. 000 1	0. 000 0	0. 000 0	0. 000 0	0. 000 0
	4	0. 042 8	0. 115 6	0. 187 6	0. 225 2	0. 218 6	0. 126 8	0. 041 7	0. 007 4	0. 000 6	0. 000 0	0. 000 0	0. 000 0	0. 000 0
	5	0. 010 5	0. 044 9	0. 103 2	0. 165 1	0. 206 1	0. 185 9	0. 091 6	0. 024 5	0. 003 0	0. 000 1	0. 000 0	0. 000 0	0. 000 0
	6	0. 001 9	0. 013 2	0. 043 0	0. 091 7	0. 147 2	0. 206 6	0. 152 7	0. 061 2	0. 011 6	0. 000 7	0. 000 0	0. 000 0	0. 000 0
	7	0. 000 3	0. 003 0	0. 013 8	0. 039 3	0. 081 1	0. 177 1	0. 196 4	0. 118 1	0. 034 8	0. 003 5	0. 000 0	0. 000 0	0. 000 0
	8	0. 000 0	0. 000 5	0. 003 5	0. 013 1	0. 034 8	0. 118 1	0. 196 4	0. 177 1	0. 081 1	0. 013 8	0. 000 3	0. 000 0	0. 000 0
	9	0. 000 0	0. 000 1	0. 000 7	0. 003 4	0. 011 6	0. 061 2	0. 152 7	0. 206 6	0. 147 2	0. 043 0	0. 001 9	0. 000 0	0. 000 0
	10	0. 000 0	0. 000 0	0. 000 1	0. 000 7	0. 003 0	0. 024 5	0. 091 6	0. 185 9	0. 206 1	0. 103 2	0. 010 5	0. 000 6	0. 000 0
	11	0. 000 0	0. 000 0	0. 000 0	0. 000 1	0. 000 6	0. 007 4	0. 041 7	0. 126 8	0. 218 6	0. 187 6	0. 042 8	0. 004 9	0. 000 0
	12	0. 000 0	0. 000 0	0. 000 0	0. 000 0	0. 000 1	0. 001 6	0. 013 9	0. 063 4	0. 170 0	0. 250 1	0. 128 5	0. 030 7	0. 000 4
	13	0. 000 0	0. 000 0	0. 000 0	0. 000 0	0. 000 0	0. 000 3	0. 003 2	0. 021 9	0. 091 6	0. 230 9	0. 266 9	0. 134 8	0. 009 2
	14	0. 000 0	0. 000 0	0. 000 0	0. 000 0	0. 000 0	0. 000 0	0. 000 5	0. 004 7	0. 030 5	0. 131 9	0. 343 2	0. 365 8	0. 130 3
	15	0. 000 0	0. 000 0	0. 000 0	0. 000 0	0. 000 0	0. 000 0	0. 000 0	0. 000 5	0. 004 7	0. 035 2	0. 205 9	0. 463 3	0. 860 1
20	0	0. 121 6	0. 038 8	0. 011 5	0. 003 2	0. 000 8	0. 000 0	0. 000 0	0. 000 0	0. 000 0	0. 000 0	0. 000 0	0. 000 0	0. 000 0
	1	0. 270 2	0. 136 8	0. 057 6	0. 021 1	0. 006 8	0. 000 5	0. 000 0	0. 000 0	0. 000 0	0. 000 0	0. 000 0	0. 000 0	0. 000 0
	2	0. 285 2	0. 229 3	0. 136 9	0. 066 9	0. 027 8	0. 003 1	0. 000 2	0. 000 0	0. 000 0	0. 000 0	0. 000 0	0. 000 0	0. 000 0
	3	0. 190 1	0. 242 8	0. 205 4	0. 133 9	0. 071 6	0. 012 3	0. 001 1	0. 000 0	0. 000 0	0. 000 0	0. 000 0	0. 000 0	0. 000 0

续表

n	x	p												
		0. 100 0	0. 150 0	0. 200 0	0. 250 0	0. 300 0	0. 400 0	0. 500 0	0. 600 0	0. 700 0	0. 800 0	0. 900 0	0. 950 0	0. 990 0
	4	0. 089 8	0. 182 1	0. 218 2	0. 189 7	0. 130 4	0. 035 0	0. 004 6	0. 000 3	0. 000 0	0. 000 0	0. 000 0	0. 000 0	0. 000 0
	5	0. 031 9	0. 102 8	0. 174 6	0. 202 3	0. 178 9	0. 074 6	0. 014 8	0. 001 3	0. 000 0	0. 000 0	0. 000 0	0. 000 0	0. 000 0
	6	0. 008 9	0. 045 4	0. 109 1	0. 168 6	0. 191 6	0. 124 4	0. 037 0	0. 004 9	0. 000 2	0. 000 0	0. 000 0	0. 000 0	0. 000 0
	7	0. 002 0	0. 016 0	0. 054 5	0. 112 4	0. 164 3	0. 165 9	0. 073 9	0. 014 6	0. 001 0	0. 000 0	0. 000 0	0. 000 0	0. 000 0
	8	0. 000 4	0. 004 6	0. 022 2	0. 060 9	0. 114 4	0. 179 7	0. 120 1	0. 035 5	0. 003 9	0. 000 1	0. 000 0	0. 000 0	0. 000 0
	9	0. 000 1	0. 001 1	0. 007 4	0. 027 1	0. 065 4	0. 159 7	0. 160 2	0. 071 0	0. 012 0	0. 000 5	0. 000 0	0. 000 0	0. 000 0
	10	0. 000 0	0. 000 2	0. 002 0	0. 009 9	0. 030 8	0. 117 1	0. 176 2	0. 117 1	0. 030 8	0. 002 0	0. 000 0	0. 000 0	0. 000 0
	11	0. 000 0	0. 000 0	0. 000 5	0. 003 0	0. 012 0	0. 071 0	0. 160 2	0. 159 7	0. 065 4	0. 007 4	0. 000 1	0. 000 0	0. 000 0
20	12	0. 000 0	0. 000 0	0. 000 1	0. 000 8	0. 003 9	0. 035 5	0. 120 1	0. 179 7	0. 114 4	0. 022 2	0. 000 4	0. 000 0	0. 000 0
	13	0. 000 0	0. 000 0	0. 000 0	0. 000 2	0. 001 0	0. 014 6	0. 073 9	0. 165 9	0. 164 3	0. 054 5	0. 002 0	0. 000 0	0. 000 0
	14	0. 000 0	0. 000 0	0. 000 0	0. 000 0	0. 000 2	0. 004 9	0. 037 0	0. 124 4	0. 191 6	0. 109 1	0. 008 9	0. 000 3	0. 000 0
	15	0. 000 0	0. 000 0	0. 000 0	0. 000 0	0. 000 0	0. 001 3	0. 014 8	0. 074 6	0. 178 9	0. 174 6	0. 031 9	0. 002 2	0. 000 0
	16	0. 000 0	0. 000 0	0. 000 0	0. 000 0	0. 000 0	0. 000 3	0. 004 6	0. 035 0	0. 130 4	0. 218 2	0. 089 8	0. 013 3	0. 000 0
	17	0. 000 0	0. 000 0	0. 000 0	0. 000 0	0. 000 0	0. 000 0	0. 001 1	0. 012 3	0. 071 6	0. 205 4	0. 190 1	0. 059 6	0. 001 0
	18	0. 000 0	0. 000 0	0. 000 0	0. 000 0	0. 000 0	0. 000 0	0. 000 2	0. 003 1	0. 027 8	0. 136 9	0. 285 2	0. 188 7	0. 015 9
	19	0. 000 0	0. 000 0	0. 000 0	0. 000 0	0. 000 0	0. 000 0	0. 000 0	0. 000 5	0. 006 8	0. 057 6	0. 270 2	0. 377 4	0. 165 2
	20	0. 000 0	0. 000 0	0. 000 0	0. 000 0	0. 000 0	0. 000 0	0. 000 0	0. 000 0	0. 000 8	0. 011 5	0. 121 6	0. 358 5	0. 817 9

附表二　泊松分布表

本表列出了泊松分布的概率函数值

$$P(X=k)=e^{-\lambda}\frac{\lambda^k}{k!}.$$

k	λ					
	0.1	0.2	0.3	0.4	0.5	0.6
0	0.904 837	0.818 731	0.740 818	0.670 320	0.606 531	0.548 812
1	0.090 484	0.163 746	0.222 245	0.268 128	0.303 265	0.329 287
2	0.004 524	0.016 375	0.033 337	0.053 626	0.075 816	0.098 786
3	0.000 151	0.001 092	0.003 334	0.007 150	0.012 636	0.019 757
4	0.000 004	0.000 055	0.000 250	0.000 715	0.001 580	0.002 964
5	0.000 000	0.000 002	0.000 015	0.000 057	0.000 158	0.000 356
6	0.000 000	0.000 000	0.000 001	0.000 004	0.000 013	0.000 036
7	0.000 000	0.000 000	0.000 000	0.000 000	0.000 001	0.000 003

k	λ					
	0.7	0.8	0.9	1.0	1.5	2.0
0	0.496 585	0.449 329	0.406 570	0.367 879	0.223 130	0.135 335
1	0.347 610	0.359 463	0.365 913	0.367 879	0.334 695	0.270 671
2	0.121 663	0.143 785	0.164 661	0.183 940	0.251 021	0.270 671
3	0.028 388	0.038 343	0.049 398	0.061 313	0.125 510	0.180 447
4	0.004 968	0.007 669	0.011 115	0.015 328	0.047 067	0.090 224
5	0.000 696	0.001 227	0.002 001	0.003 066	0.014 120	0.036 089
6	0.000 081	0.000 164	0.000 300	0.000 511	0.003 530	0.012 030
7	0.000 008	0.000 019	0.000 390	0.000 073	0.000 756	0.003 437
8	0.000 001	0.000 002	0.000 004	0.000 009	0.000 142	0.000 859
9	0.000 000	0.000 000	0.000 000	0.000 001	0.000 024	0.000 191
10	0.000 000	0.000 000	0.000 000	0.000 000	0.000 004	0.000 038
11	0.000 000	0.000 000	0.000 000	0.000 000	0.000 000	0.000 007
12	0.000 000	0.000 000	0.000 000	0.000 000	0.000 000	0.000 001

k	λ					
	2.5	3.0	3.5	4.0	4.5	5.0
0	0.082 085	0.049 787	0.030 197	0.018 316	0.011 109	0.006 738
1	0.205 212	0.149 361	0.105 691	0.073 263	0.049 990	0.033 690
2	0.256 516	0.224 042	0.184 959	0.146 525	0.112 479	0.084 224

续表

k	λ					
	2.5	3.0	3.5	4.0	4.5	5.0
3	0.213 763	0.224 042	0.215 785	0.195 367	0.168 718	0.140 374
4	0.133 602	0.168 031	0.188 812	0.195 367	0.189 808	0.175 467
5	0.066 801	0.100 819	0.132 169	0.156 293	0.170 827	0.175 467
6	0.027 834	0.050 409	0.077 098	0.104 196	0.128 120	0.146 223
7	0.009 941	0.021 604	0.038 549	0.059 540	0.082 363	0.104 445
8	0.003 106	0.008 102	0.016 865	0.029 770	0.046 329	0.065 278
9	0.000 863	0.002 701	0.006 559	0.013 231	0.023 165	0.036 266
10	0.000 216	0.000 810	0.002 296	0.005 292	0.010 424	0.018 133
11	0.000 049	0.000 221	0.000 730	0.001 925	0.004 264	0.008 242
12	0.000 010	0.000 055	0.000 213	0.006 642	0.001 599	0.003 434
13	0.000 002	0.000 013	0.000 057	0.000 197	0.000 554	0.001 321
14	0.000 000	0.000 003	0.000 014	0.000 056	0.000 178	0.000 472
15	0.000 000	0.000 001	0.000 003	0.000 015	0.000 053	0.000 157
16	0.000 000	0.000 000	0.000 001	0.000 004	0.000 015	0.000 049
17	0.000 000	0.000 000	0.000 000	0.000 001	0.000 004	0.000 014
18	0.000 000	0.000 000	0.000 000	0.000 000	0.000 001	0.000 004
19	0.000 000	0.000 000	0.000 000	0.000 000	0.000 000	0.000 001

k	λ				
	6.0	7.0	8.0	9.0	10.0
0	0.002 479	0.000 912	0.000 335	0.000 123	0.000 045
1	0.014 873	0.006 383	0.002 684	0.001 111	0.000 454
2	0.044 618	0.022 341	0.010 735	0.004 998	0.002 270
3	0.089 235	0.052 129	0.028 626	0.014 994	0.007 567
4	0.133 853	0.091 226	0.057 252	0.033 737	0.018 917
5	0.160 623	0.127 717	0.091 604	0.060 727	0.037 833
6	0.160 623	0.149 003	0.122 138	0.091 090	0.063 055
7	0.137 677	0.149 003	0.139 587	0.117 116	0.090 079
8	0.103 258	0.130 377	0.139 587	0.131 756	0.112 599
9	0.068 838	0.101 405	0.124 077	0.131 756	0.125 110
10	0.041 303	0.070 983	0.099 262	0.118 580	0.125 110
11	0.022 529	0.045 171	0.072 190	0.097 020	0.113 736
12	0.011 264	0.026 350	0.048 127	0.072 765	0.094 780
13	0.005 199	0.014 188	0.029 616	0.050 376	0.072 908
14	0.002 228	0.007 094	0.016 924	0.032 384	0.052 077
15	0.000 891	0.003 311	0.009 026	0.019 431	0.034 718
16	0.000 334	0.001 448	0.004 513	0.010 930	0.021 699
17	0.000 118	0.000 596	0.002 124	0.005 786	0.012 764

续表

k	λ				
	6.0	7.0	8.0	9.0	10.0
18	0.000 039	0.000 232	0.000 944	0.002 893	0.007 091
19	0.000 012	0.000 085	0.000 397	0.001 370	0.003 732
20	0.000 004	0.000 030	0.000 159	0.000 617	0.001 866
21	0.000 001	0.000 010	0.000 061	0.000 264	0.000 889
22	0.000 000	0.000 003	0.000 022	0.000 108	0.000 404
23	0.000 000	0.000 001	0.000 008	0.000 042	0.000 176
24	0.000 000	0.000 000	0.000 003	0.000 016	0.000 073
25	0.000 000	0.000 000	0.000 001	0.000 006	0.000 029
26	0.000 000	0.000 000	0.000 000	0.000 002	0.000 011
27	0.000 000	0.000 000	0.000 000	0.000 001	0.000 004
28	0.000 000	0.000 000	0.000 000	0.000 000	0.000 001
29	0.000 000	0.000 000	0.000 000	0.000 000	0.000 001

附表三 标准正态分布表

$$\Phi(z)=\int_{-\infty}^{z}\frac{1}{\sqrt{2\pi}}e^{-u^2/2}du=P(Z\leqslant z).$$

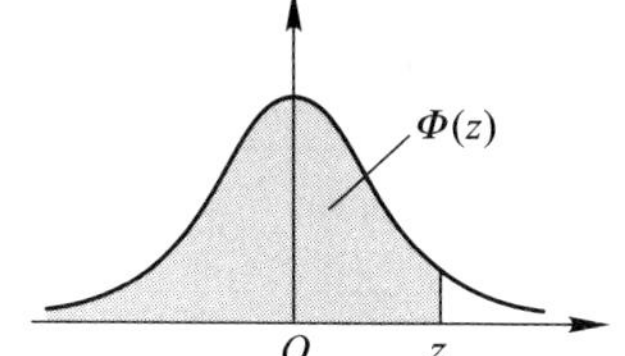

z	0	1	2	3	4	5	6	7	8	9
0.0	0.5000	0.5040	0.5080	0.5120	0.5160	0.5199	0.5239	0.5279	0.5319	0.5359
0.1	0.5398	0.5438	0.5478	0.5517	0.5557	0.5596	0.5636	0.5675	0.5714	0.5753
0.2	0.5793	0.5832	0.5871	0.5910	0.5948	0.5987	0.6026	0.6064	0.6103	0.6141
0.3	0.6179	0.6217	0.6255	0.6293	0.6331	0.6368	0.6406	0.6443	0.6480	0.6517
0.4	0.6554	0.6591	0.6628	0.6664	0.6700	0.6736	0.6772	0.6808	0.6844	0.6879
0.5	0.6915	0.6950	0.6985	0.7019	0.7054	0.7088	0.7123	0.7157	0.7190	0.7224
0.6	0.7257	0.7291	0.7324	0.7357	0.7389	0.7422	0.7454	0.7486	0.7517	0.7549
0.7	0.7580	0.7611	0.7642	0.7673	0.7703	0.7734	0.7764	0.7794	0.7823	0.7852
0.8	0.7881	0.7910	0.7939	0.7967	0.7995	0.8023	0.8051	0.8078	0.8106	0.8133
0.9	0.8159	0.8186	0.8212	0.8238	0.8264	0.8289	0.8315	0.8340	0.8365	0.8389
1.0	0.8413	0.8438	0.8461	0.8485	0.8508	0.8531	0.8554	0.8577	0.8599	0.8621
1.1	0.8643	0.8665	0.8686	0.8708	0.8729	0.8749	0.8770	0.8790	0.8810	0.8830
1.2	0.8849	0.8869	0.8888	0.8907	0.8925	0.8944	0.8962	0.8980	0.8997	0.9015
1.3	0.9032	0.9049	0.9066	0.9082	0.9099	0.9115	0.9131	0.9147	0.9162	0.9177
1.4	0.9192	0.9207	0.9222	0.9236	0.9251	0.9265	0.9278	0.9292	0.9306	0.9319
1.5	0.9332	0.9345	0.9357	0.9370	0.9382	0.9394	0.9406	0.9418	0.9430	0.9441
1.6	0.9452	0.9463	0.9474	0.9484	0.9495	0.9505	0.9515	0.9525	0.9535	0.9545
1.7	0.9554	0.9564	0.9573	0.9582	0.9591	0.9599	0.9608	0.9616	0.9625	0.9633
1.8	0.9641	0.9648	0.9656	0.9664	0.9671	0.9678	0.9686	0.9693	0.9700	0.9706
1.9	0.9713	0.9719	0.9726	0.9732	0.9738	0.9744	0.9750	0.9756	0.9762	0.9767
2.0	0.9772	0.9778	0.9783	0.9788	0.9793	0.9798	0.9803	0.9808	0.9812	0.9817
2.1	0.9821	0.9826	0.9830	0.9834	0.9838	0.9842	0.9846	0.9850	0.9854	0.9857
2.2	0.9861	0.9864	0.9868	0.9871	0.9874	0.9878	0.9881	0.9884	0.9887	0.9890
2.3	0.9893	0.9896	0.9898	0.9901	0.9904	0.9906	0.9909	0.9911	0.9913	0.9916
2.4	0.9918	0.9920	0.9922	0.9925	0.9927	0.9929	0.9931	0.9932	0.9934	0.9936

续表

z	0	1	2	3	4	5	6	7	8	9
2.5	0.9938	0.9940	0.9941	0.9943	0.9945	0.9946	0.9948	0.9949	0.9951	0.9952
2.6	0.9953	0.9955	0.9956	0.9957	0.9959	0.9960	0.9961	0.9962	0.9963	0.9964
2.7	0.9965	0.9966	0.9967	0.9968	0.9969	0.9970	0.9971	0.9972	0.9973	0.9974
2.8	0.9974	0.9975	0.9976	0.9977	0.9977	0.9978	0.9979	0.9979	0.9980	0.9981
2.9	0.9981	0.9982	0.9982	0.9983	0.9984	0.9984	0.9985	0.9985	0.9986	0.9986
3.0	0.9987	0.9990	0.9993	0.9995	0.9997	0.9998	0.9998	0.9999	0.9999	1.0000

注　表中末行系函数值 $\Phi(3.0),\Phi(3.1),\cdots,\Phi(3.9)$.

下面列出几个常用的 α 分位数 u_α，它满足 $\Phi(u_\alpha)=\alpha$.

α	0.90	0.95	0.975	0.99	0.995	0.999
u_α	1.282	1.645	1.960	2.326	2.576	3.090

附表四　χ^2 分布表

本表列出了 χ^2 分布的 α 分位数 $\chi_\alpha^2(n)$，它满足

$$P(\chi^2(n) \leqslant \chi_\alpha^2(n)) = \alpha.$$

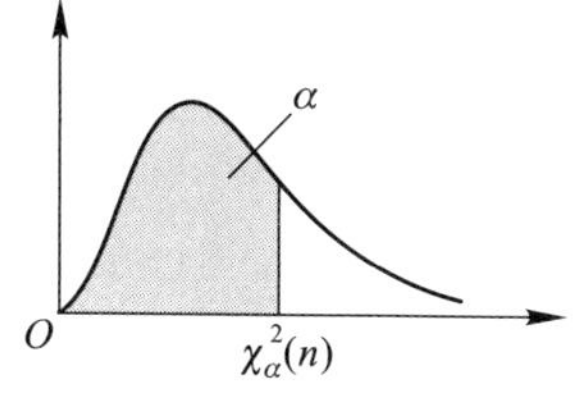

χ^2 分布分位数图

n	α									
	0.005	0.01	0.025	0.05	0.10	0.90	0.95	0.975	0.99	0.995
1	0.000	0.000	0.001	0.004	0.016	2.706	3.841	5.024	6.535	7.879
2	0.010	0.020	0.051	0.103	0.211	4.605	5.991	7.378	9.210	10.597
3	0.072	0.115	0.216	0.352	0.584	6.815	6.815	9.348	11.345	12.830
4	0.207	0.297	0.484	0.711	1.064	7.779	9.488	11.143	13.277	14.860
5	0.412	0.554	0.831	1.145	1.610	9.236	11.071	12.832	15.086	16.750
6	0.676	0.872	1.237	1.635	2.204	10.645	12.592	14.449	16.812	18.548
7	0.989	1.239	1.690	2.167	2.833	12.017	14.067	16.013	18.475	20.278
8	1.344	1.646	2.180	2.733	3.499	13.362	15.507	17.535	20.090	21.955
9	1.735	2.088	2.700	3.325	4.168	14.684	16.919	19.023	21.666	23.589
10	2.156	2.558	3.247	3.940	4.865	15.987	18.307	20.483	23.209	25.188
11	2.603	3.053	3.816	4.575	5.578	17.275	19.675	21.920	24.725	26.757
12	3.074	3.571	4.404	5.226	6.304	18.549	21.026	23.337	26.217	28.299
13	3.565	4.107	5.009	5.892	7.042	19.812	22.362	24.736	27.688	29.819
14	4.075	4.660	5.629	6.571	7.790	21.064	23.685	26.119	29.141	31.319
15	4.601	5.229	6.262	7.261	8.547	22.307	24.996	27.488	30.578	32.801
16	5.142	5.812	6.908	7.962	9.312	23.542	26.296	28.845	32.000	34.267
17	5.697	6.408	7.564	8.672	10.085	24.769	27.587	30.191	33.409	35.718
18	6.265	7.015	8.342	9.390	10.865	25.989	28.869	31.526	34.805	37.156

n	α									
	0.005	0.01	0.025	0.05	0.10	0.90	0.95	0.975	0.99	0.995
19	6.844	7.633	8.907	10.117	11.651	27.204	30.144	32.852	36.191	38.582
20	7.434	8.260	9.591	10.851	12.443	28.412	31.410	34.170	37.566	39.997
21	8.034	8.897	10.283	11.591	13.240	29.615	32.671	36.479	38.932	41.691
22	8.643	9.542	10.982	12.336	14.042	30.813	33.924	36.781	40.293	42.796
23	9.260	10.196	11.689	13.091	14.848	32.007	35.172	38.076	41.639	44.181
24	9.886	10.856	12.481	13.848	15.659	33.196	36.415	39.364	42.900	45.559
25	10.520	11.524	13.128	14.611	16.473	34.382	37.652	40.646	44.314	46.920
26	11.160	12.198	13.844	15.379	17.292	35.563	38.885	41.923	45.642	48.290
27	11.808	12.879	14.573	16.151	18.114	36.741	40.113	43.194	46.963	49.645
28	12.461	13.565	15.308	16.928	18.939	37.916	41.337	44.461	48.278	50.993
29	13.121	14.257	16.047	17.708	19.768	39.087	42.557	45.722	49.588	52.336
30	13.787	14.954	16.791	18.493	20.599	40.256	43.773	46.773	50.892	53.672
31	14.458	15.655	17.539	19.281	21.434	41.422	44.985	48.232	52.191	55.003
32	15.134	16.362	18.291	20.072	22.271	42.585	46.194	49.480	53.486	56.328
33	15.815	17.074	19.047	20.867	23.110	43.745	47.400	50.725	54.776	57.648
34	16.501	17.789	19.806	21.664	23.952	44.903	48.602	51.966	56.061	58.946
35	17.192	18.509	20.569	22.465	24.797	45.802	49.802	52.203	57.342	60.275
36	17.887	19.233	21.336	23.269	25.643	47.212	50.998	54.437	58.619	61.581
37	18.586	19.960	22.106	24.075	26.492	48.363	52.192	55.668	59.892	62.883
38	19.289	20.691	22.878	24.884	27.343	49.513	53.384	56.896	61.162	64.181
39	19.996	21.426	23.654	25.605	28.196	50.600	54.572	58.120	62.428	65.476
40	20.707	22.164	24.433	26.509	29.051	51.805	55.758	59.342	63.691	66.766
41	21.421	22.906	25.215	27.326	29.907	52.949	56.942	60.561	64.950	68.053
42	22.138	23.650	25.999	28.144	30.765	54.090	58.124	61.777	66.296	69.336
43	22.859	24.398	26.785	28.965	31.625	55.230	59.304	62.990	67.459	70.616
44	23.584	25.148	27.575	29.787	32.487	56.369	60.481	64.201	68.710	71.893
45	24.311	25.901	29.366	30.612	33.350	57.505	61.656	65.410	69.957	73.166

附表五　t 分布表

本表列出了 t 分布的 α 分位数 $t_{\alpha}(n)$，它满足

$$P(t(n) \leqslant t_{\alpha}(n)) = \alpha.$$

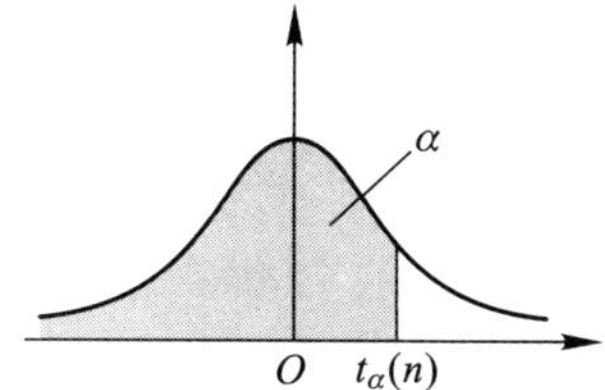

t 分布分位数图

n	α				
	0.90	0.95	0.975	0.99	0.995
1	3.077 7	6.313 8	12.706 2	31.820 7	63.657 4
2	1.855 6	2.920 0	4.302 7	6.964 6	9.924 8
3	1.637 7	2.353 4	3.182 4	4.540 7	5.840 9
4	1.533 2	2.131 8	2.766 4	3.746 9	4.604 1
5	1.475 9	2.015 0	2.570 6	3.364 9	4.032 2
6	1.439 8	1.943 2	2.466 9	3.142 7	3.707 4
7	1.414 9	1.894 6	2.364 6	2.998 0	3.499 5
8	1.396 8	1.859 5	2.306 0	2.896 5	3.355 4
9	1.383 0	1.833 1	2.262 2	2.821 4	3.249 8
10	1.372 2	1.812 5	2.228 1	2.763 8	3.169 3
11	1.363 4	1.795 9	2.201 0	2.718 1	3.105 8
12	1.356 2	1.782 3	2.178 8	2.681 0	3.054 5
13	1.350 2	1.770 9	2.160 4	2.650 3	3.012 3
14	1.345 0	1.761 3	2.144 8	2.624 5	2.976 8
15	1.340 6	1.753 1	2.131 5	2.602 5	2.946 7
16	1.336 8	1.745 9	2.119 9	2.583 5	2.920 8
17	1.333 4	1.739 6	2.109 8	2.566 9	2.898 2
18	1.330 4	1.734 1	2.100 9	2.552 4	2.878 4
19	1.327 7	1.729 1	2.093 0	2.539 5	2.860 9
20	1.325 3	1.724 7	2.086 0	2.528 0	2.845 3
21	1.323 2	1.720 7	2.079 6	2.517 7	2.831 4
22	1.321 2	1.717 1	2.073 9	2.508 3	2.818 8

续表

n	α				
	0.90	0.95	0.975	0.99	0.995
23	1.319 5	1.713 9	2.068 7	2.499 9	2.807 3
24	1.317 8	1.710 9	2.063 9	2.492 2	2.796 9
25	1.316 3	1.708 1	2.059 5	2.485 1	2.787 4
26	1.315 0	1.705 6	2.055 5	2.478 6	2.778 7
27	1.313 7	1.703 3	2.051 8	2.472 7	2.770 7
28	1.312 5	1.701 1	2.048 4	2.467 1	2.763 3
29	1.311 4	1.699 1	2.045 2	2.462 0	2.756 4
30	1.310 4	1.697 3	2.042 3	2.457 3	2.750 0
31	1.309 5	1.695 5	2.039 5	2.452 8	2.744 0
32	1.308 6	1.693 9	2.036 9	2.448 7	2.738 5
33	1.307 7	1.692 4	2.034 5	2.444 8	2.733 3
34	1.307 0	1.690 9	2.032 2	2.441 1	2.728 4
35	1.306 2	1.689 6	2.030 1	2.437 7	2.723 8
36	1.305 5	1.688 3	2.028 1	2.434 5	2.719 5
37	1.304 9	1.687 1	2.026 2	2.431 4	2.715 4
38	1.304 2	1.686 0	2.024 4	2.428 6	2.711 6
39	1.303 6	1.684 9	2.022 7	2.425 8	2.707 9
40	1.303 1	1.683 9	2.021 1	2.423 3	2.704 5
41	1.302 5	1.682 9	2.019 5	2.420 8	2.701 2
42	1.302 0	1.682 0	2.018 1	2.418 5	2.698 1
43	1.301 6	1.681 1	2.016 7	2.416 3	2.695 1
44	1.301 1	1.680 2	2.015 4	2.414 1	2.692 3
45	1.300 6	1.679 4	2.014 1	2.412 1	2.689 6

附表六 F 分布表

本表列出了 F 分布的 α 分位数 $F_\alpha(n,m)$，它满足

$$P(F \leqslant F_\alpha(n,m)) = \alpha.$$

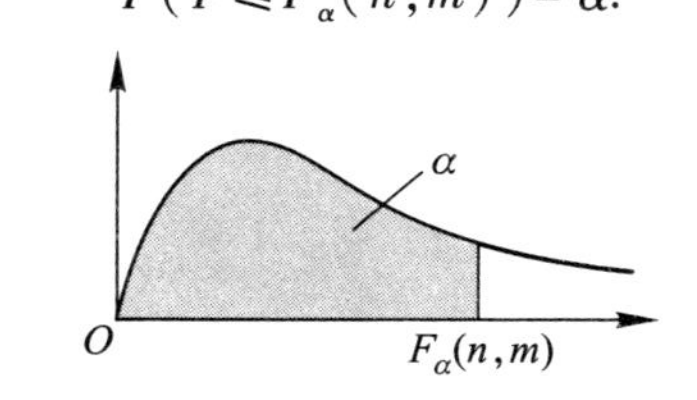

F 分布分位数图

$\alpha = 0.90$

m	n																			
	1	2	3	4	5	6	7	8	9	10	12	14	16	18	20	25	30	60	120	+∞
1	39.86	49.50	53.59	55.83	57.24	58.20	58.91	59.44	59.86	60.19	60.71	61.07	61.35	61.57	61.74	62.05	62.26	62.79	63.06	63.31
2	8.53	9.00	9.16	9.24	9.29	9.33	9.35	9.37	9.38	9.39	9.41	9.42	9.43	9.44	9.44	9.45	9.46	9.47	9.48	9.49
3	5.54	5.46	5.39	5.34	5.31	5.28	5.27	5.25	5.24	5.23	5.22	5.20	5.20	5.19	5.18	5.17	5.17	5.15	5.14	5.13
4	4.54	4.32	4.19	4.11	4.05	4.01	3.98	3.95	3.94	3.92	3.90	3.88	3.86	3.85	3.84	3.83	3.82	3.79	3.78	3.76
5	4.06	3.78	3.62	3.52	3.45	3.40	3.37	3.34	3.32	3.30	3.27	3.25	3.23	3.22	3.21	3.19	3.17	3.14	3.12	3.11

续表

m	n																			
	1	2	3	4	5	6	7	8	9	10	12	14	16	18	20	25	30	60	120	$+\infty$
6	3.78	3.46	3.29	3.18	3.11	3.05	3.01	2.98	2.96	2.94	2.90	2.88	2.86	2.85	2.84	2.81	2.80	2.76	2.74	2.72
7	3.59	3.26	3.07	2.96	2.88	2.83	2.78	2.75	2.72	2.70	2.67	2.64	2.62	2.61	2.59	2.57	2.56	2.51	2.49	2.47
8	3.46	3.11	2.92	2.81	2.73	2.67	2.62	2.59	2.56	2.54	2.50	2.48	2.45	2.44	2.42	2.40	2.38	2.34	2.32	2.29
9	3.36	3.01	2.81	2.69	2.61	2.55	2.51	2.47	2.44	2.42	2.38	2.35	2.33	2.31	2.30	2.27	2.25	2.21	2.18	2.16
10	3.29	2.92	2.73	2.61	2.52	2.46	2.41	2.38	2.35	2.32	2.28	2.26	2.23	2.22	2.20	2.17	2.16	2.11	2.08	2.06
12	3.18	2.81	2.61	2.48	2.39	2.33	2.28	2.24	2.21	2.19	2.15	2.12	2.09	2.08	2.06	2.03	2.01	1.96	1.93	1.91
14	3.10	2.73	2.52	2.39	2.31	2.24	2.19	2.15	2.12	2.10	2.05	2.02	2.00	1.98	1.96	1.93	1.91	1.86	1.83	1.80
16	3.05	2.67	2.46	2.33	2.24	2.18	2.13	2.09	2.06	2.03	1.99	1.95	1.93	1.91	1.89	1.86	1.84	1.78	1.75	1.72
18	3.01	2.62	2.42	2.29	2.20	2.13	2.08	2.04	2.00	1.98	1.93	1.90	1.87	1.85	1.84	1.80	1.78	1.72	1.69	1.66
20	2.97	2.59	2.38	2.25	2.16	2.09	2.04	2.00	1.96	1.94	1.89	1.86	1.83	1.81	1.79	1.76	1.74	1.68	1.64	1.61
25	2.92	2.53	2.32	2.18	2.09	2.02	1.97	1.93	1.89	1.87	1.82	1.79	1.76	1.74	1.72	1.68	1.66	1.59	1.56	1.52
30	2.88	2.49	2.28	2.14	2.05	1.98	1.93	1.88	1.85	1.82	1.77	1.74	1.71	1.69	1.67	1.63	1.61	1.54	1.50	1.46
60	2.79	2.39	2.18	2.04	1.95	1.87	1.82	1.77	1.74	1.71	1.66	1.62	1.59	1.56	1.54	1.50	1.48	1.40	1.35	1.30
120	2.75	2.35	2.13	1.99	1.90	1.82	1.77	1.72	1.68	1.65	1.60	1.56	1.53	1.50	1.48	1.44	1.41	1.32	1.26	1.20
$+\infty$	2.71	2.31	2.09	1.95	1.85	1.78	1.72	1.67	1.63	1.60	1.55	1.51	1.47	1.45	1.42	1.38	1.35	1.25	1.18	1.06

$\alpha = 0.95$

m	n																			
	1	2	3	4	5	6	7	8	9	10	12	14	16	18	20	25	30	60	120	$+\infty$
1	161.45	199.50	215.71	224.58	230.16	233.99	236.77	238.88	240.54	241.88	243.91	245.36	246.46	247.32	248.01	249.26	250.10	252.20	253.25	254.25
2	18.51	19.00	19.16	19.25	19.30	19.33	19.35	19.37	19.38	19.40	19.41	19.42	19.43	19.44	19.45	19.46	19.46	19.48	19.49	19.50
3	10.13	9.55	9.28	9.12	9.01	8.94	8.89	8.85	8.81	8.79	8.74	8.71	8.69	8.67	8.66	8.63	8.62	8.57	8.55	8.53
4	7.71	6.94	6.59	6.39	6.26	6.16	6.09	6.04	6.00	5.96	5.91	5.87	5.84	5.82	5.80	5.77	5.75	5.69	5.66	5.63
5	6.61	5.79	5.41	5.19	5.05	4.95	4.88	4.82	4.77	4.74	4.68	4.64	4.60	4.58	4.56	4.52	4.50	4.43	4.40	4.37
6	5.99	5.14	4.76	4.53	4.39	4.28	4.21	4.15	4.10	4.06	4.00	3.96	3.92	3.90	3.87	3.83	3.81	3.74	3.70	3.67
7	5.59	4.74	4.35	4.12	3.97	3.87	3.79	3.73	3.68	3.64	3.57	3.53	3.49	3.47	3.44	3.40	3.38	3.30	3.27	3.23
8	5.32	4.46	4.07	3.84	3.69	3.58	3.50	3.44	3.39	3.35	3.28	3.24	3.20	3.17	3.15	3.11	3.08	3.01	2.97	2.93
9	5.12	4.26	3.86	3.63	3.48	3.37	3.29	3.23	3.18	3.14	3.07	3.03	2.99	2.96	2.94	2.89	2.86	2.79	2.75	2.71
10	4.96	4.10	3.71	3.48	3.33	3.22	3.14	3.07	3.02	2.98	2.91	2.86	2.83	2.80	2.77	2.73	2.70	2.62	2.58	2.54
12	4.75	3.89	3.49	3.26	3.11	3.00	2.91	2.85	2.80	2.75	2.69	2.64	2.60	2.57	2.54	2.50	2.47	2.38	2.34	2.30
14	4.60	3.74	3.34	3.11	2.96	2.85	2.76	2.70	2.65	2.60	2.53	2.48	2.44	2.41	2.39	2.34	2.31	2.22	2.18	2.13
16	4.49	3.63	3.24	3.01	2.85	2.74	2.66	2.59	2.54	2.49	2.42	2.37	2.33	2.30	2.28	2.23	2.19	2.11	2.06	2.01
18	4.41	3.55	3.16	2.93	2.77	2.66	2.58	2.51	2.46	2.41	2.34	2.29	2.25	2.22	2.19	2.14	2.11	2.02	1.97	1.92
20	4.35	3.49	3.10	2.87	2.71	2.60	2.51	2.45	2.39	2.35	2.28	2.22	2.18	2.15	2.12	2.07	2.04	1.95	1.90	1.85
25	4.24	3.39	2.99	2.76	2.60	2.49	2.40	2.34	2.28	2.24	2.16	2.11	2.07	2.04	2.01	1.96	1.92	1.82	1.77	1.71
30	4.17	3.32	2.92	2.69	2.53	2.42	2.33	2.27	2.21	2.16	2.09	2.04	1.99	1.96	1.93	1.88	1.84	1.74	1.68	1.63
60	4.00	3.15	2.76	2.53	2.37	2.25	2.17	2.10	2.04	1.99	1.92	1.86	1.82	1.78	1.75	1.69	1.65	1.53	1.47	1.39
120	3.92	3.07	2.68	2.45	2.29	2.18	2.09	2.02	1.96	1.91	1.83	1.78	1.73	1.69	1.66	1.60	1.55	1.43	1.35	1.26
$+\infty$	3.85	3.00	2.61	2.38	2.22	2.10	2.01	1.94	1.88	1.84	1.76	1.70	1.65	1.61	1.58	1.51	1.46	1.32	1.23	1.08

$\alpha = 0.975$

m	n																			
	1	2	3	4	5	6	7	8	9	10	12	14	16	18	20	25	30	60	120	$+\infty$
1	647.79	799.50	864.16	899.58	921.85	937.11	948.22	956.66	963.28	968.63	976.71	982.53	986.92	990.35	993.10	998.08	1 001.41	1 009.80	1 014.02	1 018.00
2	38.51	39.00	39.17	39.25	39.30	39.33	39.36	39.37	39.39	39.40	39.41	39.43	39.44	39.44	39.45	39.46	39.46	39.48	39.49	39.50
3	17.44	16.04	15.44	15.10	14.88	14.73	14.62	14.54	14.47	14.42	14.34	14.28	14.23	14.20	14.17	14.12	14.08	13.99	13.95	13.90
4	12.22	10.65	9.98	9.60	9.36	9.20	9.07	8.98	8.90	8.84	8.75	8.68	8.63	8.59	8.56	8.50	8.46	8.36	8.31	8.26
5	10.01	8.43	7.76	7.39	7.15	6.98	6.85	6.76	6.68	6.62	6.52	6.46	6.40	6.36	6.33	6.27	6.23	6.12	6.07	6.02
6	8.81	7.26	6.60	6.23	5.99	5.82	5.70	5.60	5.52	5.46	5.37	5.30	5.24	5.20	5.17	5.11	5.07	4.96	4.90	4.85
7	8.07	6.54	5.89	5.52	5.29	5.12	4.99	4.90	4.82	4.76	4.67	4.60	4.54	4.50	4.47	4.40	4.36	4.25	4.20	4.15
8	7.57	6.06	5.42	5.05	4.82	4.65	4.53	4.43	4.36	4.30	4.20	4.13	4.08	4.03	4.00	3.94	3.89	3.78	3.73	3.67
9	7.21	5.71	5.08	4.72	4.48	4.32	4.20	4.10	4.03	3.96	3.87	3.80	3.74	3.70	3.67	3.60	3.56	3.45	3.39	3.34
10	6.94	5.46	4.83	4.47	4.24	4.07	3.95	3.85	3.78	3.72	3.62	3.55	3.50	3.45	3.42	3.35	3.31	3.20	3.14	3.08
12	6.55	5.10	4.47	4.12	3.89	3.73	3.61	3.51	3.44	3.37	3.28	3.21	3.15	3.11	3.07	3.01	2.96	2.85	2.79	2.73
14	6.30	4.86	4.24	3.89	3.66	3.50	3.38	3.29	3.21	3.15	3.05	2.98	2.92	2.88	2.84	2.78	2.73	2.61	2.55	2.49
16	6.12	4.69	4.08	3.73	3.50	3.34	3.22	3.12	3.05	2.99	2.89	2.82	2.76	2.72	2.68	2.61	2.57	2.45	2.38	2.32
18	5.98	4.56	3.95	3.61	3.38	3.22	3.10	3.01	2.93	2.87	2.77	2.70	2.64	2.60	2.56	2.49	2.44	2.32	2.26	2.19
20	5.87	4.46	3.86	3.51	3.29	3.13	3.01	2.91	2.84	2.77	2.68	2.60	2.55	2.50	2.46	2.40	2.35	2.22	2.16	2.09
25	5.69	4.29	3.69	3.35	3.13	2.97	2.85	2.75	2.68	2.61	2.51	2.44	2.38	2.34	2.30	2.23	2.18	2.05	1.98	1.91
30	5.57	4.18	3.59	3.25	3.03	2.87	2.75	2.65	2.57	2.51	2.41	2.34	2.28	2.23	2.20	2.12	2.07	1.94	1.87	1.79
60	5.29	3.93	3.34	3.01	2.79	2.63	2.51	2.41	2.33	2.27	2.17	2.09	2.03	1.98	1.94	1.87	1.82	1.67	1.58	1.49
120	5.15	3.80	3.23	2.89	2.67	2.52	2.39	2.30	2.22	2.16	2.05	1.98	1.92	1.87	1.82	1.75	1.69	1.53	1.43	1.32
$+\infty$	5.03	3.70	3.12	2.79	2.57	2.41	2.29	2.20	2.12	2.05	1.95	1.87	1.81	1.76	1.72	1.63	1.57	1.40	1.28	1.09

$\alpha = 0.99$

m	n=1	2	3	4	5	6	7	8	9	10	12	14	16	18	20	25	30	60	120	$+\infty$
1	4 052.18	4 999.50	5 403.35	5 624.58	5 763.65	5 858.99	5 928.36	5 981.07	6 022.47	6 055.85	6 106.32	6 142.67	6 170.10	6 191.53	6 208.73	6 239.83	6 260.65	6 313.03	6 339.39	6 364.27
2	98.50	99.00	99.17	99.25	99.30	99.33	99.36	99.37	99.39	99.40	99.42	99.43	99.44	99.44	99.45	99.46	99.47	99.48	99.49	99.50
3	34.12	30.82	29.46	28.71	28.24	27.91	27.67	27.49	27.35	27.23	27.05	26.92	26.83	26.75	26.69	26.58	26.50	26.32	26.22	26.13
4	21.20	18.00	16.69	15.98	15.52	15.21	14.98	14.80	14.66	14.55	14.37	14.25	14.15	14.08	14.02	13.91	13.84	13.65	13.56	13.47
5	16.26	13.27	12.06	11.39	10.97	10.67	10.46	10.29	10.16	10.05	9.89	9.77	9.68	9.61	9.55	9.45	9.38	9.20	9.11	9.03
6	13.75	10.92	9.78	9.15	8.75	8.47	8.26	8.10	7.98	7.87	7.72	7.60	7.52	7.45	7.40	7.30	7.23	7.06	6.97	6.89
7	12.25	9.55	8.45	7.85	7.46	7.19	6.99	6.84	6.72	6.62	6.47	6.36	6.28	6.21	6.16	6.06	5.99	5.82	5.74	5.65
8	11.26	8.65	7.59	7.01	6.63	6.37	6.18	6.03	5.91	5.81	5.67	5.56	5.48	5.41	5.36	5.26	5.20	5.03	4.95	4.86
9	10.56	8.02	6.99	6.42	6.06	5.80	5.61	5.47	5.35	5.26	5.11	5.01	4.92	4.86	4.81	4.71	4.65	4.48	4.40	4.32
10	10.04	7.56	6.55	5.99	5.64	5.39	5.20	5.06	4.94	4.85	4.71	4.60	4.52	4.46	4.41	4.31	4.25	4.08	4.00	3.91
12	9.33	6.93	5.95	5.41	5.06	4.82	4.64	4.50	4.39	4.30	4.16	4.05	3.97	3.91	3.86	3.76	3.70	3.54	3.45	3.37
14	8.86	6.51	5.56	5.04	4.69	4.46	4.28	4.14	4.03	3.94	3.80	3.70	3.62	3.56	3.51	3.41	3.35	3.18	3.09	3.01
16	8.53	6.23	5.29	4.77	4.44	4.20	4.03	3.89	3.78	3.69	3.55	3.45	3.37	3.31	3.26	3.16	3.10	2.93	2.84	2.76
18	8.29	6.01	5.09	4.58	4.25	4.01	3.84	3.71	3.60	3.51	3.37	3.27	3.19	3.13	3.08	2.98	2.92	2.75	2.66	2.57
20	8.10	5.85	4.94	4.43	4.10	3.87	3.70	3.56	3.46	3.37	3.23	3.13	3.05	2.99	2.94	2.84	2.78	2.61	2.52	2.43
25	7.77	5.57	4.68	4.18	3.85	3.63	3.46	3.32	3.22	3.13	2.99	2.89	2.81	2.75	2.70	2.60	2.54	2.36	2.27	2.18
30	7.56	5.39	4.51	4.02	3.70	3.47	3.30	3.17	3.07	2.98	2.84	2.74	2.66	2.60	2.55	2.45	2.39	2.21	2.11	2.01
60	7.08	4.98	4.13	3.65	3.34	3.12	2.95	2.82	2.72	2.63	2.50	2.39	2.31	2.25	2.20	2.10	2.03	1.84	1.73	1.61
120	6.85	4.79	3.95	3.48	3.17	2.96	2.79	2.66	2.56	2.47	2.34	2.23	2.15	2.09	2.03	1.93	1.86	1.66	1.53	1.39
$+\infty$	6.65	4.62	3.79	3.33	3.03	2.81	2.65	2.52	2.42	2.33	2.19	2.09	2.01	1.94	1.89	1.78	1.71	1.48	1.34	1.11

附表七　p 值表

1. Z 检验的 p 值

$$p=P(Z>z),$$

其中 Z 服从 $N(0,1)$ 分布，z 为 Z 的观测值.

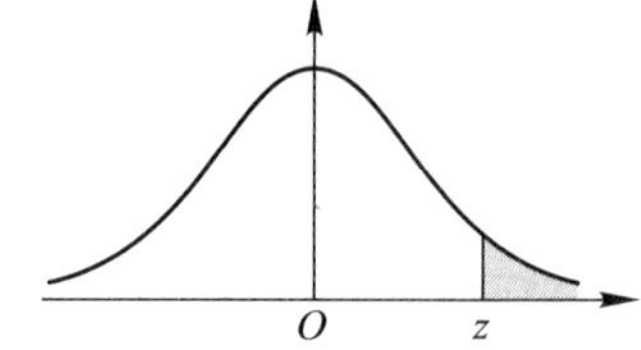

概率	0.50	0.40	0.25	0.15	0.10	0.05	0.025	0.010	0.005	0.001	0.000 1
z	0.00	0.25	0.67	1.04	1.28	1.64	1.96	2.33	2.58	3.09	3.72

注　对于双侧检验，由关系

$$p=P(|Z|>|z|)=2P(Z>|z|)$$

可使用上表直接求得 p 值.

2. t 检验的 p 值

$$p=P(T>t),$$

其中 T 服从 $t(n)$ 分布，t 为 T 的观测值.

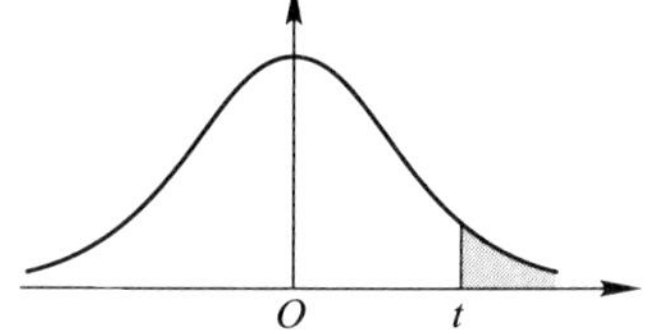

n	概率									
	0.50	0.40	0.25	0.15	0.10	0.05	0.025	0.010	0.005	0.001
1	0.00	0.32	1.00	1.96	3.08	6.31	12.71	31.82	63.66	318.31
2	0.00	0.29	0.82	1.39	1.88	2.92	4.30	6.96	9.92	22.33
3	0.00	0.28	0.76	1.25	1.64	2.35	3.18	4.54	5.84	10.21
4	0.00	0.27	0.74	1.19	1.53	2.13	2.78	3.75	4.60	7.17
5	0.00	0.27	0.73	1.16	1.48	2.02	2.57	3.36	4.03	5.89
6	0.00	0.26	0.72	1.13	1.44	1.94	2.45	3.14	3.71	5.21
7	0.00	0.26	0.71	1.12	1.41	1.89	2.36	3.00	3.50	4.78
8	0.00	0.26	0.71	1.11	1.40	1.86	2.31	2.90	3.36	4.50
9	0.00	0.26	0.70	1.10	1.38	1.83	2.26	2.82	3.25	4.30
10	0.00	0.26	0.70	1.09	1.37	1.81	2.23	2.76	3.17	4.14

续表

n	概率									
	0.50	0.40	0.25	0.15	0.10	0.05	0.025	0.010	0.005	0.001
11	0.00	0.26	0.70	1.09	1.36	1.80	2.20	2.72	3.11	4.02
12	0.00	0.26	0.70	1.08	1.36	1.78	2.18	2.68	3.05	3.93
13	0.00	0.26	0.69	1.08	1.35	1.77	2.16	2.65	3.01	3.85
14	0.00	0.26	0.69	1.08	1.35	1.76	2.14	2.62	2.98	3.79
15	0.00	0.26	0.69	1.07	1.34	1.75	2.13	2.60	2.95	3.73
16	0.00	0.26	0.69	1.07	1.34	1.75	2.12	2.58	2.92	3.69
17	0.00	0.26	0.69	1.07	1.33	1.74	2.11	2.57	2.90	3.65
18	0.00	0.26	0.69	1.07	1.33	1.73	2.10	2.55	2.88	3.61
19	0.00	0.26	0.69	1.07	1.33	1.73	2.09	2.54	2.86	3.58
20	0.00	0.26	0.69	1.06	1.33	1.72	2.09	2.53	2.85	3.55
21	0.00	0.26	0.69	1.06	1.32	1.72	2.08	2.52	2.83	3.53
22	0.00	0.26	0.69	1.06	1.32	1.72	2.07	2.51	2.82	3.50
23	0.00	0.26	0.69	1.06	1.32	1.71	2.07	2.50	2.81	3.48
24	0.00	0.26	0.68	1.06	1.32	1.71	2.06	2.49	2.80	3.47
25	0.00	0.26	0.68	1.06	1.32	1.71	2.06	2.49	2.79	3.45
26	0.00	0.26	0.68	1.06	1.31	1.71	2.06	2.48	2.78	3.43
27	0.00	0.26	0.68	1.06	1.31	1.70	2.05	2.47	2.77	3.42
28	0.00	0.26	0.68	1.06	1.31	1.70	2.05	2.47	2.76	3.41
29	0.00	0.26	0.68	1.06	1.31	1.70	2.05	2.46	2.76	3.40
30	0.00	0.26	0.68	1.05	1.31	1.70	2.04	2.46	2.75	3.39
32	0.00	0.26	0.68	1.05	1.30	1.69	2.04	2.45	2.74	3.37
34	0.00	0.26	0.68	1.05	1.30	1.69	2.03	2.44	2.73	3.35
36	0.00	0.26	0.68	1.05	1.30	1.69	2.03	2.43	2.72	3.33
38	0.00	0.26	0.68	1.05	1.30	1.69	2.02	2.43	2.71	3.32
40	0.00	0.26	0.68	1.05	1.30	1.68	2.02	2.42	2.70	3.31
42	0.00	0.25	0.68	1.05	1.30	1.68	2.02	2.42	2.70	3.30
44	0.00	0.25	0.68	1.05	1.30	1.68	2.02	2.41	2.69	3.29
46	0.00	0.25	0.68	1.05	1.30	1.68	2.02	2.41	2.69	3.28
48	0.00	0.25	0.68	1.05	1.30	1.68	2.01	2.41	2.68	3.27
50	0.00	0.25	0.68	1.05	1.30	1.68	2.01	2.40	2.68	3.26
55	0.00	0.25	0.68	1.05	1.30	1.67	2.00	2.40	2.67	3.25
60	0.00	0.25	0.68	1.05	1.30	1.67	2.00	2.39	2.66	3.23
65	0.00	0.25	0.68	1.04	1.29	1.67	2.00	2.39	2.65	3.22
70	0.00	0.25	0.68	1.04	1.29	1.67	1.99	2.38	2.65	3.21
75	0.00	0.25	0.68	1.04	1.29	1.67	1.99	2.38	2.64	3.20

续表

n	概率									
	0.50	0.40	0.25	0.15	0.10	0.05	0.025	0.010	0.005	0.001
80	0.00	0.25	0.68	1.04	1.29	1.66	1.99	2.37	2.64	3.20
90	0.00	0.25	0.68	1.04	1.29	1.66	1.99	2.37	2.63	3.18
100	0.00	0.25	0.68	1.04	1.29	1.66	1.98	2.36	2.63	3.17
200	0.00	0.25	0.68	1.04	1.29	1.65	1.97	2.35	2.60	3.13
500	0.00	0.25	0.67	1.04	1.28	1.65	1.96	2.33	2.59	3.11
∞	0.00	0.25	0.67	1.04	1.28	1.64	1.96	2.33	2.58	3.09

注　对于双侧检验,利用关系式

$$p=P(|T|>|t|)=2P(T>|t|).$$

3. χ^2 检验的 p 值

$$p=P(\chi^2>\chi_0^2),$$

其中χ^2 服从分布$\chi^2(n)$,χ_0^2 为χ^2的观测值.

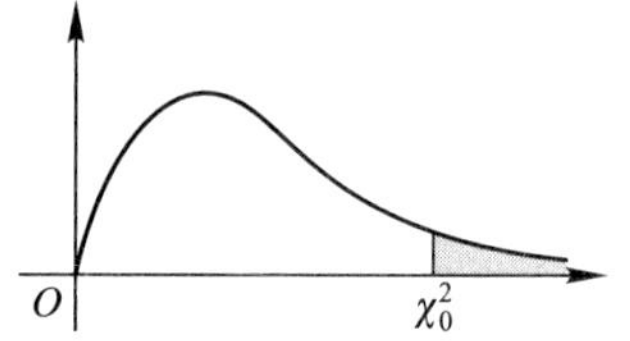

n	概率									
	0.50	0.40	0.25	0.15	0.10	0.05	0.025	0.010	0.005	0.001
1	0.45	0.71	1.32	2.07	2.71	3.84	5.02	6.63	7.88	10.83
2	1.39	1.83	2.77	3.79	4.61	5.99	7.38	9.21	10.60	13.82
3	2.37	2.95	4.11	5.32	6.25	7.81	9.35	11.34	12.84	16.27
4	3.36	4.04	5.39	6.74	7.78	9.49	11.14	13.28	14.86	18.47
5	4.35	5.13	6.68	8.12	9.24	11.07	12.83	15.09	16.75	20.52
6	5.35	6.21	7.84	9.45	10.64	12.59	14.45	16.81	18.55	22.46
7	6.35	7.28	9.04	10.75	12.02	14.07	16.01	18.48	20.28	24.32
8	7.34	8.35	10.22	12.03	13.36	15.51	17.53	20.09	21.95	26.12
9	8.34	9.41	11.39	13.29	14.68	16.92	19.02	21.67	23.59	27.88
10	9.34	10.47	12.55	14.53	15.99	18.31	20.48	23.21	25.19	29.59
11	10.34	11.53	13.70	15.77	17.28	19.68	21.92	24.72	26.76	31.26
12	11.34	12.58	14.85	16.99	18.55	21.03	23.34	26.22	28.30	32.91
13	12.34	13.64	15.98	18.20	19.81	22.36	24.74	27.69	29.82	34.53
14	13.34	14.69	17.12	19.41	21.06	23.68	26.12	29.14	31.32	36.12
15	14.34	15.73	18.25	20.60	22.31	25.00	27.49	30.58	32.80	37.70
16	15.34	16.78	19.37	21.79	23.54	26.30	28.85	32.00	34.27	39.25
17	16.34	17.82	20.49	22.98	24.77	27.59	30.19	33.41	35.72	40.79

续表

n	概率									
	0. 50	0. 40	0. 25	0. 15	0. 10	0. 05	0. 025	0. 010	0. 005	0. 001
18	17. 34	18. 87	21. 60	24. 16	25. 99	28. 87	31. 53	34. 81	37. 16	42. 31
19	18. 34	19. 91	22. 72	25. 33	27. 20	30. 14	32. 85	36. 19	38. 58	43. 82
20	19. 34	20. 95	23. 83	26. 50	28. 41	31. 41	34. 17	37. 57	40. 00	45. 31
21	20. 34	21. 99	24. 93	27. 66	29. 62	32. 67	35. 48	38. 93	41. 40	46. 80
22	21. 34	23. 03	26. 04	28. 82	30. 81	33. 92	36. 78	40. 29	42. 80	48. 27
23	22. 34	24. 07	27. 14	29. 98	32. 01	35. 17	38. 08	41. 64	44. 18	49. 73
24	23. 34	25. 11	28. 24	31. 13	33. 20	36. 42	39. 36	42. 98	45. 56	51. 18
25	24. 34	26. 14	29. 34	32. 28	34. 38	37. 65	40. 65	44. 31	46. 93	52. 62
26	25. 34	27. 18	30. 43	33. 43	35. 56	38. 89	41. 92	45. 64	48. 29	54. 05
27	26. 34	28. 21	31. 53	34. 57	36. 74	40. 11	43. 19	46. 96	49. 64	55. 48
28	27. 34	29. 25	32. 62	35. 71	37. 92	41. 34	44. 46	48. 28	50. 99	56. 89
29	28. 34	30. 28	33. 71	36. 85	39. 09	42. 56	45. 72	49. 59	52. 34	58. 30
30	29. 34	31. 32	34. 80	37. 99	40. 26	43. 77	46. 98	50. 89	53. 67	59. 70
32	31. 34	33. 38	36. 97	40. 26	42. 58	46. 19	49. 48	53. 49	56. 33	62. 49
34	33. 34	35. 44	39. 14	42. 51	44. 90	48. 60	51. 97	56. 06	58. 96	65. 25
36	35. 34	37. 50	41. 30	44. 76	47. 21	51. 00	54. 44	58. 62	61. 58	67. 99
38	37. 34	39. 56	43. 46	47. 01	49. 51	53. 38	56. 90	61. 16	64. 18	70. 70
40	39. 34	41. 62	45. 62	49. 24	51. 81	55. 76	59. 34	63. 69	66. 77	73. 40
42	41. 34	43. 68	47. 77	51. 47	54. 09	58. 12	61. 78	66. 21	69. 34	76. 08
44	43. 34	45. 73	49. 91	53. 70	56. 37	60. 48	64. 20	68. 71	71. 89	78. 75
46	45. 34	47. 79	52. 06	55. 92	58. 64	62. 83	66. 62	71. 20	74. 44	81. 40
48	47. 34	49. 84	54. 20	58. 14	60. 91	65. 17	69. 02	73. 68	76. 97	84. 04
50	49. 33	51. 89	56. 33	60. 35	63. 17	67. 50	71. 42	76. 15	79. 49	86. 66

参考文献

[1] 复旦大学.概率论.北京:人民教育出版社,1979.

[2] 盛骤,谢式千,潘承毅.概率论与数理统计.5 版.北京:高等教育出版社,2019.

[3] 王梓坤.概率论基础及其应用.北京:科学出版社,1976.

[4] 陈希孺.数理统计学简史.长沙:湖南教育出版社,2002.

[5] 陈希孺.概率论与数理统计.合肥:中国科学技术大学出版社,1992.

[6] IVERSEN G R, GERGEN M.Statistics: The Conceptual Approach.New York: Springer-Verlag, 1997.

[7] FREEDMAN D, PISANI R, PURVES R, et al. Statistics. New York: W. W. Norton & Company, 1991.

[8] RICE J A.Mathematical Statistics and Data Analysis.New York: Wadsworth Inc, 1995.

[9] KLEINBAUM D G, KUPPER L L, MULLER K E, et al.Applied Regression Analysis and Other Multivariable Methods.New York: Brooks/Cole, 1998.

[10] 王庆石,卢兴普.统计学案例教材.大连:东北财经大学出版社,1999.

[11] PITMAN J.Probability.New York: Springer-Verlag, 1992.

[12] DE VEAUX R D, VELLEMAN P F, BOCK D E.统计学:数据与模型.3 版.耿修林译.北京:中国人民大学出版社,2016.